통계학의 이해 : 응용

김현철 · 조정우

교육과학사

머리말

이 책의 일차적 목적은 실험설계와 분석을 위한 통계학의 이해를 돕는 것이었다. 통계학을 공부하는 이유는 여러 가지가 있겠지만, 우리가 상정한 독자층은 실증적 연구 수행을 앞두고 있으며, 본격적으로 통계학을 전공하지는 않았으나 어느 정도 기초적인 기능을 갖추고 있는 사람들이다.

집필자의 입장에서, 이 목적을 달성하기 위한 가장 오래되고 흔한 접근 방법은 다양한 통계분석의 공식을 선정하여 나열하는 일이다. 그렇게 해서 나온 두툼한 책자들이 많다. 그러나 그 효과는 회의적이다. 실세계의 문맥에서 분리된 지식이나 정보는 종종 그 위력과 품위를 잃기 때문이다. 자동차를 분해하여 얻은 부품만 가지고는 그 자동차를 달리게 하는 힘도, 그 위풍당당함도 얻을 수 없다.

이 책은 수학적 주제 중심이 아니라 연구 상황을 중심으로, 수식 위주가 아니라 그 수식 배후에 있는 통계학의 개념의 흐름을 주요 내용으로 구성하였다. 이 책에서 수식은 공부하고 외워야 할 대상이 아니라, 우리가 다룬 사고의 내용을 확인하는 장치로서의 의미가 더 크다. 그만큼 집필과정에서 개념의 이해를 돕기 위한 다각적인 노력을 하였다. 그리고 각 장은 읽는 순서에 큰 영향을 받지 않도록, 앞에서 언급한 사전지식을 필요로 하지 않도록, 가급적 그 안에서 이해될 수 있게 꾸몄다. 그리고 책의 각 페이지에서 다루고 있는 주요 용어나 개념을 가장자리에 따로 표시하여 내용의 흐름을 쉽게 파악할 수 있도록 편집상의 배려를 하였다.

통계학의 이해라는 주제로 책을 쓴다는 것은 이미 이 분야의 많은 부분을 제외해야 한다는 것을 의미한다. 통계학이란 방대한 분야를 한두 권의 책 안에 모두 담는 것은 불가능하기 때문이다. 내용의 선택과 제외에 관한 우리의 판단이 독자에게 도움이 되기를 바랄 뿐이다. 또 본문의 설명을 보완하는 의미에서, 후속 과제로 실세계에서 만날 수 있는 여러 연습문제와 연구사례로 구성된 한 권의 책을 엮어내고자 한다. 통계학의 이해에 도달하려는 독자들에게 많은 성취가 있기를 기원한다.

2016년 2월

저자 김현철, 조정우

Contents

차 례

Contents

표차례

Contents

01장 연구의 타당성

1 인과관계의 성립조건

통계학이 뒷받침하고 있는 연구의 성분을 잘 살펴보면 그것은 대부분 인과관계의 형태로 구성되어 있음을 알 수 있다. 단순한 사실 파악이나 실태에 대한 묘사도 물론 연구의 영역에 속하지만 이런 것들은 연구자의 손에까지 가기 전에 이미 확보되어 있는 경우가 많으며, 그 개별적 지식이 보다 일반적으로 적용될 수 있도록 가공되었을 때, 즉 인과관계로서 파악되었을 때, 기여도가 커질 것이다.

인과관계란 사건과 사건을 원인과 결과의 위치로 설명할 수 있는 경우에 성립하는 것이다. 그런데 연구에서 주로 다루는 사건은 단순한 사건이 아니라 일반적인 사건을 말한다. 예컨대, A라는 약을 복용한 어떤 환자가 그 후 B라는 증세가 완화되었다면 연구자는 이 사실의 일반화 가능성에 주목할 것이다. 그래서 A가 B에 대해 효과가 있다는 일반적인 결과를 발견하였다면, 이것은 A와 B 인과관계가 입증되었다는 것을 의미한다. 이것은 개별적인 사실보다 가치가 큰 지식이다. 이와 같이 가치가 큰 대부분의 지식은 일반화된 인과관계를 토대로 만들어지는 것이다.

인과관계가 성립하기 위해서는 다음의 세 가지 조건이 충족되어야 한다. 인과관계 성립조건

1) 사건 발생의 선후 관계가 입증되어야 한다.
2) 두 변인 사이에 강력한 연관성이 관찰되어야 한다.
3) 다른 설명의 가능성이 배제되어야 한다.

첫 번째 조건은 개념화 또는 논리적 추리에 의해 검토되는 성질의 것이라 하겠다. 예를 들어, 부모의 육아 방식이 아동의 성격 특성에 미치는 영향에 관한 연구를 종종 보게 되는

데, 어떤 연구자들은 한 점의 의심도 없이, 육아 방식을 원인으로, 성격 특성을 결과의 위치에 놓고 이 현상을 설명한다. 그러나 인과의 방향을 그 반대로 생각할 수는 없을까? 순하고 말 잘 듣는 아이의 부모는 그 아이의 태도에 영향을 받아 친절하고 애정 어린 행동을 나타낼 가능성이 높고, 성격이 까다로운 아이에게는 짜증을 보일 가능성이 높다. 그렇다면 아동의 성격 특성이 원인이고 육아 방법이 결과가 되는 측면도 있어 인과관계의 입증이 어려워지는 것이다. 연구자들이 이 인과의 방향을 속단한 것은 이 연구를 위해 수집한 자료 중 육아방식이 선행한 것이었고, 성격 특성은 그 후에 관찰된 것이었기 때문으로 짐작된다. 그러나 사건 발생의 선후관계는 관찰자료수집의 선후관계와 다를 수도 있다는 것을 기억하여야 한다. 두 번째 조건은 인과관계 성립을 위한 필요조건이다. 사건 A와 B 사이에 인과관계가 성립하기 위해선 적어도 두 사건 사이에 관계가 입증되어야 하기 때문이다. 그러나 둘 사이에 관계가 있다고 하여도 셋째 조건인 다른 설명의 가능성이 배제되지 않으면 우리는 종종 제3변수나 매개변수에 속아 잘못된 지식을 가지게 된다.

첫 번째 조건의 충족 여부에 대한 판단은 체계적 관찰에 의해 이루어질 수 있다는 점에서 전문적 지식에 의존한다고 볼 수 있다. 둘째 조건은 주로 이론에 관한 문제이다. 그러나 셋째 조건의 충족을 위해서는 특정한 사전 지식에 근거한 주도면밀한 계획이 필요하다. 이것이 바로 실험설계의 영역이다. 실험설계를 하는 이유는 인과관계를 입증하는 데 개입할 수 있는 오류의 가능성을 막기 위함이다. 실험설계에 관한 체계적인 훈련 없이 이러한 오류에 빠지지 않는 것은 거의 불가능하다. 먼저, 두 가지 사건 사이의 관계를 인과적으로 해석할 때 범할 수 있는 전형적인 오류의 형태들을 살펴보기로 하겠다. 다음에 소개할 7가지 예는 Campbell과 Stanley(1963)가 실험의 해석을 위한 기본 요소로 소개한 내적타당도 저해요소를 풀어 설명한 것이다. 그 뒤의 세 가지 예는 실험연구의 외적타당도 또는 일반화 가능성 저해요인으로 알려져 있다. 내적타당도와 외적타당도를 엄밀하게 구분하는 것은 이 책에서는 두 종류의 타당도를 이 10가지 예를 설명한 후에 말할 것은 물론 연구의 타당도를 저해하는 이런 요소들로부터 영향은 받지 않게 하는 연구 설계에 관한 것이다.

2 실험의 타당성 저해요인

실험의 타당성이란 실험에서 얻어진 결론이 얼마나 적절한지에 관한 문제이다. 실험적 타당성은 크게 세 가지로, 첫째, 자료의 분석 및 해석에 대한 통계적 타당성(statistical validity), 둘째, 실험의 내적 논리로 이를 내적 타당성(internal validity)이라 하며, 이것은 관찰된 결과가 순전히 실험적 처치 때문인지에 관한 판단의 문제다. 셋째, 외적 타당성(external validity)은 실험의 결과가 그 실험이 수행된 환경을 떠나서 다른 공간, 다른 시간, 다른 사람에 대해서도 동일하게 나타날 것으로 볼 수 있는, 즉 일반화 가능성을 말한다. 이 문제를 논의할 때, 우리는 실험의 타당성이 결여될 수 있는 요소에 영향을 받지 않도록 점검하는 쪽에 관심을 둔다. 실험의 타당성이 결여될 수 있는 예를 통계적 타당성, 내적 타당성, 외적 타당성의 순으로 그 저해요인 위주로 설명하겠다.

1) 통계적 타당성(Statistical conclusion validity)

통계적 타당성

(1) 개념

통계적 타당성이란 한 연구가 변수들 간의 관계에 대해서 내린 결론이 정확한 정도 또는 합리적인 정도이다. 근본적으로 통계적 결론은 두 가지 오류 가능성을 가지고 있다. 1종 오류와 2종 오류가 그것이다. 1종 오류는 처치효과가 존재하지 않는 것을 있다고 하는 결론에서, 2종 오류는 처치효과가 존재하는 것을 없다고 하는 데서 온다. 이러한 오류를 가져올 수 있는 요소들을 통계적 타당성에 대한 위협 요소라 한다.

(2) 통계적 타당성에 대한 위협 요소

통계적 타당성을 위협하는 요소들은 주로 다음과 같은 것들이다. 우리가 이러한 요소들을 경계해야 하는 이유는 이런 경우에 해당할 때 통계적인 방법에 의거해서 결론을 내리는 경우에도 그 결론이 정확하지 않은 것일 가능성이 커지기 때문이다.

① 통계적 검정력이 낮은 경우

예를 들어 처치효과가 실제 존재한 경우에도 집단의 사례수를 너무 작게 책정한다든가 유의도 수준을 극히 엄격하게 정할 경우 검정력이 떨어진다. 즉 영가설을 기각할 확률이 낮아지기 때문에 2종 오류를 범할 가능성이 커진다.

② 통계적 검정의 가정을 위배한 경우

검정방법의 사용을 위한 가정이 위배되는 경우에는 별도로 그 위배에 관한 안정성이 연구되지 않은 경우 정확하지 않은 추정치를 얻게 된다. 이런 경우 1종 오류와 2종 오류 가능성 두 가지를 모두 초대하는 결과를 초래한다.

③ 처치효과가 나타난 연구를 찾아다닌 경우

이것은 fishing and error rate problem이라고 하는 잘 알려진 잘못으로, 연구 결과를 검토할 때 마치 낚시하듯이 처치효과가 나타난 결과를 찾아 그것에 의존한 결론을 도출하는 것이다. 만일 1종 오류 가능성이 0.05인 연구를 수행했다면 실제로 처치효과가 존재하지 않는 경우라 할지라도 20번에 한번은 처치효과가 있다는 결과가 나올 것이다. 이런 경우 20가지의 연구를 검토하여 효과가 나타난 한 가지 연구 결과를 발견했다면 그 사실을 해석하는 데 수정된 오차율을 적용해야 하는데도 불구하고 이를 마치 독립된 연구인 것으로 해석한 것이다.

④ 측정도구의 신뢰도가 낮은 경우

측정도구의 신뢰도는 측정 점수의 본산을 크게 한다. 따라서 신뢰도가 낮은 경우 오차의 영향이 커지므로 검정력이 떨어지게 된다.

⑤ 실험적 처치방법의 비일관성

같은 집단에 속하는 각각의 피험자에 대한 처치 방법이 모두 일정하게 관리되지 않으면 그 역시 오차분산을 크게 하므로 검정력이 떨어지는 결과를 가져온다. 따라서 실험연구에서 실험적 처치를 표준화하는 것은 매우 중요한 절차의 하나이다.

⑥ 실험환경의 오염

실험환경에서 실험적 처치와 무관한 요인들, 예컨대 잡음, 온도 등에 의해 실험결과가 영향을 받는 경우가 있는데 이런 경우도 오차분산을 크게 만드는 원인이 된다.

⑦ 이질적인 피험자 집단

피험자 집단이 이질적인 경우, 어떤 피험자들은 실험적 처치에 더 많이 영향을 받는 경우가 종종 발생한다. 이런 경우 오차 분산이 커지므로 검정력에 영향을 미치게 된다. 이를 통제하는 한 방법은 동질적인 모집단을 선택하는 것이지만, 그렇게 되면 이번에는 외적 타당성(일반화 가능성)이 나쁜 영향을 받게 된다.

2) 내적 타당성(internal validity)

내적 타당성

내적 타당성이란 실험을 통해 관찰한 값이 과연 처치효과 때문인 것으로 볼 수 있는지에 관한 문제이다. 그렇게 보기 어려운 대표적 경우를 내적 타당도 저해요인이라 한다. 내적 타당도 저해요인에는 다음과 같은 것들이 있다.

(1) 역사(history)

역사

역사는 사전검사와 사후검사 사이에 발생하여 연구결과에 영향을 미치는 사건이 존재하는 문제를 말한다. 실험실에서 수행되는 연구들은 이러한 영향을 차단할 수 있으나 현장연구에서는 이의 차단이 쉽지 않다. 예를 들어보자. 새로 개발한 컴퓨터 분수 학습 프로그램의 효과를 입증하기 위하여, 어린이들을 표집하여 그 프로그램으로 일정 기간 학습하게 한 후 검사를 실시하여 높은 성적을 거두었다고 할 때, 이 결과의 원인을 처치효과, 즉 컴퓨터 분수 학습 프로그램의 효과라고 주장할 수 있어야 할 것이다. 그런데, 만일 이 프로그램에 의한 훈련이 진행되는 동안 TV 어린이 프로그램에서 똑같은 주제의 학습 내용을 유능한 교사의 강의 방식으로 방영한 사실이 있다면, 학습 효과의 원인이 컴퓨터 프로그램에 있는지, TV 프로그램에 있는지 모호해질 것이다. 이런 것이 외부적 사건 개입의 예이다.

이러한 예의 경우 뜻밖의 사건으로 인해 연구의 타당성이 손상을 당하게 되었으니 연구자는 운이 나빴다고 해야 할까? 그렇지 않다. 교육 연구의 경우 대상 하나 하나는 모두 이러한 외부적 사건에 노출되어 있다. 오히려 이러한 종류의 돌발 사태의 개입을 기대하지 않는 것이 어리석다고 해야 할 것이다. 어떤 학생은 시험을 보는 날 독감에 걸려서 자기 실력을 충분히 발휘하지 못할 가능성도 있고, 또 어떤 학생은 개인 지도를 받은 덕분에 순수한 처치효과 이상의 결과를 나타낼 수도 있다. 물리나 화학 실험에서처럼 모든 외부적 영향을 완전 차단하는 것은 사회과학 연구에서는 불가능하다. 그렇다고 하여 이 모든 사실을 무시하고 처치와 결과 사이에 인과관계가 있는 것으로 결론짓는다면, 그 연구는 오류의 가능성을 내포한 만큼 타당성이 떨어지게 되는 것이다.

이러한, 외부적 사건의 개입이 연구 결과의 해석을 어렵게 만드는 것을 방지하기 위한 연구 설계의 일반적인 방법은 오류 유형의 설명이 끝난 직후에 소개될 것이다. 중요한 것은 그 방법이 모든 경우에 대한 대비책이 아니라는 점이다. 모든 연구의 개별적인 경우에 대하여 연구자는 민감한 안목으로 이러한 외부적 사건의 개입 가능성을 검토하여야 한다.

성숙

(2) 성숙(maturation)

피험자의 자연적 변화는 처치효과가 어떤 결과의 순전한 원인이 아니라, 피험자들 내부의 자연적인 변화가 영향을 미치게 된 경우를 말한다. 이러한 변화는 주로 대상 아동의 성장에 의한 경우가 많다. 실험 연구의 경우 보통 상당한 기간의 실험적 처치를 거치게 되는데 이 기간 동안 피험자들의 신체적 능력, 수, 언어 능력 등이 모두 발달할 가능성이 있다. 성장의 속도가 비교적 빠른 어린 연령층을 대상으로 할 경우 문제는 더욱 심각해진다. 그렇다면 그러한 발달이 인과적 해석에 어떻게 반영될 것인지를 검토하여야만 할 것이다.

성장에 의한 영향을 최소화하기 위하여 실험적 처치 기간을 최소화하는 것도 그리 좋은 방법은 아니다. 하루에 한 시간씩 할 것을 다섯 시간으로 강행군하여 기간을 5분의 1로 줄이려 한다면, 이번에는 피험자들이 느끼는 피로감이 학습 효과에 영향을 미칠 것이다. 이 경우 처치효과는 과소평가될 것이 분명하다. 또 결과를 측정하는 문항수가 지나치게 많을 경우에도 마찬가지로 피험자들이 정당한 자기 실력을 발휘하지 못하게 할 수 있다. 이런 것들은 성장과는 조금 성격이 다르면서 피험자의 내부적 변화가 결과에 영향을 미치는 예이다.

검사

(3) 검사(testing)

검사는 종속변수가 여러 차례 측정되어서 발생하는 문제이다. 검사는 사전검사를 치른 피험자들에게 나타나는 현상으로, 검사의 효과는 심리적 조건에 영향을 받는 주제에 대해 사전검사를 실시할 때 언제나 나타날 수 있는 내적타당도 저해 요인이다. 사전검사는 주로 실험적 처치 이전과 이후의 변화를 비교하기 위한 목적에서 사용된다. 그러나 이 경우 사후검사의 결과를 순수하게 실험적 처치의 효과로 해석하기 어렵게 되는 문제가 생긴다. 사전검사를 치르는 과정에서 생긴 학습효과일 가능성이 있기 때문이다. 사전검사 효과는 단순히 학습 효과로서만 작용하는 것이 아니라, 실험적 처치와 상호작용을 일으키는 수도 있다. 경우에 따라서는 사전검사를 실시함으로써 그 주제에 대한 태도나 반응을 민감하게 하여 측정결과에 상승효과를 일으킬 수도 있다는 의미이다. 또한 사전검사를 치른 피험자들이 사후검사에서는 사회적 통념에 바람직한 방향으로 응답하는 경우도 있을 수 있다. 이러한 상호작용 효과가 예상된다면 그것은 실험결과를 토대로 인과관계를 추리하는 데 중대한 지장을 초래하게 되므로, 보다 복잡하고 정교한 실험 설계를 모색하거나, 아니면 사전검사 자체를 실험 과정에서 제외시키는 것을 고려하여야 한다.

(4) 도구(instrumentation)

도구

도구는 사전검사와 사후검사의 측정도구 변화에 의해서 발생하는 문제이다. 사전검사를 실시하고 실험적 처치를 한 다음 사후검사를 한 결과 점수가 향상되었다고 하여 이를 처치의 효과 때문인 것으로 결론짓기 위해서는 사전검사가 사후검사보다 쉬운 문항으로 구성되지 않았나 하는 의혹을 지울 수 있어야 한다. 또 측정 도구에 결함이 있을 경우, 다시 말해서 어떤 실험적 처치의 결과를 수집하기 위해 사용된 측정 도구가 믿을만하지 않다면, 그 결과에 대한 해석은 당연히 불가능해질 것이다.

키를 재는 자, 체중을 재는 저울은 대부분 거의 정확한 수치를 내는 측정 도구라 할 수 있다. 물론 오차가 없을 수는 없지만 그것이 문제가 되는 경우는 드물다. 그러나 극도의 정밀성이 요구되는 과학적 측정대상이나 구체적 조작이 불가능한 심리적 특성을 측정할 때는 그렇지 않다. 물론 측정 도구 개발의 합당한 절차를 밟아 측정의 오차를 줄이는 노력을 하는 것은 필수이겠으나, 그렇게 하더라도 측정 도구는 거의 모두가 어느 정도의 결함을 가지고 있는 것으로 간주하여야 한다. 이렇게 결함을 가지고 있는 측정 도구로 측정한 결과가 타당성 있는 인과적 해석으로 이어지기 위해서는 역시 그것을 뒷받침할 수 있는 실험설계가 필요하다.

(5) 선발(selection)

선발

선발의 불균형 문제는 관찰의 대상이 어떤 집단이었는가 하는 물음과 관련이 있다. 만일 전통적인 방법에 의해서 학습한 집단과 새로운 방법으로 학습한 집단의 학업성취도를 비교한 실험에서 새로운 방법으로 학습한 집단의 성취도가 높게 나타났다면, 그 원인이 새로운 학습 방법에 있는 것으로 간주하는 것이 자연스럽다. 그러나 만일 새로운 방법으로 학습한 집단이 애초부터 공부를 잘하는 집단이었다면, 이러한 인과관계는 성립하지 못할 것이다. 어떤 연구자는 선발의 불균형이 없다는 것을 입증하기 위하여 실험적 처치 이전에 사전검사를 실시하여 출발점 당시 실험집단과 비교집단의 성적이 같다는 것을 보이기도 한다. 그러나 이러한 방법은 또 다른 오류의 가능성을 내포하고 있기 때문에 그리 좋은 방법이라 할 수 없다 (여기에 관해서는 "사전검사 효과" 및 "실험자에 의한 효과"에서 상세히 설명하겠다). 선발의 문제도 역시 실험설계로써 풀 일이다.

탈락

(6) 탈락(mortality)

실험적 처치가 진행되는 동안에 실험 대상이 체계적으로 탈락하는 경우가 있다. 체계적 탈락이란 말은 관찰 대상에서 빠지는 인원이 완전히 우연에 의해 무작위로 구성된 것이 아니라, 어떤 특별한 이유에 의해 공통적인 속성을 가진 사람들로만 구성되는 경우이다. 예를 들어 어떤 학교에서 수학을 가르치는 새로운 프로그램의 효과를 검증하기 위하여 그 프로그램을 시험적으로 실시하고 학업성취도를 측정하여 전통적 방식으로 수업한 과거의 결과와 비교해 본다고 하자. 이 프로그램이 진행되는 동안에 전학을 간 학생 몇몇이 실험 대상에서 빠진다면 이는 큰 문제가 될 수 없다. 그러나 만일 이 기간 동안에 전국 수학경시대회에 출전할 학생들이 전부 빠져버린다면, 이는 전체 실험집단의 성취도 검사 결과에 영향을 미칠 것이며, 처치의 효과를 과소 평가하게 될 것이다. 또 만일 하위권 학생들이 이들을 따로 모아 실시하는 특별 교정교육 등의 이유로 모두 빠져버린다면 이번에는 처치의 효과를 과대 평가하는 결과를 낳을 것이다. 이러한 사태가 뜻밖에 생긴 것이라면 연구자의 운이 나쁘다고 할 수도 있겠다. 이번에는 과거 많은 교육 연구에서 되풀이되어 왔던 오류로서, 사려 깊은 연구자라면 미리 방지할 수도 있었던, 잘못된 연구 설계의 예를 들겠다.

> 한 연구자가 교직 경험과 교사의 직무만족도 사이의 관계를 조사하였다. 이를 위하여 전국의 교사를 대상으로 무선 표집하여 직무만족도 검사를 실시하였다. 그리고 교사의 교직 경험을 기준으로 4 집단으로 나누었다. 5년 미만, 5~9년, 10~14년, 15년 이상. 이렇게 나눈 각 집단의 직무만족도 평균을 산출하여 서로 비교하였다. 그 결과 교직 경험이 오래된 집단일수록 직무만족도 평균이 높았다. 따라서 이 연구자는 교직 경험이 직무만족도를 높이는 원인의 하나라고 결론지었다.

이 연구의 허점은 어디에 있을까? 물론 교사들의 체계적인 탈락을 고려하지 못한 것이다. 교직 경험이 계속되는 전과정에서 직무만족도가 낮은 교사들은 기회가 주어지면 직업을 바꾸고자 노력할 것이다. 따라서 교직 경험이 오래된 집단일수록 직무만족도가 낮은 교사가 남아 있을 가능성은 작아진다. 그것은 집단의 직무만족도 평균을 높이는 결과를 가져왔을 것이고, 따라서 이 연구에서 내린 교직 경험과 직무만족도 사이의 인과적 해석은 타당치 않다. 이와 같이 대상의 체계적 탈락은 연구에서 인과관계를 왜곡하게 하는, 오류의 덫이 될 수 있다. 쉽게 보이지 않는 가능성까지 읽을 수 있는 연구자의 안목만이 이런 덫을 피할 수 있다.

(7) 통계적 회귀현상(statistical regression)

통계적 회귀현상

통계적 회귀현상이란 처음 측정 때 극단에 가까웠던 점수는 다음 번 측정 때 평균 쪽으로 이동하는 경향을 보이는 현상이다. 예를 들어 학교에서 두 차례의 시험을 보았을 경우, 첫 시험에서 상위 10%와 하위 10%를 차지했던 학생들의 다음 번 성적 평균은 상위권 학생들의 경우 아래로, 하위권 학생의 경우 위로 이동하는, 즉 평균 쪽으로 회귀하는 경향을 보인다. 이러한 현상이 나타나는 이유는 역시 측정도구의 결함 때문이다. 측정도구가 완전하지 못할 때 측정치에 오차가 포함되기 마련인데, 더 이상 나갈 자리가 없는 상한이나 하한선 부근에서는 오차가 평균 쪽으로 작용할 여지가 더 커지기 때문이다.

성적이 상위권인 집단이나 하위권인 집단을 대상으로 하는 연구일 경우, 이 통계적 회귀현상이 존재함을 고려하지 못하면 잘못된 결론에 도달하게 될 것이다. 상위권의 경우 처치효과를 과소평가하고, 하위권의 경우 이를 과대평가하게 될 가능성이 크다.

(8) 선발과의 상호작용(interactions with selection)

선발과의 상호작용

위에서 설명한 내적 타당도 저해요인은 선발과 상호작용을 일으켜 처치효과처럼 보이는 결과를 나타내기도 한다. 그 한 예로 선발-성숙 상호작용이 있을 수 있다. 성숙의 효과가 두 집단 사이에서 다르게 나타나는 것을 말한다. 예를 들어 초등학교 1학년 학생은 3학년 학생에 비해서 읽기 능력이 빠르게 향상되는데 이들이 실험집단과 비교집단에 다른 비율로 섞여 있으면 처치효과를 왜곡하게 될 것이다.

지금까지 논의된 것은 Campbell과 Stanley(1963)에 의하여 지적된 것이다. 그러나 최근에는 Cook과 Campbell(1979) 등에서 다음과 같은 것들이 추가적으로 지적되고 있다.

① 인과방향의 불명확성(ambiguity about the direction of causal influence)

② 정보의 확산 또는 처치의 모방(diffusion or imitation of treatments)

실험의 기간 중 처치집단의 구성원들이 상호 교류할 수 있다면 그들은 정보를 교환하게 되고 이것이 무의식적으로 처치의 효과를 유사하게 나타나도록 만들 수 있다. 이것은 특별히 처치의 조건을 통제하여 각 처치집단별로 서로 다른 정보가 주어졌을 때 나타날 수 있는 현상이다. 예를 들어 표본들에 대한 서로 다른 상담방법의 효과를 실험하고 있는 경우, 표본들이 서로 교류하게 되면 표본들은 무의식적으로 정보를 얻게 되어 처치의 효과가 비슷하게 나타날 가능성이 있다.

③ 처치에 대한 보상적 동등화(compensatory equalization of treatments)

학교, 기관 등의 실험상황에서 만약 어떤 처치가 다른 처치보다 열등한 경우에는 일반적으로 교사, 학교 행정자, 또는 정부에서 이러한 열등한 처치를 다른 방식에 의해서 보상해 주려는 경향이 나타나게 되어 이것이 실험의 효과를 상쇄하는 방향으로 작용할 수 있다.

④ 열등한 처치를 받은 집단의 보상적 경쟁심리(compensatory rivalry by respondents receiving less desirable treatments)

집단의 구성원들이 어떤 처치를 받은 집단이 더 높은 반응을 보일 것이 실험자에 의해서 기대되고 있다는 것을 알게 되면 열등한 처치를 받은 집단의 표본들이 경쟁심리에 의해서 열등한 결과를 나타내지 않으려는 경향이 있을 수 있다.

⑤ 열등한 처치를 받은 집단의 행동(resentful demoralization of respondents receiving less desirable treatments)

정보교환에 의해서 한 집단의 표본들이 다른 집단보다 열등한 처치를 받았다는 것을 알게 되면 이것이 실험의 결과에 영향을 미칠 수 있다.

내적 타당성의 위험성에 대한 대처 방법

3) 내적 타당성의 위험성에 대한 대처 방법

(1) 무작위할당(Random assignment)

무작위할당을 위해서는 우선 표본이 추출된 집단을 설정해야 한다. 실험이 학교나 병원, 감옥과 같은 상황에서 진행될 때는 무작위할당이 불가능한 경우가 있다. 이러한 경우들에는 무작위할당에 의한 집단의 동등화가 일어나지 않기 때문에 진 실험(true experiment)이 불가능해진다. 그러나 조심스럽게 분석하면 내적 타당성을 위협하는 많은 요소들을 제거할 수 있게 되며 이를 유사 실험(quasi-experiment)라고 부른다.

(2) 통제집단(Control groups)

통제집단 설정의 목적은 실험처치가 비교될 수 있는 기준을 만드는 것이다. 통제집단은 처치를 제외하고는 처치집단과 동일하게 관리되어야 한다. 내적 타당성을 저해하는 요소들 중에서 무작위할당만으로는 제거되지 않는 것들이 있다. 일반적으로 긴 기간 동안 실시해야 하는 실험에 무작위할당만으로는 제거되지 않는 내적 타당성의 위협 요소들이 존재한다. 예를 들면 처치에 대한 보상적 동등화(compensatory equalization of treatments, experimental mortality), 그리고 정보의 확산 또는 처치의 모방(diffusion or imitation of treatment) 등의 효과는 긴 기간의 실험에서 나타나는 것들이며 Borg(1984)는 이러한 문제들이 통제집단을 통해서 관리될 수 있다고 하였다. 통제집단이 갖추어야 할 성질은 다음과 같은 것들이다.

① 통제집단의 구성원들에게 처치집단의 조건만큼 바람직한 조건이 가해져야 한다.
② 실험 처치와 유사한 기간과 과정이 주어져야 한다.
③ 통제의 조건은 연구되고 있는 처치효과와 관련되지 않은 것이어야 한다.

4) 외적타당성(external validity)

외적타당성

외적타당성은 다음과 같은 질문에 대한 답이다:

> "이 실험의 결과는 이 연구의 대상이 된 모집단으로부터 다른 시기와 다른 상황에서 다른 표본을 뽑은 경우에 대해서도 일반화될 수 있는가, 그리고 이 실험의 결과는 다른 시기와 다른 상황에서 이 연구의 대상이 된 모집단과 다른 모집단에 대하여도 여전히 일반화될 수 있는가?"

연구가 유용하기 위해서는 내적 타당성을 가져야만 한다. 그러나 내적 타당성이 외적타당성을 보장하는 것은 아니다. 표본추출의 방법과 실험설계의 방법은 연구의 외적타당성에 결정적인 영향을 미친다.

표본이 추출된 후에는 그러한 표본으로부터 유도된 결론이 모수에 대한 적절한 추정치가 될 수 있을 것인가를 미리 조사할 수 있다. 이것은 연구에서 조사하고자 하는 이외의 성질들에 대하여 표본과 모집단을 비교해 봄으로써 알아볼 수 있다. 이러한 과정을 통하여 표본으로 추출된 집단이 모집단의 전형적인 특징들을 공유하고 있는지를 알 수 있다.

표본을 이용한 연구의 결과를 다른 모집단으로 일반화하는 것에는 어려움이 있으나 이 어려움은 상대적인 것이다. 예를 들어 한 도시에서 조사한 것은 그 도시의 다른 시기에 대하여 일반화할 때가 다른 도시에 대하여 일반화할 때보다 어려움이 적다. 모집단의 대표적인 표본집단으로부터의 결과를 모집단의 부분집단에 대하여 일반화하는 것 역시 어려움이 있다.

외적타당성을 위협하는 요소들로는 다음과 같은 것들이 있다.

(1) 검사의 영향(reactive or interaction effect of testing)

사전검사가 표본들의 행위에 영향을 미치는 경우에는 이러한 실험의 결과는 사전검사를 치르지 않은 집단으로 일반화될 수 없고 사전검사를 치른 모집단에 대해서만 일반화할 수 있다.

(2) 선발-처치 상호작용(interaction of selection and treatment)

이러한 상황은 실험집단을 구성하는 표본들이 모집단을 대표하는 성질을 갖지 않고 특별한 성질을 가지고 있을 때 일어난다. 그들의 특별한 성질이 처치에 대하여 모집단에 비하여 더 민감하게 반응하거나 반응하지 않을 수 있다.

(3) 상황과 처치의 상호작용(interaction of setting and treatment)

공장환경에서 얻어진 인과관계는 대학이나 군부대에서 동일하게 얻어지지 못할 수도 있다. 이러한 문제의 해결방법은 여러 상황에서 자료를 수집하고 상황별로 인과관계를 분석하는 것이다.

(4) 역사와 처치의 상호작용(interaction of history and treatment)

특정일에 수집된 자료의 분석에 의한 인과관계 결과가 일반적인 인과관계와 다를 수 있다. 이러한 문제의 해결방법은 서로 다른 시점에서 여러 차례 수집된 자료를 사용하여 인과관계를 분석하는 것이다.

(5) 실험적 조건에 대한 반응(reactive effects of experimental arrangements)

이러한 문제는 연구의 환경이 실제 상황과 다를 때 일어난다. 이러한 문제의 한 예가 잘 알려진 Hawthorne effect이다. 이 효과는 조금 뒤에 자세히 설명하겠으나, 기본적으로 표본들이 실험을 위해서 특별히 처치되고 있다고 인식할 때 발생한다. 즉 효과가 처치에 의해서 발생하는 것이 아니라 자신들이 처치 받고 있다는 인식에 의해서 발생하는 것이다.

반응효과의 또 다른 문제는 표본들이 처치에 대하여 어떻게 반응하여야 하는가를 의식함으로 생기게 된다. 처치에 대하여 자연스럽게 반응하는 것이 아니라 연구자가 무엇을 보고자 하는가 또는 어떤 효과를 기대하는가를 의식하여 반응하는 경우이다.

(6) 중다 처치효과

이러한 문제는 여러 개의 처치가 연속적으로 주어져서 먼저 주어진 처치의 효과가 나중에 주어진 처치와 상호작용을 일으킬 때 발생한다.

(7) 기술적 설계(descrip design)에서의 외적타당성

연구의 유용성을 결정하는 데 있어서 외적타당성은 실험연구에서보다 기술적 설계에서 더 중요한 의미를 갖는다. 왜냐하면 실험연구의 유용성은 외적타당성보다 내적 타당성에 더 의존하기 때문이다.

예를 들어 성교육의 효과에 대하여 전국의 주일학교를 통해 조사를 실시하였다고 생각해 보자. 이 경우에 나타나는 문제들은

- 목적 모집단의 불명확성
- 일반화의 어려움(심지어는 기독교인에 대하여도 일반화하기 어려움)
- 같은 질문을 같은 사람들에게 교회 이외의 곳에서 했을 때와 동일한 답을 얻을 것을 보장하지 못함.

등이 있다. 앞에서 고려한 외적타당성에 대한 위협들은 기술적 연구에서는 더욱 철저히 제거되어야 한다.

5) 심리적 효과에 의한 타당도 저해요인

심리적 효과에 의한 타당도 저해요인

지금까지 논의된 내용 중 내적 타당도는 주로 어떤 실험적 처치 이후의 결과로 얻어진 측정 점수를 인과적으로 해석할 수 있는가의 문제였다. 외적 타당도는 주로 그 결과가 얼마나 일반적으로, 실험 장면 이외의 곳에서 해당될 수 있을까 하는, 일반화 가능성에 초점을 두고 있다. 이후 제시될 몇 가지 오류 형태는 관점에 따라 내적 타당도와 외적 타당도로 구분하기 모호해지는 점도 있어 여기에서는 그런 구분 없이 한꺼번에 제시하였다.

실험자의 효과

(1) 실험자의 효과

실험자가 연구에 영향을 미칠 수 있다는 것은 어쩌면 생소하게 들릴 수도 있겠다. 그러나 현실적으로 실험 연구가 진행되는 과정에서 실험자에 의해 실험 환경이 오염되기도 하고, 또 의식하지 못한 심리적 요인이 피실험자에게 영향을 미치기도 한다. 연구 설계의 단계에서 이러한 일이 발생할 가능성을 예측하고 그 방비책을 수립하는 일이 필요하다.

실험자의 효과는 어떤 정형이 있는 것이 아니라 여러 가지 형태로 나타나는데, 여기서는 그 몇 가지 예를 들기로 하겠다. 중요한 것은 언제나 그 가능성을 읽어낼 수 있는 안목임을 명심하자. 먼저 어떤 새로운 실험적 처치(이는 새로운 교육 방법일 경우가 많다)에서 사용되는 기자재를 주변의 교사들이 보고 괜찮다고 생각되면 자신도 그 일부를 사용하거나 그 아이디어를 수업에 도입할 가능성이 있다. 만일 이들이 실험집단과 비교집단으로 나누어진 것이었다면, 이 일은 실험적 처치가 없어야 할 비교집단에 처치의 일부가 흘러 들어간, 오염이 생긴 셈이 된다. 따라서 만일 이런 일이 예상된다면 실험 설계 과정에서 실험집단과 비교집단을 공간적으로 분리하여야 한다. 또 만일 연구자와 실험자가 동일인일 경우 실험적 처치 과정에서 눈에 보이지 않는 심리적 요인이 학습 효과에 영향을 미칠 수도 있다. 연구자는 대부분의 경우 자신이 제안한 방법이 효과가 있다고 믿고 있는 경우가 많다. 자신이 지도하는 학생들의 성취도가 높을 것이라고 굳게 믿고 있을 때, 실제로 학생들은 그 기대에 부응하기라도 하는 듯이 성적을 올리는 경향이 있다. 그 과정이 명확히 밝혀지지 않은 이 신기한 현상은 '자기 충족적 예언(self-fulfillment prophecy)'이라는 용어로 사회학 계통에서는 잘 알려져 있다. 특히 실험적 처치 이전에 어떤 검사를 실시하는 경우 연구자들은 이러한 현상이 일어날 가능성이 있는가를 주의 깊게 살펴야 한다. 예를 들어 IQ와 학업성취도의 관계를 연구할 때 수업을 진행하는 교사가 각 학생의 IQ를 알게 된다면 그 교사는 각 학생의 성취에 대한 예측 또는 기대를 가지게 될 가능성이 높고, 이런 것들이 실제 학생의 성취에 영향을 미친다. 또 실험적 처치 이전에 사전검사가 실시될 경우 그 점수를 실험자가 알게 되는 경우 결과에 대한 긍정적 또는 부정적 예언을 할 가능성이 있어 그것이 자기 충족적 예언의 효과로 나타날 수도 있다.

플라시보

(2) 플라시보(placebo) 효과

앞에서 순수한 실험적 처치 이외에 실험자가 결과에 영향을 미치는 경우를 들었는데, 실험 환경이 피실험자에게 심리적 영향을 미치는 경우도 있다. 그 대표적인 예가 플라시보 효과이다. 플라시보 효과는 원래 새로 개발된 약의 효능을 검증하는 과정에서 흔히 발견되는 것으로서, 약의 성분이 들어 있지 않은 가짜 약(플라시보)을 환자가 약이라 믿고 복용했을 때 나타나는 효과이다. 이것이 때로 진짜 약과 유사한 효과를 나타내는 경우가 있어서 어떤 약을 투여하여 얻은 효과가 순수한 약효인지, 아니면 환자의 기대가 반영된 플라시보 효과인지가 모호해지는 것이다. 이러한 플라시보 효과를 통제하기 위하여 흔히 사용하는 방법은 일정수의 환자에게는 진짜 약 대신 플라시보를 복용하게 하여 그 효과를 비교해 보는 것이다. 물론 약을 복용하는 환자는 그것이 진짜 약인지 플라시보인지 알 수 없어야 한다. 한편 약을 처방하는 사람 측에서 보면, 이 약을 복용한 환자가 틀림없이 효능을 볼 것이라는 기대감(자기 충족적 예언)이 작용할 수도 있다. 그렇게 되면 역시 약의 정당한 성능을 측정할 수 없으므로 처방하는 사람도 각 환자에게 진짜 약이 가는지 플라시보가 가는지 알 수 없게 하기도 한다. 그 정보는 연구자에 의해 비밀리에 통제되게 하는 것이다. 이와 같이 처방하는 측과 복용하는 측 양쪽에서 주어진 약이 진짜 약인지 플라시보인지 모르게 하는 진행을 Double-blind Experimentation이라고 한다. 잠깐 이야기가 옆으로 흘렀는데, 교육 현장에서도 새로운 교육 방법이나 도구가 사용될 때 플라시보 효과가 의심스러운 경우가 많다. 이러한 경우 그 효과를 검증하기 위하여 연구자는 실험 설계 단계에서 이를 통제할 수 있는 방법을 고안하여야 한다.

(3) John Henry 효과 및 Hawthorn 효과

John Henry 효과
Hawthorn 효과

어떤 새로운 방법을 고안하여 그 효과를 입증하고자 할 때 흔히 쓰는 방법 중의 하나가 새로운 방법을 적용하는 실험집단과, 전통적 방법을 적용하는 비교집단을 두어 그 효과를 비교하는 것이다. 그런데 피험자들이 자신이 어떤 실험에 연루되어 있다는 사실을 알게 될 때 이들은 두 종류의 심리적 영향을 받을 가능성이 있다. 하나는 비교 집단에 속한 피험자들이 자극을 받아 평소보다 훨씬 더 열심히 과제를 수행하는 경우이고(John Henry 효과), 또 하나는 실험집단에 속한 피험자들의 동기가 자극되는 경우이다. 어느 편이든 결과 해석의 일반화 가능성을 저해하는 사태이므로 연구자의 입장에서는 그리 달갑지 않은 현상이다. 이를 피하는 방법은 가능한 한 피험자들이 실험 환경을 일상적이고 자연스러운 것으로 느낄 수 있도록 유도하는 일이다. 예로 든 Hawthorn의 연구는 경영이나 심리 또는 교육 연구의 새로운 돌파구를 여는 계기가 된 중요한 사건이므로 좀 자세히 소개하겠다.

Hawthorn은 미국 일리노이주에 있는 West Electronic 회사의 공장이 있는 지역이다. 여기서 수행된 연구는 처음에는 작업 환경과 근무 시간과 근무 방식의 이상적인 조합 방법을 모색하기 위하여 시작되었다. 연구자들은 먼저 조명을 더 밝게 해주면 생산량이 늘어날 것으로 예측했다. 따라서 이들은 두 집단을 설정하여 실험을 진행하였다. 한 집단, 즉 실험 집단은 조명의 강도를 점차 높여 주었고, 다른 집단, 즉 비교 집단은 종래와 같은 조명 조건에서 일하게 하였다. 그 결과 실험 집단의 생산량은 예상대로 증가되었다. 그런데 놀랍게도 조명을 높여 준 일이 없는 비교 집단의 생산량도 증가한 것이었다. 이 뜻밖의 결과를 설명하기 위하여 연구자들은 물리적인 조건 외에 인간 행동에 관한 고려가 필요하다는 판단을 하게 되었고, 당시 하버드 대학의 Elton Mayo 박사 팀을 합류시켜 실험 연구를 확대하였다.

Mayo 연구팀은 여직공을 대상으로 장기간에 걸쳐 꾸준히 작업 환경을 개선하였다. 예를 들어 휴식 시간제 도입, 점심 제공, 근무일 단축 등이 그것이었다. 그리고는 갑자기 이 모든 것을 일거에 제거하고 근무 환경을 처음 실험을 시작하던 상태로 되돌려 놓았다. 이러한 갑작스러운 변화는 당연히 심리적으로나 생산성 면에서 상당히 부정적인 결과를 초래할 것으로 예측되었다. 그러나 결과는 그 반대로, 생산량은 오히려 늘어났다.

그 이유는 대체 무엇일까? 그 해답은 생산성 측면에서 찾아질 성격이 아니라 인간의 측면에서 찾아야 한다는 결론에 도달했다. 연구팀은 곧 이 회사의 약 2천 명의 직원을 대상으로 면담조사 계획을 수립했다. 면담이 진행된 지 얼마 지나기 전에 연구팀은 이들의 속사정을 알아내기 위해서 구조화된 질문과 답변 형식의 인터뷰는 아무 소용이 없다는 것을 발견했다. 따라서 연구팀은 이미 정해진 질문 내용을 포기하고, 직원들이 하고 싶은 이야기를 마음대로 할 수 있게 하는 방식으로 인터뷰 내용을 수정하였다. 이것은 애초의 연구 목적을 달성하는 데는 미흡했으나, 직원들에게는 대단한 효과를 거두었다. 이 인터뷰를 통하여 직원들이 마음에 품고 있던 생각을 속 시원히 털어 버릴 수 있었던 점과, 경영자가 직원들을 중요하게 생각한다고 느꼈던 점이 그것이다. Hawthorn에서 일어난 이 일은 아직도 그 원인이 밝혀지지 않았다. 대신 Hawthorn 효과란 용어가 만들어졌고 그것은 실험사태에 대해 피실험자가 민감하게 반응하여 실험결과에 영향을 미친다는 뜻으로 사용된다.

이 연구는 과거의 연구에서 해명되지 않았던 부분에 대해 설명의 실마리를 제공하고 있다는 점에서 중요성을 갖는다. 즉, 조직을 설명함에 있어 물리적인 환경 요인에 인간관계라는 새로운 변수를 추가하여 고려하지 않으면 안 된다는 메시지를 주고 있는 것이다.

3 실험계획법

1) 실험 계획법의 기본원리

실험 계획법의 기본원리

(1) 랜덤화의 원리(principle of randomization)

이 원리는 여러 가지 기본 원리 중에서 가장 중요한 것으로, 뽑혀진 인자 외에 기타 원인들의 영향이 실험결과에 일정하지 않게 미치는 것을 없애기 위한 방안이다. 따라서 랜덤화가 잘 되지 않은 실험으로부터 어떤 결론을 내릴 때에는 상당히 주의하지 않으면 안 된다.

(2) 반복의 원리(principle of replication)

실험은 각 수준의 조합에서 1회 행하는 것보다는 가능하면 반복하여 2회 이상 행하는 것이 얻어지는 실험결과의 신뢰도를 높일 수 있다. 반복을 시켜줌으로써 오차항의 자유도를 크게 해 줄 수 있으며, 오차분산이 정도 높게 추정됨으로써 실험결과의 신뢰도를 높일 수 있다. 일반적으로 오차항의 자유도는 적어도 6, 많으면 20정도 되게 하는 것이 좋다.

그러나 반복을 실시하여 실험횟수가 증가하면 비용이 많이 소요되므로 작은 횟수의 실험에서 정도 높은 결과를 얻을 수 있는 실험계획법을 구상하도록 하여야 할 것이다.

(3) 블럭화의 원리(principle of blocking)

실험의 환경을 될 수 있는 한 균일한 부분으로 쪼개어 여러 블럭(block)으로 만든 후에 각 인자의 영향을 조사하는 것이 바람직하다. 실험전체를 시간적 혹은 공간적으로 분할하여 블럭을 만들어 주면 각 블럭 내에서는 실험환경이 균일하게 되어 정도(precision) 좋은 결과를 얻을 수 있다.

블럭을 하나의 인자로 하여 그 효과를 별도로 분리하게 되므로 총변동에서 블럭간의 변동을 제외시키고 남는 것은 균일한 블럭 내의 다른 인자들의 변동이 된다. 이 원리를 이용한 대표적인 실험계획법이 난괴법(randomized block design)으로 실험일 등을 블럭으로 나누어 하나의 인자로 잡아준 것이다.

(4) 교락의 원리(principle of confounding)

교락법은 구할 필요가 없는 2인자 상호작용이나 고차의 상호작용을 블럭과 교락시키는 방법으로 검출할 필요가 없는 요인이 블럭의 효과와 교락됨으로써 검정에 소요되는 자유도를 감소시켜 결과적으로 오차의 자유도를 증가시킴으로써 실험의 효율을 높일 수 있다. 교락법에는 완전교락(complete confounding)법과 부분교락(partial confounding)법 등이 있다.

직교화

(5) 직교화의 원리(principle of orthogonality)

요인간의 직교성을 갖도록 실험계획하여 자료를 구하면 같은 실험횟수라도 검정력이 더 좋은 검정을 할 수 있고 정도가 더 높은 추정을 할 수 있는 것으로 밝혀져 있다. 교호작용 가운데 기술적으로 생각하여 무시될 수 있는 것을 주효과(main effect)와 교락시켜 실험의 크기를 줄일 수 있는 실험계획을 짜도록 고안된 표를 직교배열표(orthogonal array table)라고 하며, 직교배열표는 요인간의 직교성을 이용하여 만들어 놓은 표이다. 일부실시법(fractional factorial design)에 직교배열표는 매우 유용하게 사용된다.

2) 실험계획법의 종류

실험계획법의 종류는 무수히 많지만 실험을 배치하는 형에 의하여 다음과 같이 분류할 수 있다.

요인배치법

(1) 요인배치법(factorial design)

인자의 각 수준의 모든 조합에 대하여 실험을 행하는 것으로 실험순서는 랜덤하게 정한다. 인자의 수에 따라서 인자가 하나인 경우는 일원배치법(one-way factorial design), 인자가 둘인 경우는 이원배치법(two-way factorial design), 그리고 인자가 세 개 이상인 경우는 다원배치법(multi-way factorial design)이라고 부른다.

인자가 n개 있고 각 인자 다 같이 2수준인 경우는 2^n형 요인배치법(2^n factorial design), 3수준인 경우는 3^n형 요인배치법이라고 부른다. 이처럼 인자 각 수준의 모든 조합에서 실험이 행해지며, 실험순서가 완전히 랜덤하게 행해지는 실험계획법을 완비형배치법이라고 부르기도 한다.

(2) 분할법(split-plot design)

분할법

요인배치법에서 실험순서가 완전히 랜덤하게 정해지지 않고, 실험전체를 몇 단계로 나누어서 단계별로 랜덤화하는 실험계획법을 분할법이라고 부른다. 따라서 분할법은 실험순서를 정하는 방법에 있어서 요인배치법과 다르다. 이와 같은 분할법의 경우는 요인배치법과 자료의 나열은 동일하나 분석방법에 차이가 있다.

(3) 교락법(confounding method)

교락법

요인배치법의 실험에서는 요인간의 모든 교호작용이 검출되지만 고차의 교호작용은 구하지 않아도 좋을 때가 많다. 검출할 필요가 없는 교호작용을 다른 요인(특히 블럭을 많이 사용함)과 교락하도록 배치하는 방법을 교락법이라고 한다. 이 실험은 실험횟수를 늘리지 않고도 전체 실험을 블럭화하여 간편하게 실험할 수 있는 장점이 있다.

(4) 일부실시법(fractional factorial design)

일부실시법

불필요한 교호작용이나 고차의 교호작용은 구하지 않고 각 인자의 조합 중에서 일부만 선택하여 실험을 실시하는 방법을 일부실시법이라고 한다. 이 실험계획법은 실험횟수를 가능한 한 적게 하고자 할 때 사용된다. 일부실시법을 계획할 때에는 직교배치법(orthogonal array table)을 사용하는 것이 편리하다. 라틴방격법(Latin square design)도 일부실시법에 속한다고 볼 수 있다.

(5) 불완전블럭계획법(incomplete block design)

같은 실험의 장(이것을 보통 블럭으로 취급함)에서 비교하고자 하는 인자수준의 조합이 모두 들어 있지 않는 실험계획법을 불완전블럭계획법이라고 한다. 수준 수와 블럭 수가 많을 때 실험횟수를 줄이기 위해서 사용되어진다.

(6) 반응표면계획법(response surface design)

통계적 분산분석의 하나인 반응표면분석(response surface analysis)을 염두에 두고 자료수집계획을 세울 때 사용되는 실험계획법이다. 중심합성계획법(central composite design), 회전계획법(rotatable design), EVOP법, 심플렉스법(simplex design) 등이 여기에 속한다.

전 실험설계

3) 전 실험설계(pre-experimental research design)

앞에서 논의한 연구의 타당성 저해요소들을 잘 살펴보면 연구 설계의 장단점을 파악할 수 있는 안목을 갖게 된다. 이를 염두에 두고, 처치방법 X가 과연 효과가 있는지 검증하는 몇몇 연구 설계의 약점과 강점을 살펴보기로 한다.

이 문제는 일반적인 언어로 표현되어 있지만 그 속에는 처치방법 X와 측정결과 O 사이에 인과관계를 밝힐 수 있는가 하는 의미가 내포되어 있다. 이와 같이 연구에서 다루어지는 대부분의 문제는 결국 인과관계의 성립 여부를 묻는 것이다. 먼저 타당성 저해요소에 큰 영향을 받는 전 실험설계(pre-experimental design) 세 가지를 살펴보자. 실험의 타당성이란 실험이 연구과제에 대하여 답을 주는 정도, 또는 연구의 결과 주어지는 결론의 논리성의 정도를 의미한다.

전 실험설계방법은 연구결과에 영향을 미칠 수 있는 극단적인 변수들을 설명할 수 없기 때문에 실험설계의 전형적인 설계방법으로 간주하지 않는다. 이와 같은 설계법의 내재적 타당성도 의심의 여지가 있다. 그러나 연구의 문제제기를 위한 사전정보 확보에 용이하기 때문에 연구에서 자주 사용되는 방법이다. 이 방법 중에서 가장 보편적으로 많이 사용하는 방법으로는 단편적 사례연구법(one-shot case study), 한 집단 사전-사후검사법, 원초집단 비교법(intact group comparison design) 등 3가지가 있다.

(1) 단편적 사례연구(one-shot case study)

X　　　　　　　　　　O

위의 문제를 실증적으로 밝히고자 할 때, 연구 방법에 대한 지식이 없는 이들이 사용할 가능성이 가장 높은 방법이 단편적 사례연구이다. 이것은 한 집단을 대상으로 프로그램 X라는 처치를 제공하고, 끝에 시험을 보아서 높은 점수가 나오는가를 관찰하는 방법이다. 위 도식에서 O는 관찰(observation)을 의미한다. 이 설계는 사후에 얻어진 점수와 처치 사이에 인과관계를 형성함에 있어 다른 설명의 가능성을 배제할 수 있는 방법이 없다. 심지어 학생들의 성적이 향상했는지조차 알 수 없다. 그밖에, 앞에 적은 인과적 해석의 전형적 오류 요소들의 거의 대부분에 대해 이 방법은 무방비 상태라 하지 않을 수 없다. 따라서 단편적 사례연구는 비록 단순하고 시행이 간편하다는 이점은 있으나 인과관계를 구성하는 목적으로 사용하기에는 매우 나쁜 방법이다.

이 설계방법에는 통제집단이 없으며 어떤 일정한 시간 내에 연구대상에게 실험을 실시한다는 것이 특징이다. 실험이 끝나고 나면 연구대상은 실험결과를 파악하기 위해 간단한 테스트를 받게 된다. 그러나 이렇게 하여 얻은 연구의 결과는 타당성이 있는 것도 아니고 일반화가 가능한 것도 아니다. Campbell과 Stanley(1963)는 이러한 실험설계를 거의 가치가 없다고 지적했다.

예를 들면 중학과정의 ESL 학생들에게 발음을 가르치는 특수한 교수법을 사용하고 실험의 끝에서 발음 시험을 보았다고 한다면 그들의 발음 향상이 전적으로 실험에서 사용한 교수법 때문에 나타난 것이라고 결론을 내릴 수 없다. 왜냐하면 연구의 대상의 성적에 영향을 미칠 수 있는 요인들 중에 통제되지 않은 것들이 너무나 많기 때문이다. 이러한 실험상황에서 역사와 성숙이 내적 타당성을 위협하는 요소가 될 수 있다. 그러나 사전검사가 없기 때문에 검사나 도구는 내적 타당성을 위협하는 요소가 되지 않으며 차이점수나 집단간의 비교가 사용되지 않기 때문에 선발-성숙의 상호작용도 문제가 되지 않는다. 단편적 사례연구에 의하여 얻어진 정보는 연구자가 계속 이 문제제기를 연구로 연결시켜 나갈 것인지 아니면 이 정도에서 중단할 것인지를 결정하는 데 유익한 정보를 제공할 수 있다.

(2) 한 집단 사전-사후 검사법(one-group pretest-posttest design)

$$O_1 \qquad X \qquad O_2$$

이 방법은 선발된 집단에 대해 사전검사를 실시하여 최초의 상태를 확인하고 프로그램 X에 의한 처치가 진행되고 난 후 다시 사후검사를 실시하여 점수의 차이를 확인하는 방법이다. 이것은 사전검사라는 비교의 준거가 있다는 점에서 앞의 방법보다 훨씬 개선된 방법이지만, 여전히 여러 약점을 가지고 있다. 가장 치명적인 것은 통제집단이 없기 때문에 처치 이후의 사후검사에서 점수가 향상된 것이 확인되었다 하더라도 그것이 순수 처치효과인지 아니면 피험자의 성장이나 또는 외부적 여건의 개입에 의한 것인지 알 수 없다는 점이다. 또 만일 측정도구에 결함이 있어서 신뢰도가 만족스럽지 못하다면, 그런 도구로 측정한 점수의 향상이라는 것도 큰 의미를 갖지 못하는 것이다. 이밖에도 이 설계는 통계적 회귀현상에 의한 오차의 발생 가능성이 크다. 단, 이 경우 선발은 내적타당도를 위협하는 요소가 되지 않는다. 비록 극단적인 표본이 추출될 수 있지만 사전검사와 사후검사의 차이점수는 선발만으로는 큰 영향을 받지 않는다.

교육 현장에서는 이 방법을 사용할 수밖에 없는 경우가 종종 있다. 여건상 대상 학습자에 대하여 다른 학습 방법을 적용하는 것이 허용되지 않는 경우가 그것이다. 또 그것이 허용된다 할지라도 실제로 적용하기 어려운 경우도 있을 수 있다. 예를 들어 학습부진아 집단의 학습결손을 치유할 수 있는 획기적인 프로그램을 개발했을 경우, 그 효과를 입증하기 위해 한 학교에서 학습 부진아 집단 모두에게 그 프로그램을 적용하지 않고, 절반은 기존의 학습 방법에 의해 학습하게 한다면 그것은 교육의 책무성 또는 윤리적인 문제일 수 있기 때문이다.

만일 이 설계를 사용할 수밖에 없는 경우라면 연구자는 이 설계가 내포한 인과적 해석의 위험성을 잘 파악하고, 절차에 있어서나 결과 해석에 있어서 오류의 개입 가능성을 최소화하기 위한 노력을 해야만 할 것이다. 이 실험 자료의 통계 처리는 다음의 공식에 의해서 수행된다.

$$t = \frac{\overline{D}}{\sqrt{\dfrac{\sum D^2 - \dfrac{(\sum D)^2}{N}}{N(N-1)}}}$$

여기서, t: 비독립적인 데이터의 t 값
D: 사후검사와 사전 검사의 점수차
$\overline{D}$: 점수차 평균
N: 사례 수

이것은 t-test의 특수한 한 형태로 데이터가 서로 독립적이지 않는 경우에 사용하는 방법이다. 여기에서 얻어진 t 값을 처리하는 방법은 일반적인 t-test 절차와 같다. 그러나 이 방법은 권장할 만한 것이 아니므로 연구자들은 이 공식을 사용할 일이 없기를 희망한다.

(3) 원초집단 사후 비교법(posttest-only design with nonequivalent groups)

X	O
	O

동등하지 않은 두 집단을 사후검사만으로 비교하는 것이다. 이 방법은 대부분의 교실현장 실험을 하는 연구자들이 사용한다. 학교 현장에서 연구자가 임의로 학생들을 무작위추출법으로 분반하거나 배치할 수 없다. 이미 학교 현장에는 학교 나름대로 갖고 있는 기준에 따라 반을 만들어 놓고 있기 때문에 실험을 위하여 연구자가 마음대로 반을 재배열할 수

없는 것이 현실이다. 그러나 실험을 위하여 두 학급만 뽑아서 한 학급은 통제집단으로 또 한 학급은 실험집단으로 활용할 수는 있을 것이다. 양 집단이 출발점부터 동일한 것이 아니기 때문에 내재적 타당성에 문제가 있을 수 있으나 이 방법은 통제집단이 존재하므로 현실적으로 타당성이 문제가 될 가능성이 줄어든다. 그러나 기존의 특정 집단을 연구에 활용했기 때문에 연구결과를 일반화시키는 데는 다소 약점이 있다.

또 이 실험설계는 비교집단을 가졌기 때문에 내적 타당성의 위협요소들 중에서 역사, 검사 그리고 도구는 통제될 수 있다. 그러나 선발, 성숙, 선발-성숙의 상호작용은 문제가 될 수 있다.

4) 진 실험설계(experimental research design)

진 실험설계

지금부터는 실험설계의 전형적인 설계방법으로 본격적인 연구설계의 예를 소개한다. 이를 진 실험설계(experimental research design)라고도 한다. 진 실험설계는 (1) 통제집단이 있을 것, (2) 표본은 무작위로 추출되어 양 집단에 무작위로 배정될 것, (3) 양 집단 간에 원초적으로 존재할 수 있는 차이를 확인하기 위한 사전검사를 실시할 것 등 3가지 기본적인 사항을 충족시켜야 한다. 이 3가지 조건은 연구의 내재적 타당성과 외현적 타당성의 문제를 없애줄 수 있다. 실험설계의 가장 보편적인 두 가지 방법으로는 통제집단에 사후검사를 실시하는 방법과 통제집단에 사전검사, 사후검사 둘 다 실시하는 방법 등이 있다.

(1) **통제집단이 있고 사후검사만 실시하는 방법**(randomized, posttest only control group design)

R		*O*
R	X	*O*

앞에서 잠시 언급한 것과 같이, 동일 집단 비교에 의해 발생할 수 있는 문제의 대부분은 무작위 할당, 통제집단을 둔 사후검사 설계에 의해 해결할 수 있고, 이것이 애초에 주어진 문제에 대한 실증적인 답을 얻는 데 있어서 가장 강력한 설계라 할 수 있다. 위에 시각적으로 표시한 것에 의하면 이 설계는 두 집단을 두고, 한 집단은 실험적 처치를 제공하고, 다른 한 집단에게는 그것을 제공하지 않고 전통적인 방법에 의해 학습하게 한 후 각각의 성취결과를 관찰하는 것이다. 이렇게 실험적 처치를 제공하는 집단을 실험집단이라 하고, 제공

하지 않는 집단을 비교집단이라 한다. 이 중 R은 무작위 할당(random assignment)을 의미한다. 이것은 연구의 대상이 된 참가자들이 어느 한 집단에 배정되는 일이 전적으로 우연에 의해 일어났으며 인위적인 요인이 전혀 없었다는 것을 뜻한다. 다시 말하여 모든 참가자들은 한 집단에 선발될 똑같은 확률을 가진다는 의미이다.

왜 이 설계가 강력한가 하면, 이것으로써 인과적 해석에 개입하는 전형적 오류 유형이 대부분 통제되기 때문이다. 예를 들어 피험자의 내부적 변화나 외부적 사건이 개입한다 하더라도 그것은 실험집단과 비교집단에 동일하게 작용할 것이므로 두 집단의 차이는 여전히 처치효과의 유무를 공정하게 반영한 것이라 할 수 있다. 선발의 불균형은 선발이 우연에 의해서 이루어졌기 때문에 우연이 작용하는 범위 안에서 일어날 가능성이 있으나 그것은 집단 내의 점수 분포를 분석하여 확률로써 예측될 수 있다. 무작위 할당은 또한 탈락에 대한 통제도 제공한다. 사전검사가 없었기 때문에 검사도 문제가 될 수 없다. 극단값을 갖는 집단이 사용되지 않았기 때문에 통계적 회귀현상도 문제가 될 수 없다. 측정도구의 결함이 있다 하더라도, 그 조건이 두 집단에게 동일하게 주어져 있으므로 어느 정도까지는 중대한 영향을 받지 않는다. 도구는:

① 관찰도구(observational instrumentation)가 객관적이고,
② 시행자와 표본의 교류가 최소한으로 제한되고,
③ 처치의 방식이 문서로 표준화되어 있는 경우 문제가 되지 않는다.

이 실험설계에서 사전검사가 사용되지 않는 이유는 집단 간의 비교가 실험의 주요 목적이고 각 집단 간의 획득점수의 크기 비교가 아니기 때문이다.

(2) 통제집단이 있고 사전검사와 사후검사를 실시하는 방법

R	O_1	X	O_2
R	O_1		O_2

이 실험설계와 Static-Group Comparison과의 차이는 무작위할당이 이루어졌다는 점이다. 이 설계는 사전검사로 말미암아 내적 타당성을 위협하는 대부분의 요소들을 통제할 수 있다. 역사와 성숙은 통제집단이나 실험집단에 동일하게 작용하기 때문에 문제가 되지 않는다. 선발과 탈락은 무작위할당에 의하여 통제된다. 극단값을 갖는 집단이 이용되지 않았

으므로 통계적 회귀현상도 문제가 되지 않는다. 두 집단 모두 사전검사를 받았으므로 검사도 문제가 되지 않는다. 또한 선발이 통제되었기 때문에 선발과의 상호작용들도 통제되게 된다. 그러나 무작위할당에 의해서 해결되지 않는 내적타당성에 대한 위협 요소들인 처치의 확산 등은 여전히 영향을 미칠 수 있다.

(3) 그 밖의 변형된 방법들

① 지연처치 통제집단 설계(delayed-treatment control-group design)

위에서 언급된 두 가지 실험설계의 변형들이 있을 수 있다. 예를 들어 통제집단에 처치를 하지 않는 것에 대한 윤리적 문제가 있을 경우 다음과 같은 지연처치(delayed-treatment)를 실시하는 실험설계를 사용할 수 있다.

R　　O　　X_1　　O

R　　O　　X_2　　O

R　　O　　O　　X_1　　O

이 실험설계는 통제집단이 있고 사전검사와 사후검사를 실시하는 실험설계에 대하여 다음과 같은 점에서 장점을 갖는다.

- 연구자에게 처치를 박탈하지 않은 집단을 갖게 한다.
- 통제집단에 대해서도 처치 하에서의 효과를 측정할 수 있게 한다.

② 솔로몬설계(the Solomon four-group design)

이 실험설계는 통제집단이 있고 사전검사와 사후검사를 실시하는 실험설계와 통제집단이 있고 사후검사만을 실시하는 실험설계의 혼합형이다.

R　　O　　X　　O

R　　O　　O

R　　X　　O

R　　　　O

이 실험설계는 드물게 사용되나 앞에서 논의된 다른 실험설계에 비하여 많은 정보를 제공한다. 이 실험설계는

- 실험집단(1과 3)과 통제집단(2와 4) 사이의 처치효과를 측정할 수 있다.
- 처치에 의한 획득점수가 집단 1과 2에서 측정될 수 있다.
- 2와 4의 비교에서 검사의 효과가 측정될 수 있다.
- 검사와 처치의 상호작용이 사전검사 집단(1과 2)과 사전검사를 치르지 않은 집단(3과 4)의 차에서 측정될 수 있다.

위와 같은 이유로 이 실험설계는 유용한 설계이나 두 집단을 추가로 확보해야 한다는 점과 분석이 복잡하여 추가적인 정보가 필수적이지 않을 때는 사용되지 않는다.

③ 사후요인설계(Ex Post Facto Design)

연구자가 내적 타당성과 외적 타당성의 문제점을 해소하려면 독립변수와 종속변수간의 직접적 관계를 규명해야 한다. 그러나 통제해야 할 모든 요인을 감안해 볼 때 실제 실험설계란 거의 불가능할 수 있다. 사후 요인설계법은 연구자가 독립변수의 추출과 조작에 어떤 통제를 가할 수 없을 때 이용된다. 변수간에 어떤 인과관계보다 관계의 정도나 관계 유형을 연구자가 식별하고자 할 때 이 방법은 많이 사용되고 있다. 상관관계분석이 사후요인설계법에서 가장 보편적으로 이용되는 방법이다.

유사 실험설계

5) 유사 실험설계(quasi-experimental research design)

실험설계라는 것은 이론상 매우 이상적인 것이다. 그러나 자연과학과는 달리 대부분의 사회과학분야의 경우 실험설계에 한계가 있다. 이와 같이 현실적 제한점 때문에 이상적인 설계가 어려운 경우에 자주 사용되는, 진 실험설계와 유사한 효과를 내는 방법들이 있어 몇 가지 소개한다.

(1) 동등하지 않은, 통제집단이 있는 사전-사후 검사 설계

O	X	O
O		O

이는 사회과학의 연구에서 가장 많이 쓰이는 설계이며, 4가지를 제외한 대부분의 내적 타당성을 통제하고 있다.

① 통제하지 못한 내적 타당도 저해요소는 선발과 성숙의 상호작용이다.

② 도구도 통제하지 못하고 있다.
③ 차별화된 통계적 회귀현상이 문제가 될 가능성도 열려 있다.
④ 끝으로 선발-역사 상호작용이 발생할 수 있다. 이것을 지엽적 역사 문제(local history)라 한다.

(2) 단순 비연속 시계열 분석(simple interrupted time series)

이상에서 언급한 모든 제약조건 때문에 실험연구에서 통제집단을 설정하기 어려운 경우가 많이 있다. 예를 들면 연구자가 새로운 교수방법을 검증하려고 하여 ESL 학급 중에서 하나를 통제집단으로 활용하고자 한다고 가정해 보자. 이 학급이 연구자의 실험집단과 매우 유사한 학급임을 알았지만 그 동안 받는 수업에서는 연구자의 실험집단과 교수법이 전혀 다른 것으로 그 동안 교육을 받아 왔다면 이는 통제집단으로 활용할 가치가 있는 유사한 학급이라고 판단할 수 없게 된다. 그러나 불가피하게 집단선정을 하고 이미 언급한 one-shot case study, the one-group pretest & posttest design 중에서 어느 한 가지를 적용할 수 있다. 또 다른 방법으로 현재 통제집단이 없다는 점을 감안하여 시계열 설계법을 사용할 수 있다.

$$O_1 \quad O_2 \quad O_3 \quad O_4 \quad O_5 \quad \mathrm{X} \quad O_6 \quad O_7 \quad O_8 \quad O_9 \quad O_{10}$$

사전검사를 몇 회 실시하면 연구자는 특정의 실험교육이 실행되지 않은 상태에서 표본들의 행위에 변화가 있을 가능성에 대하여 어떤 아이디어를 얻을 수 있다. 그 다음 실험교육을 실시하고 실험기간이 끝나면 몇 차례의 사후검사를 실시해 본다. 사전검사나 사후검사의 횟수를 몇 번으로 해야 한다는 규칙은 없고 다만 연구자가 판단하기에 이 정도면 추세가 어떻게 진행될 것이라는 판단이 설 정도의 횟수면 무방하다.

02 장

일원설계

1 일원분산분석의 소개

일원설계는 일원배치법, 완전임의배치법, one-way factorial design, completely randomized design 등의 용어와 같은 뜻으로 사용되며, 이는 어떤 관심 있는 하나의 인자(factor)의 영향을 조사하기 위하여 쓰이는 가장 단순한 실험계획법이라고 볼 수 있다. 이 계획에서 포함되어 있는 두 특징, 즉 비교집단이 존재한다는 것과 순수 우연에 의한 선발 및 배치가 왜 중요한지는 앞에서 설명하였다. 이러한 계획에 의한 실험결과를 분석하는 방법이 분산분석이다. 이는 또 변량분석, Analysis of Variance(ANOVA) 등으로도 불린다. 기본적으로 일원분산분석은 두 집단 이상의 평균차를 모집단의 평균차이 때문인 것으로 볼 수 있는지 통계적으로 확인하는 절차이다.

이 분석의 이름에 분산 또는 variance라는 용어가 들어가는 이유는 이 분석에 의한 유의도 검정이 두 종류의 분산을 비교하는 것이기 때문이다. 두 종류의 분산은 물론 집단 간 평균의 차이의 분산과 오차분산이다. 제9장 가설검정의 예에서 소개한 t 검정은 두 집단의 평균의 차이를 비교하는 것이었다. 분산분석은 집단의 수가 둘 이상인 경우 사용할 수 있는 방법으로 t 검정을 일반화시킨 방법이라 할 수 있다. 변량분석에 의한 가설검정을 F 검정이라고도 하는데 그 이유는, t 검정이 평균의 차이와 오차의 표준편차를 비교하는 데 비하여, 분산분석은 F라는 값을 통해 집단 간 평균 차이의 분산과 오차의 분산을 비교하기 때문이다. F 검정이란 말은 1922년 F 분포를 발견한 영국의 통계학자 Ronald Fisher의 이름을 딴 것이다.

집단 수가 2인 경우 변량분석의 F 값은 t 검정의 t 값의 제곱과 일치한다.

$$F = t^2$$

분산분석이 여러 집단 간 평균의 차이가 통계적으로 의미 있는 것인지 보기 위한 것이라면 한 가지 의문이 생길 수 있다. t 검정을 수차례 실시하면 여러 집단의 평균을 비교할 수 있는데 왜 굳이 F 검정이라는 것을 하는가, 예를 들어, 세 집단의 평균을 비교하기 위해서 세 번의 t 검정을 하면 안 되나?

1종 오류에 대해 생각해보면 이 질문에 대한 해답을 구할 수 있다. t 검정을 할 때 우리는 기각역 α 를 설정한다. 예를 들어 $\alpha=0.05$로 정했다면 이것은 5%의 1종 오류 가능성을 안고 판단을 내리겠다는 뜻이다. 그런데 만일 $\alpha=0.05$인 상태로 세 번의 t 검정을 실시한 결과를 가지고 판단을 내린다면 그 판단이 갖는 1종 오류 가능성은 처음보다 커질 것이다. 변량분석의 사후분석에서 자세히 다루겠지만 통합된 기각역은 약 0.143으로 뛰어 오른다.

$$\alpha_{FW}=1-(1-\alpha)^{c}$$

여기서, α_{FW} :통합 기각역(alpha family-wise)
c : 비교횟수(number of comparisons)

다른 예가 꼭 더 필요한 사람은 러시안 룰렛을 생각해보면 실감이 날 것이다. 이것을 한 번 하는 것과 연속 세 번을 하는 것은 위험도가 얼마나 다른지. 이래선 안 되므로, 세 집단 이상의 비교도 통합된 기각역 0.05를 유지하면서 한 번에 이루어질 수 있는 방법이 필요한 것이다. 그것이 분산분석이다.

2 분산분석의 개요

가설

1) 가설

분산분석도 t 검정과 마찬가지로 가설 검정의 한 방법이다. 가설 검정이란 결국 처치효과가 있는지에 대한 문제로, 관찰된 집단 간 차이를 독립변인의 효과에 기인한 것으로 볼 수 있는지에 대한 답을 찾는 과정이다. 그래서 서로 다른 조건을 제공한 집단의 점수를 비교하게 한다. 이 때 우리가 알고 싶은 것은 실험에 참가한 각 집단의 평균 차이가 아니라, 실험에 참가하지 않았지만 실험에 참가한 사람들로 대표되는 모든 사람들의 행동이 차이를 나타낼까 하는 점이다. 즉, 표본(sample)으로 모집단(population)의 특성을 추정하려는 것이다. 이 목적을 달성하기 위해서 통계적으로 조작한 내용이 영가설(null hypothesis: H_0)이다.

영가설 H_0: $\mu_1 = \mu_2 = \mu_3 = \ldots = \mu_n$

영가설은 서로 다른 실험적 처치를 받은 집단의 모집단 평균이 다 같다는 것으로, 처치효과는 없고 실험에서 관찰된 집단 간 차이는 우연히 얻어진 오차라는 판단이다. 만일 이 판단을 수용하는 것이 합리적이지 않다면, 이것을 기각하게 되는데 그것은 논리적으로 대립가설(alternative hypothesis: H_1)을 수용하는 것을 의미한다.

대립가설 H_1: not all μ's are equal

이제 변량분석의 목적과 방법을 분명히 하고자 한다. 목적은 처치효과의 존재를 검정하려는 것이고, 방법은 관찰된 차이와 오차의 비중을 비교하는 것이다.

2) 오차

오차

검정의 핵심적 문제는 오차이다. 어떤 집단이건 그 집단의 점수의 일부는 처치효과와 무관한 오차가 개입한 결과라는 점이다. 오차는 주로 개인차에 의해 발생하는데 이것을 통제하기가 어렵다. 측정오차도 중요한 오차 발생의 원인이 된다. 그 외에도 실험 과정에서 있을 수 있는 여러 실수, 예컨대 채점의 오류, 기록의 실수 등이 있을 수 있으며, 같은 집단 내에서 생길 수 있는 이질적인 경험, 서로 다른 검사 환경 등이 오차를 유발할 수 있다. 이처럼 오차는 다양한 곳에서 다양한 형태로-때로는 예측할 수 없는 방식으로-나타난다. 한 가지, 오차는 체계적으로가 아니라 우연히 발생하는 것으로, 처치효과와는 무관한, 처치효과와 독립적인 변수라는 사실을 기억하자. 이 사실이 중요한 이유는 우리가 다루는 것이 우연과 확률이기 때문이다.

이런 생각을 해보자. 우리가 실험 설계에 따른 실험을 수행하고 데이터를 분석했다. 영가설이 참이라고 가정할 때, 우리가 얻은 각 집단 평균이 모두 같다고 기대할 수 있을까? 아닐 것이다. 그런 일은 거의 생기지 않는다. 왜 그럴까? 각 집단의 모집단 평균이 같음에도 불구하고 표집 평균이 다른 이유를 설명할 수 있는 방법은 딱 한 가지, 오차이다. 오차가 개입하여 같은 처치를 받은 집단 내 분산(개인차)을 실제보다 크게 만들기 때문이다. 다시 말해서, 같은 처치를 받는 집단 내 분산은 실험적 오차를 반영한다. 또 이런 생각을 해보자. 피험자를 각 집단에 배정할 때 우리는 무작위 할당(Random Assignment)이라는 방법을 사용한다. 즉, 각 피험자는 각 집단에 배정될 같은 확률을 갖는다. 따라서 각 집단의 평균에도 오차가 포함되며, 그것은 같은 처치를 받는 집단 내에서 관찰되는 오차와 같은 확률의, 순수 우연에 의해 발생하는 것이다.

처치 효과

3) 처치 효과

영가설을 기각할 경우 대립가설을 수용한다. 대립가설은 실험적 처치가 있었던 집단의 모집단 평균이 같지 않다는 것을 뜻한다. 모집단 평균의 차이가 있다면 그것은 당연히 표본의 평균의 차이 속에 반영되어 있다. 모집단 평균이 다르다고 하여 실험적 오차가 없어진다는 것은 아니다. 이것은 표본의 평균의 차이를 설명하는 우연적인 요소인 오차 외에 다른 하나의 체계적인 요소인 처치효과의 존재가 확인되었다는 의미를 갖는다. 그러나 처치 효과는 다른 처치를 받은 집단 사이에서 나타날 수 있는 것이지 같은 처치를 받은 동일한 집단 내에서도 존재한다고 볼 수는 없다. 따라서 동일한 집단 내에서 발생한 점수 차이는 순수한 오차를 반영한다.

가설의 평가

4) 가설의 평가

앞의 논의의 종합으로 다음의 비율을 생각한다. 이 비율의 크기에 따라 가설의 수용과 기각을 정하는 것이다. 그것이 바로 F 값이다.

$$F = \frac{\text{집단 간 평균의 차이}}{\text{같은 집단 내 점수의 차이}}$$

좀 더 구체적으로, F 검정이란 위 두 종류의 차이 속에 포함된 다음의 효과를 추정하는 것이다.

$$F = \frac{\text{처치효과} + \text{오차}}{\text{오차}}$$

만일 영가설이 참이라면, 처치효과는 없는 것이므로 F는 $\frac{\text{오차}}{\text{오차}}=1$ 이라는 결과를 얻게 될 것이며, 대립가설이 참이라면 F는 이보다 큰 값을 나타낼 것이다. 그 경계선을 어디로 정할지는 F 값의 분포와 확률의 문제가 될 것이다.

5) F 분포

F 분포

F 분포란 모집단에서 무작위로 추출한 F 값과 그 확률을 나타낸 분포이다. t 분포의 경우처럼 F 값도 자유도에 따라 다른 분포를 보이는데 F 분포는 두 개의 자유도를 가지고 있다. 분자의 자유도와 분모의 자유도가 그것인데 분자의 사례수가 n_1이고 분모의 사례수가 n_2인 경우 자유도는

분자: $df_1 = n_1 - 1$

분모: $df_2 = n_2 - 1$

가 된다. [그림 2.1]은 분자의 자유도 3, 분모의 자유도 16인 F 분포의 예이다.

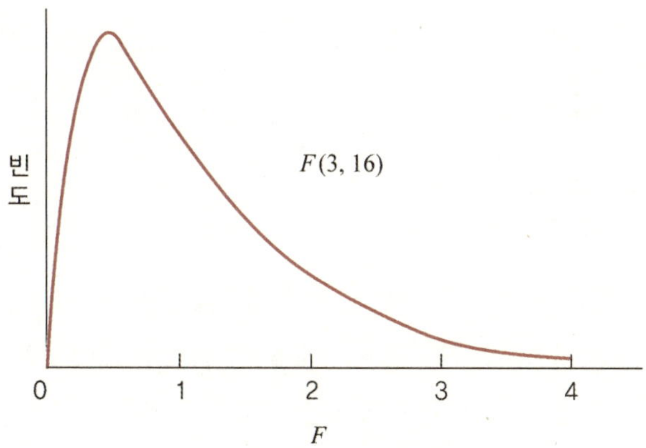

[그림 2.1] 자유도 3, 16인 F 분포

F 값은 두 분산의 비, 즉 제곱의 형태이므로 그 값은 언제나 양수이다. 또 F 값의 중앙값(median)은 1에 가까우며, 그 분포는 언제나 부적편포를 이룬다.

3 분산분석의 실제

이제 실지 데이터를 가지고 분산분석을 수행해보자. 다음 세 집단의 데이터는 세 가지 다른 학습 교재를 사용하여 학습한 후 시험 점수를 얻은 결과이다. 이 데이터를 가지 변량분석을 하기로 한다.

집단 1: 16, 18, 10, 12, 19

집단 2: 4, 6, 8, 10, 2

집단 3: 2, 10, 9, 13, 11

여기서, $\bar{x}_1 = 15$,
$\bar{x}_2 = 6$,
$\bar{x}_3 = 9$,
$\bar{x}_T = 10$

모형

1) 모형

일원 분산분석의 모형

일원 분산분석의 모형은 다음과 같다.

$$X = \mu + \alpha + \epsilon$$

where, X: 각각의 점수
μ: 전체 평균
α: 처치효과
ϵ: 오차

이 모형에서 전체 평균은 모든 데이터 전체의 평균을 말한다. 처치효과란 집단의 평균 차이로부터 추정하는 것이며, 오차는 같은 처치를 받은 집단 내에서의 차이로부터 추정한다. 단, 처치효과란 실험적 오차를 포함한 개념이다. 이 모형으로 각각의 점수를 분석하면

점수=전체 평균+(집단 평균−전체 평균)+(점수−집단 평균)

의 형태로 나누어 쓸 수 있다. 예를 들어, 첫 번째 점수 16은 이렇게 볼 수 있다. 이 점수는 그 일부가 전체 평균이 갖는 효과(=10)로 설명되고, 또 일부는 자기가 속한 집단의 효과(=15−10)와 오차(=16−15)로 설명된다. 이 중(집단 평균−전체 평균) 부분이 집단 간 차이를 나타내고,(점수−집단 평균) 부분은 집단 내 차이를 나타낸다.(집단 평균−전체 평균) 값을 제곱하여 모두 더한 다음 자유도로 나눈 값은 집단 간 분산이며 (점수−집단 평균) 값을 제곱하여 모두 더한 다음 자유도로 나눈 값은 집단 내 분산이다.

두 분산의 분해

2) 두 분산의 분해

F 값은 집단 간 분산을 집단 내 분산으로 나눈 값이다.

$$F = \frac{\text{집단 간 분산}}{\text{집단 내 분산}}$$

$$\text{집단 간 분산} = \frac{\text{집단 간 평균의 편차제곱}}{\text{자유도}}$$

$$\text{집단 내 분산} = \frac{\text{집단 내 점수의 편차제곱}}{\text{자유도}}$$

각 점수를 분산분석의 모형대로 분해한 결과는 다음 〈표 2.1〉과 같다.

〈표 2.1〉 분산분석 모형 분해결과

점수	전체 평균	집단 간 편차	집단 내 편차
16	10	15−10=5	16−15=1
18	10	15−10=5	18−15=3
10	10	15−10=5	10−15=−5
12	10	15−10=5	12−15=−3
19	10	15−10=5	19−15=4
4	10	6−10=−4	4−6=−2
6	10	6−10=−4	6−6=0
8	10	6−10=−4	8−6=2
10	10	6−10=−4	10−6=4
2	10	6−10=−4	2−6=−4
2	10	9−10=−1	2−9=−7
10	10	9−10=−1	10−9=1
9	10	9−10=−1	9−9=0
13	10	9−10=−1	13−9=4
11	10	9−10=−1	11−9=2

3) 분산원과 자유도

분산원과 자유도

이 모형은 결국 각 데이터를 두 가지로 나누어 분석한 것이다. 이른바 집단 간 차이와 집단 내 차이이다. 집단 간 차이는 전체 집단의 평균과 각 점수가 속한 집단 평균의 차이이며, 집단 내 차이는 각 점수와 그 점수가 속한 집단의 평균과의 차이이다. 이 두 종류의 차이를 제곱하여 더한 값이 두 변량원이다. 이것을 제곱합 SS(Sum of Squares)라고 한다. SS를 df로 나눈 값을 제곱평균(Mean Squares: MS)이라고 한다. 집단 간 SS를 df로 나눈 값은 집단 간 MS이고 집단 내 SS를 df로 나눈 값은 집단 내 MS가 된다. F 값은 집단 간 MS와 집단 내 MS의 비이다.

위 데이터에서 집단 간 편차를 제곱하여 더한 값은

$$SS_{between} = 5[(5)^2 + (-4)^2 + (-1)^2] = 210$$

집단 간 편차를 제곱하여 더한 값은

$$SS_{within} = (1)^2 + (3)^2 + ... + (-2)^2 + (0)^2 + ... + (-7)^2 + (1)^2 + ...$$
$$= 60 + 40 + 70 = 170$$

자유도는 전체 집단과 사례수에서 추정치에 의해 모평균을 추정한 수만큼 제한을 받으므로,

$$df_{between} = 3 - 1 = 2$$
$$df_{within} = (5-1) + (5-1) + (5-1) = 12$$

F 값의 계산

4) F 값의 계산

$$F = \frac{SS_{between}/df_{between}}{SS_{within}/df_{within}} = \frac{MS_{between}}{MS_{within}}$$
$$= \frac{210/2}{170/12} = 7.41$$

자유도 2, 12인 F 분포에서 이 값 7.41의 p 값을 찾으면

$p < 0.01$, 따라서 H_0 를 기각한다.

이 과정을 요약한 것이 〈표 2.2〉 분산분석 결과표 또는 ANOVA Table로, 대부분의 통계 프로그램에서 공통적으로 다음의 내용을 담는다.

〈표 2.2〉 분산분석 결과표

	제곱합	자유도	평균제곱	F	P
집단 간	210	2	105	7.41	.008
집단 내	170	12	14.17		
합계	380	14			

이 결과에 근거하여 영가설을 기각하고 대립가설을 수용한다. 대립가설은 "모든 모집단의 평균이 다 같지는 않다, 적어도 한 모집단 평균은 다르다"는 판단이다. 각각의 모집단 사이의 구체적인 차이를 알기 위해서는 후속적인 검정을 거쳐야 한다. 그 구체적 방법은 다음 장에서 다룬다.

4 분산분석의 가정

분산분석의 가정은 t 검정의 경우와 같다. 종속변수의 측정은 적어도 구간척도로 이루어져 있어야 하고 각 관찰치는 서로 독립적이어야 한다. 그리고 표준편차와 확률의 개념이 사용되고 각 집단이 같은 모집단에서 무작위로 추출된 표본이라는 전제 하에서 이루어지는 분석이기 때문에 정규분포와 동분산성의 가정이 필요하다.

표본은 모집단으로부터 무작위추출한 각각 독립적인 표본이다.

모집단이 정규분포를 이룬다.
모집단의 분산이 같다.

모집단의 분포와 분산에 대한 가정은 현실적으로 정확히 지켜지기 어렵다. 그렇다면 이러한 가정이 지켜지지 않았을 때 어떤 일이 일어나나? t 검정과 마찬가지로, 분산분석도 가정에 민감하지 않다. 따라서 가정이 지켜지지 않은 경우에도 비교적 정확한 결과를 낸다는 사실을 여러 연구 결과가 뒷받침하고 있다.[1)]

그러나 독립성의 가정이 지켜지지 않는다면 그 결과는 심각하다. 한 예로, 독립변수와 종속변수 사이에 상관관계가 존재한다면 이는 1종오류 가능성을 크게 높이는 결과를 초래한다.

1) Glass, G. V. 등, "Consequences of Failure to Meet the Assumptions Underlying the Use of Analysis of Variance and Covariance," Review of Educational Research, 42(1972). 237-288.

5 회귀모형을 이용한 분산분석*

분산분석이란 회귀분석의 특수한 형태이기 때문에 회귀분석으로써 분산분석을 수행할 수 있다. 이 때 더미변수(dummy variable)를 사용하는데, 더미변수란 특정 범주형 변수의 효과의 존재 유무를 표시하기 위하여 1과 0의 형태로 제시한 인위적 변수를 말한다. 먼저 예를 보이겠다. 앞에서 사용했던 자료, 세 가지 다른 교재를 사용하여 학습한 세 집단의 학업성취도 자료를 다시 제시한다.

집단 1: 16, 18, 10, 12, 19

집단 2: 4, 6, 8, 10, 2

집단 3: 2, 10, 9, 13, 11

여기서, $\bar{x}_1 = 15$,

$\bar{x}_2 = 6$,

$\bar{x}_3 = 9$,

$\bar{x}_T = 10$

더미 변수 (dummy variabla)

이 자료를 회귀분석으로 처리하기 위해 인위적 변수인 더미변수를 구축한다. 더미변수는 하나의 관찰치가 특정 집단으로부터 나온 경우 1을, 그렇지 않은 경우 0을 부여한 것이다. 집단이 3개 있을 경우, 다음과 같이 2개의 더미변수가 필요하다.

집단 1: $z_1 = 1,\ z_2 = 0$

집단 2: $z_1 = 0,\ z_2 = 1$

집단 3: $z_1 = 0,\ z_2 = 0$

이와 같이 정의된 더미변수를 사용한 회귀모형은

$$\hat{y} = \beta_0 + \beta_1 z_1 + \beta_2 z_2$$

가 된다. 그렇다면 집단 3에 대하여

$$\hat{y}\beta_0 + \beta_1(0) + \beta_2(0) = \alpha = \mu_3$$

이 될 것이고, 집단 1에 대해서

$$\hat{y} = \beta_0 + \beta_1(1) + \beta_2(0) = \alpha + \beta_1,$$

그리고 집단 3에 대해서

$$\hat{y} = \beta_0 + \beta_1(0) + \beta_2(1) = \alpha + \beta_2$$

가 됨을 알 수 있으며, 이것으로 다음 〈표 2.3〉과 같은 정보를 구할 수 있다.

〈표 2.3〉 더미변수의 계수에 대한 해석

집단	z_1	z_2	모평균의 추정	계수
1	1	0	$\mu_1 = \beta_0 + \beta_1$	$\beta_1 = \mu_1 - \mu_3$
2	0	1	$\mu_1 = \beta_0 + \beta_2$	$\beta_2 = \mu_2 - \mu_3$
3	0	0	$\mu_1 = \beta_0$	

이제 회귀분석을 실시한다. 이 때 종속변수는 점수이고 독립변수는 두 개의 더미변수가 된다. 회귀방정식의 절편과 계수는 최소제곱법(least squares method)에 의하여 구한다. 그 결과는 다음 〈표 2.4〉에 제시되었다. 최소제곱법

〈표 2.4〉 각 더미변수의 계수

모형	계수	표준오차	t	유의확률
상수	9.000	1.683	5.347	.000
z1	6.000	2.380	2.521	.027
z2	-3.000	2.380	-1.260	.232

위 〈표 2.4〉에 의하면 이 분석에 사용될 회귀방정식은

$$\hat{y} = 9.000 + 6.000z_1 - 3.000z_2$$

로 주어진다. 이후의 회귀분석의 계산절차는 각 데이터의 잔차$(y - \hat{y})$의 제곱합을 전체 집단의 점수의 제곱합과 양적으로 비교하는 과정이다. 참고로 집단 1의 첫 점수인 16의 잔차를 구하는 방법을 보이겠다. 잔차

$$y - \hat{y} = 16 - (9.000 + 6.000 z_1 + 0) = 1$$

이런 방식으로 계산을 모든 잔차의 제곱합을 종합한 회귀분석 모형의 분석결과는 〈표 2.5〉와 정확히 일치한다.

〈표 2.5〉 **분산분석 결과표**

	제곱합	자유도	평균제곱	F	P
회귀모형	210	2	105	7.41	.008
잔차	170	12	14.17		
합계	380	14			

이 회귀분석의 결정계수 R^2는 전체 점수의 제곱합(380)중 회귀모형이 차지하는 제곱합(210) 부분, 즉 0.553으로 나타난다.

6 처치효과의 크기, Omega Squared

어떤 행위의 영향력이 얼마나 클 것인가 예측하는 일은 당연히 과학의 한 중요한 목적이 될 것이다. 응용과학의 분야에서는 그런 예측이 금전적 가치와 직결되기도 한다.

많은 연구자들이 변량분석의 유의도 수준에서 그러한 예측을 기대한다. 그래서 $p < 0.0001$ 수준에서 유의미한 차이를 나타낸 F 검정과 $p < 0.05$ 수준에서 유의미한 F 검정을 비교하기를, 전자는 매우 인상적인 차이이며 후자는 그저 기준을 통과한 정도인 것처럼 해석하는 것을 종종 볼 수 있다. 그러나 그것은 부적절한 해석이다. 그 이유는 F 값과 그에 따른 p 값을 결정하는 요소로 처치효과의 크기 이외에 다른 것들이 있기 때문이다. 대표적인 것이 집단의 사례수이다. N이 커지면 F 값도 커지기 때문에 F 값이 크다는 것은 처치효과가 크다는 의미일 수만은 없다. 따라서 처치효과를 반영하면서 사례수와 무관한 지표가 필요하다. 그 중 가장 널리 쓰이는 것이 Omega Squared이다.

처치효과의 크기

개념적으로, 일원 변량분석에서 Omega Squared의 값은 모집단 처치효과의 분산,

$$\sigma_B^2$$

과 모집단 총 분산 즉 모집단 처치효과의 분산과 오차 분산의 합,

$$\sigma_B^2 + \sigma_W^2$$

의 비,

$$\widehat{\omega^2} = \frac{\sigma_B^2}{\sigma_B^2 + \sigma_W^2}$$

로 주어진다. 그러나 현실적으로 모집단 분산을 알지 못하기 때문에 표본 데이터를 가지고 추정할 수밖에 없는데 그 식은 다음과 같다.

$$\widehat{\omega^2} = \frac{SS_B - (a-1)s_W^2}{SS_T + s_W^2}$$

위 식에서 처치효과가 존재하지 않는다면 Omega Squared 값은 0이 될 것이고, 만일 처치효과가 존재한다면 그 값은 0과 1 사이에 있을 것이며, 그것은 독립변인에 의해 설명되는 분산의 비율을 뜻한다. 변량분석의 Summary Table에서 추정하는 방법은:

$$\widehat{\omega^2} = \frac{SS_B - (a-1)(MS_W)}{SS_T + (MS_W)}$$

예를 들어 다음 표에서 Omega Squared를 얻는 방법은:

Source	SS	df	MS	F
Between	3314.25	3	1104.75	7.34
Within	1805.50	12	150.46	
Total	5119.75	15		

$$\widehat{\omega^2} = \frac{3314.15 - (4-1)(150.46)}{5119.75 + (150.46)}$$

$$= \frac{2862.87}{5270.21} = 0.543$$

으로 나타낼 수 있다.

F test 이후의 검정

1) F test 이후의 검정에 관하여

다음 주제는 F test 이후의 검정, 즉 중다 비교(multiple comparisons)이다. F test 이후의 검정은 구체적으로 어떤 집단과 어떤 집단 사이에서 통계적으로 의미 있는 차이가 나타나는지 탐색하는 일이다. 이 일은 단순히 여러 집단의 평균을 t 검정으로 비교해서 될 일이 아니다. 그 이유 중 하나는 1종 오류 가능성의 증가에 있다.

집단 간 평균의 차의 유의성을 검정하고자 할 때, 즉 평균을 비교하고자 할 때, 비교하는 횟수가 증가함에 따라 1종 오류 가능성도 증가하게 된다.

$$\alpha_{FW} = 1 - (1 - \alpha)^c$$

where, α_{FW}: Type 1 Family-wise Error Rate
α: Type 1 Error
c: Number of Comparisons

예를 들어, 기각역 0.05에서 3회의 비교를 하면,

$$\alpha_{FW} = 1 - (1 - 0.05)^3 = 0.143$$

기각역 0.01에서 3회 비교를 하면 그 값은 0.030이 된다. 이러한, 통합된 1종 오류의 인플레를 막기 위한 별개의 방법과 이론적 배경이 필요한 이유를 알 수 있을 것이다. 다음 장에서는 F 검정 이후의 검정에 대하여 다루겠다.

03 장

F 검정 이후의 검정

1 전반적인(overall, omnibus) F 검정 이후의 통계 작업

앞장 맨 끝에서 언급한 대로 만약 ANOVA의 F 검정이 유의한 결과로 나타났다면 이는 최소한 한 쌍의 처치효과가 유의한 차이가 있다는 것을 의미한다. 간단히 말하면 우리는 최대 관측값과 최소 관측값의 차가 유의하다는 것을 알게 된 것이며, 그 외의 값들 간에 유의한 차이가 있는지를 검정할 필요가 생긴다. 이 장의 앞부분에서는 그런 경우에 사용하는 다중비교(multiple comparison)에 대하여 소개하겠다.

많은 경우에 있어서 질적변수의 수준은 특별한 이유가 있어서 선택된 모수인자 (fixed factor)이다. 이 경우에는 가설의 성격이 이후의 분석과정 선택의 결정적 요소가 된다. 만약 가설이 자료의 수집 이전에 잘 계획(planned)되었고 가설의 수가 적을 때는 사전검정(a priori test)을 사용할 수 있다. 그런데 많은 행동과학의 연구들은 사전검정 가설의 조건을 만족하지 못하며 결과적으로 흥미 있을 것으로 여겨지는 많은 비교들을 하게 된다. 가장 많이 사용되는 방법은 전반적인 F 검정을 행하고 만약 F 검정이 유의하게 되면 유의한 차이를 가진 처치들을 찾아내기 위해서 사후검정(post hoc)을 실시하는 방법이며 이때 적절한 사후검정의 선택은 중요한 과제가 된다.

독립변수에 따른 종속변수의 차이보다 두 변수가 나타내는 함수관계에 관심이 있을 경우 경향분석(trend analysis)을 실시한다. 이 장의 뒷부분에서는 경향분석 방법을 소개하겠다.

질적인 독립변수를 사용하고 수준(집단)의 수가 3개 이상일 때는 항상 집단의 평균간 비교를 행하게 된다. 유의한 F 검정결과가 있을 때 독립적인 여러 개의 비교를 위한 t 검정을 실시하는 것은 1종 오류의 문제와 검정의 통계적 독립성 문제를 가진다. 즉, 집단의 수가 a개일 때 양자 간 비교의 방식을 이용하면 $\frac{a(a-1)}{2}$ 번의 검정을 실시하게 되고 집단의 수가 증가함에 따라 비교의 회수는 아주 많아지게 되어 1종 오류의 크기가 아주 커지게 된다. 이것 외에도 t 검정을 연속으로 실시하는 데 따르는 문제는 표본 추출의 독립성 가정이 지켜지지 않는다는 점이다. 각각의 검정에는 독립된 새로운 표본이 사용되어야 하는데 연속된 t 검정은 명백히 그 가정을 위반하고 있다.

따라서 다른 집단끼리 비교를 하되 오차 비율을 뛰어오르지 않게 하는 방법이 필요한데 그 방법이 두 가지이다. 하나는 분석 모형을 설명하는 분산을 작은 부분으로 쪼개어 분석하는 방법이고, 다른 하나는 마치 여러 개의 t 검정을 하듯이 모든 집단을 비교하되 보다 엄격한 기준으로 비교하여 전체 실험군의 1종 오차 비율이 원하는 α 수준, 예컨대 0.05를 넘지 않게 하는 방법이다.

첫 번째 방법이 사전비교(planned comparison)이고 두 번째 방법이 사후검정(post hoc test)이다. 이 두 방법을 선택하는 기준은 연구자가 특별한 가설을 상정하고 있느냐, 아니면 그런 것 없이 중립적인 입장에서 비교를 수행하고 있느냐 여부라 할 수 있다. 대부분의 연구자들은 실험설계를 하기 이전에 이론적 기반이나 다른 증거를 통하여 미리 특정 사설을 염두에 두고 있기 때문에 전반적인 F 검정의 결과 이후의 분석은 이미 계획되어 있는 경우가 많다. 이런 경우 사전비교 방법이 사용된다. 이를 계획된(planned) 비교 또는 사전비교(a priori)라 부른다. 반면 사후검정은 예상되는 결과가 없는 분석의 경우로, 데이터 수집과 분석이 끝난 이후라야 결과를 알 수 있는 경우에 사용되는 방법이다.

2 사전비교(Planned Comparison)

사전비교의 조건

1) 사전비교의 조건

사전비교는 이론적, 경험적, 또는 실험적 정황상 설득력 있는 통찰 또는 예측이 가능한 경우 형성된 가설을 검정하는 것으로 계획된 비교(planned test) 또는 사전비교(a priori comparison)라 부른다. 사전비교를 하기 위해서는 다음 두 가지 조건 중 하나를 충족해야 한다.

(1) 비교가 서로 독립적(orthogonal)인 경우

비교가 독립적이란 말은 비교의 직교성(orthogonality)이 지켜지고 있다는 말로 표현하기도 한다. 비교의 직교성이 지켜질 때 t 검정, F 검정 등 Fisher's ratio 개념을 특정 t 검정에 도입해 사용할 수 있다.

직교성(orthogonality)

직교성이란 비교에 의해 얻는 정보가 서로 중복되지 않고 독립적이라는 특성을 말한다. 예를 들어보겠다. 약의 효능을 검증하기 위하여 세 집단을 대상으로 한 실험에서 한 집단은 통제집단으로 두고, 나머지 두 집단은 실험집단으로서 각각 다른 약을 투약하였다고 하자. 첫 번째 비교는 통제집단과 실험집단의 비교이다. 이 비교에서 실험집단과 통제집단의 평균이 모두 50점으로 같은 결과를 얻었다 하자. 다음 비교는 두 실험집단 사이에서 이루어진다고 할 때 이 비교는 첫 번째 비교와 아무 상관이 없는 독립적인 비교임을 알 수 있다. 첫 번째 비교에서 70점과 20점으로 서로 다른 결과를 얻었다고 해도 마찬가지로 첫 번째 비교와 두 번째 비교 사이에는 아무 상관이 없음을 확인할 수 있다. 첫 번째 비교결과가 두 번째 비교에 아무런 정보도 주지 못한다. 이것이 직교성이다. 두 비교의 직교성을 수량적으로 정의하면 다음과 같다.

$$\sum (c_i)(c_i') = 0$$

여기서 (c_i)는 첫 번째 비교의 i 번째 항의 계수이며 (c_i')는 두 번째 비교의 i 번째 항의 계수이다. 위에 예로 든 세 집단 비교에서 본다면

$$\begin{aligned}\sum (c_i)(c_i') &= (c_1)(c_1') + (c_2)(c_2') + (c_3)(c_3') \\ &= (1)(0) + (-\frac{1}{2})(1) + (-\frac{1}{2})(-1) \\ &= 0\end{aligned}$$

이 된다.

이러한 직교성이 지켜지지 않은 경우란 비교가 서로 독립적이지 못하고 어떤 방법으로든 관련성이 개입되는 경우를 말한다. 이런 경우 최초의 비교에 사용되었던 집단이 다른 비교에서 중복되어 사용됨으로써 독립성의 규칙에 위반되는 것이다. 이러한, 직교성이 지켜지지 않는 비교는 그 자체만으로는 아무 문제가 없지만 결과를 해석할 때 주의를 요한다. 이런 비교의 결과로 나타나는 통계치와 확률 사이에 상관이 있기 때문이다. 따라서 비

교가 통계적으로 의미 있다는 사실을 받아들이기 위해서는 매우 엄격한 유의도 수준을 사용할 필요가 있다.

(2) 비교가 독립적이지 않으나 비교 횟수가 많지 않은 경우

비교가 독립적이지 않다는 것은 동일한 평균들이 여러 비교에서 반복적으로 사용됨으로 인하여 중복(redundancy)이 있다는 것을 의미한다. 이런 경우에는 1종 오류를 통제하기 위하여 흔히 검정력의 손실을 감수하게 된다. Olive Dunn의 검정방법은 이러한 경우에 적절하다. Dunn의 방법은 개별 검정별 접근(hypothesiswise approach)에 속하지만 비교의 횟수가 적을 때에는 비교적 강력한 방법이다. 그러나 비교의 횟수가 양자 간 비교횟수 전체의 약 반을 넘을 경우에는 사용해서는 안 된다는 제한이 있다.

(3) 비교가 독립적이지 않고 그 횟수가 많지 않으며 비교하고자 하는 특정한 실험집단과 비교집단을 가지고 있는 경우

실험의 목적이 두 세 집단의 실험적 처치효과를 전통적 통제집단과 신속히 비교하는 데 국한되어 있을 때에는 t 검정의 일종인 Dunnett 검정을 사용하는 것이 좋다. Dunnett의 t 검정은 1종 오류의 크기를 실험전체에 대하여 통제하면서 사후검정(post hoc)보다 높은 검정력을 제공한다는 장점을 갖는다.

직교비교

2) 직교비교(Orthogonal Comparisons)

만약 둘 또는 그 이상의 비교가 독립적이라면 한 비교의 결과가 다른 비교의 결과를 예측하는데 아무 도움이 되지 못한다. 독립적인 비교를 실시한 것의 장점은 정보의 중복을 배제하여 통계적 검정을 실시하기 위한 가정인 독립성을 만족하게 된다는 것이다.

다음과 같은 두 비교가 있다고 하자. 여기서 나타나는 평균 간의 차이는 일반적으로 ψ 라는 기호로 나타낸다. 이 기호는 "sigh"라고 읽는다.

$$\widehat{\psi_1} = c_1\bar{x}_1 + c_2\bar{x}_2 + c_3\bar{x}_3, \quad \text{이때 } \sum c_i = 0$$

$$\widehat{\psi_2} = c_1\bar{x}_1 + c_2\bar{x}_2 + c_3\bar{x}_3, \quad \text{이때 } \sum c_j = 0$$

이 두 비교가 독립적이려면 우선 두 조건을 만족하여야 하는데, 첫째는 처치별 모집단은 정규분포를 하고 두 집단은 등분산을 갖는다는 가정이 만족하여야 하며, 둘째는 대응하는 계수들의 곱의 합이 0이 되어야 한다는 것이다. 이는 두 집단의 n이 같은 경우 다음과 같이 표현된다.

주어진 처치의 수에 대하여 무한대의 orthogonal coefficients가 존재하나, 각 orthogonal set은 오직 (a−1)개의 특정한 비교만을 행할 수 있다.

3) 직교비교의 분석법

직교비교의 분석법

직교비교의 수가 고정 변수의 자유도와 일치한다는 것은 우연이 아니다. 직교비교가 적절하게 만들어지면 분산분석에서 (an−1)의 자유도를 갖는 총제곱합(SS_T)이 (a−1)의 자유도를 갖는 집단 간 제곱합(SS_B)과 a(n−1)의 자유도를 갖는 집단내 제곱합(SS_W)으로 분리되는 것과 같은 과정이 된다. 오직 orthogonal comparison이 만들어졌을 때만 SS_B가 1의 자유도를 갖는 (a−1)개의 독립적인 요소로 분해된다.

좀 더 자세히 설명하면 세 수준을 갖는 처치에 대하여 위에서와 같이

$$\widehat{\psi_1} = (1)\overline{x}_1 + (-1)\overline{x}_2 + (0)\overline{x}_3$$
$$\widehat{\psi_2} = (1/2)\overline{x}_1 + (1/2)\overline{x}_2 + (-1)\overline{x}_3$$

의 비교를 사전 계획하였다면 분석은 완전히 분해되어

(1) 총제곱합 SS_T가 SS_B와 SS_W로 분해되며

(2) SS_B는 SS($\hat{\psi}_1$)과 SS($\hat{\psi}_2$)로 분해되고

(3) 이 독립적인 분산의 근원으로부터 mean square를 추정할 수 있으며

(4) 이 독립적인 분산들에 대하여 F ratio를 얻을 수 있다.

다음과 같이 직교대비(orthogonal contrast)를 사용하는 실제적인 예를 생각해 보자. 선행연구나 이론적 기반에 의해서 연구자는 세 종류의 특별한 강의 방식의 효과에 대하여 이론을 가지고 있다고 하자. 즉 어떤 유형의 학습자들은 A방식으로 강의하는 것이 B방식으로 강의하는 것보다 더 효과가 있으며, 일반적인 학생들은 C 방식보다 A방식이나 B방식으로 강의하는 것이 더 효과가 있다는 것이다. 이러한 사전적인 가설은 앞의 두 선형함수에 의해서 검정될 수 있다.

직교비교에 대한 제곱합은 다음과 같이 계산된다.

$$SS(\widehat{\psi}_i) = \frac{\widehat{\psi}_i^2}{\sum\left(\frac{c_j^2}{n_j}\right)}$$

이 식은 분산을 자유도가 1인 요소들로 분해될 때 일반적으로 사용될 수 있는 식이다. 이러한 분해에 대하여 다음을 언급할 필요가 있다.

(1) 직교비교(orthogonal comparison)를 F test로 검정하는 대신 t test를 사용할 수 있다. 이때의 t 값은 F 값의 제곱근이 되고 이 값은 a(n−1)의 자유도를 갖는 t 분포를 따른다.
(2) 각각의 비교는 α의 유의수준을 갖는다.
(3) 직교비교의 F 값들의 산술평균은 전체비교(omnibus) F 검정의 F 값과 일치한다.

이로부터 계획된 직교가설(planned orthogonal hypotheses)을 검정하는 설계의 장점이 명백해진다. 이 방법은 1종 오류의 가능성과 정보를 중복적으로 사용하는 문제를 최소화하도록 사전에 계획되었기 때문에, 각각의 요소들은 multi-factor 설계로 간주될 수 있고, 각각은 명목 유의수준(nominal alpha level)에서 검정될 수 있다. 결과적으로 이러한 방식이 가장 높은 검정력을 제공하므로 이 방식이 가능할 때는 언제든지 이를 우선적으로 채택하는 것이 일반적이다.

다중비교의 t 값

4) 다중비교의 t 값

Student의 t 검정은 여러 종류의 다중바교 방법에 기본적인 역할을 한다. t 검정의 변형들은 앞에서 언급한 Dunn, Dunnett, 직교비교에 모두 사용되었다. 그러므로 다른 방식들에 대하여 검토하기 전에 t test의 변형들에 대하여 잠시 살펴보는 것은 유용할 것이다.

(1) 두 독립적인 표본에 사용되는 t

$$t = \frac{\overline{X}_j - \overline{X}_k}{\sqrt{\frac{\hat{\sigma}_j}{n_j} + \frac{\hat{\sigma}_k}{n_k}}}$$

(2) 앞의 방식도 좋지만 몇 가지 추가의 가정을 만족하는 경우에는 다음과 같은 식을 사용할 수 있다.

① 표집의 크기 n이 서로 같고

② 처치집단의 분산이 서로 동일하다면

$$t = \frac{\overline{X}_j - \overline{X}_k}{\sqrt{\frac{2MS_W}{n}}}$$

실제 상황에서 이는 앞의 식에 비하여 두 가지 장점을 갖는다.

① 계산의 편리함: 두 처치 집단의 관측치 n이 같은 경우 MS(Within)값은 ANOVA의 결과표로부터 얻어지며 t 값은 이로부터 한 번의 계산으로 얻을 수 있다.

② 비교집단 수 a 〉 2 인 경우에는 이 식이 좀 더 많은 자유도를 갖게 되어 검정력이 커진다.

5) Fisher의 LSD(Least Significant Difference)

Fisher의 LSD

두 집단의 표본의 수가 같고 양자간의 다중비교를 실시할 경우에 계산이 간편한 방법이다. 예를 들면 세번의 t ratio를 사용한 검정이 이루어진다고 할 때 이들은 앞에서와 같이 MS(S/A)를 사용할 수도 있다. 그러나 이들은 같은 유의수준을 사용하며 분모가 같은 값을 가지며 동일한 임계값 t(α/2)를 가지므로 유의한 t값을 가지기 위한 최소한의 차이(least significant difference)를 구할 수 있다.

즉 유의한 최소한의 t값을 가지기 위한 차이는 식

$$t_{\alpha/2} = \frac{\hat{\psi}(lsd)}{\sqrt{\dfrac{2\ MS_W}{n}}}$$

로부터 다음과 같이 얻어진다.

$$\hat{\psi}(lsd) = t_{\alpha/2}\sqrt{\frac{2\ MS_W}{n}}$$

t ratio를 여러 번 사용하는 이 예는 least significant difference의 사용을 보이기 위해서 예시되었다. 그러나 orthogonal 하지 않은 비교에 t test를 여러 번 사용하는 것은 실험 전체의 유의수준이 통제되지 않는 한 권장할 만하지 못하다. 이제 실험전체의 유의수준을 통제하는 방법에 대하여 설명하겠다.

Dunn's procedure

6) Dunn's procedure

사전계획의 직교성 조건을 만족하는 경우는 많지 않다. 게다가 집단별 표본의 수가 다른 경우에는 orthogonality의 조건을 점검하는 일이 어렵기 때문에 직교비교를 만드는 일이 더욱 어렵다. 이런 경우 비교의 독립성이 확보되지 않았기 때문에 비교별(comparisonwise) 1종 오류의 통제를 실시할 수는 없다. 하지만 만약 비교의 수가 많지 않다면 일반적인 post hoc 검정의 경우보다 높은 검정력을 얻을 수 있는 방법은 있다. Dunn(1961)의 방법이 이러한 경우에 사용된다. Dunn의 방법은 양자 간 비교나 대비(contrast)가 모두 가능하며 집단 간 표본의 수가 같을 때와 다를 때 모두 사용할 수 있다.

Dunn의 test를 사용하는 주요 절차는 다음과 같다.

① 가설 수준의 1종 오류(실험별 오차율)
② 비교의 수 c를 미리 정한다.
③ 각 비교별 유의수준은 $\alpha = \alpha c/c$로 정해진다.
④ 유의수준 α에서 multiple t test가 실시된다.

(1) equal n

양자 간 비교만을 행하는 경우 Dunn의 least significant diffenrence는 다음과 같이 정해진다.

$$\hat{\psi}(Dunn) = t_{\alpha/c}\sqrt{\frac{2\ MS_W}{n}}$$

이는 Fisher의 LSD test와 같은 형태이나 Dunn의 엄격성(conservatism)은 1종 오류를 통제하는 단위의 차이에서 비롯된다.

(2) 집단별로 다른 n으로 양자간 비교와 대비를 실시하는 경우

양자간 비교와 대비를 앞에서 사용된 대비

$$\hat{\psi}_1 = (1)\overline{x}_1 + (-1)\overline{x}_2 + (0)\overline{x}_3$$
$$\hat{\psi}_2 = (1/2)\overline{x}_1 + (1/2)\overline{x}_2 + (-1)\overline{x}_3$$

를 예로 설명하겠다.

양자간 비교의 경우($\hat{\psi}_1$)에는 앞 절의 t ratio에서 집단별로 다른 n의 경우에 사용한 식

$$t = \frac{\hat{\psi}_1}{\sqrt{\left(\frac{1}{n_j} + \frac{1}{n_k}\right)MS_W}}$$

을 사용하여 검정한다.

대비의 경우($\hat{\psi}_2$)에는 양자간 비교와 대비에 모두 사용될 수 있는 다음과 같은 일반식을 사용하여 검정한다.

$$t = \frac{\hat{\psi}_i}{\sqrt{\left(\frac{c_1^2}{n_1} + \frac{c_2^2}{n_2} + \cdot\cdot\cdot + \frac{c_a^2}{n_a}\right)MS_W}}$$

앞에서 보았듯이 Dunn의 방법은 실험전체의 1종 오류를 통제하며 따라서 Dunn이 사후

검정에 사용되지 못할 이유가 없다. 그러나 비교의 수가 비교 가능한 모든 양자 간 비교의 수에 접근할 때 Dunn의 방법은 잘 알려진 사후검정 방법인 Tukey나 Scheffe의 방법보다 낮은 검정력을 갖는다. 그러므로 일반적인 기준으로 비교의 수가 전체 비교 가능 양자 간 비교수의 절반 이하일 때만 Dunn의 방법을 사용하는 것이 좋다.

7) Dunnett's procedure

Dunnett's 검정

어떤 실험에서는 처치집단들의 평균과 통제집단의 평균이 비교되도록 설계되기도 한다. Dunnett(1955)의 방법은 이러한 경우에 사용되도록 고안되었다. 이 방법은 검정의 기각역 설정에 t 분포를 사용하지 않는다는 점을 제외하고는 Dunn의 방법과 동일하다. Dunnett은 전통적인 t 분포를 여러 개의 처치와 통제간에 사용할 수 있도록 변형하였다. Dunnett의 least significant difference는 다음과 같이 표현될 수 있다.

$$\hat{\psi}(Dunnett) = d_{\alpha/c}\sqrt{\frac{2\ MS_W}{n}}$$

d(α/2)는 Dunnett의 표에서 찾을 수 있다.

처치집단의 자료수가 다른 경우에는 앞에서 사용된

$$t = \frac{\hat{\psi}_1}{\sqrt{\left(\frac{1}{n_j} + \frac{1}{n_k}\right) MS_W}}$$

또는

$$t = \frac{\hat{\psi}_i}{\sqrt{\left(\frac{c_1^2}{n_1} + \frac{c_2^2}{n_2} + \cdot\ \cdot\ \cdot + \frac{c_a^2}{n_a}\right) MS_W}}$$

을 사용하고 이의 기각값으로 Dunnett의 표를 사용해야 한다. 당초 Dunnett의 방법과 표는 집단별 표본수가 같은 경우에 사용되도록 고안된 것이다. 그러나 Dunnett(1955)은 그의 방법이 집단별 표본수가 다른 경우에도 사용될 수 있으며 그때의 p 값은 근사값이 된다고 밝히고 있다(p.1097). 그러므로 집단간의 자료수가 너무 크게 차이가 나지 않을 때 Dunnett

의 방법을 사용하고 많이 차이가 날 때는 Dunn의 방법을 사용하는 것이 검정력은 최대화 되지 않지만 안전한 방법이라고 할 수 있겠다.

8) Newman-Keuls

Newman-Keuls 검정

집단별 자료의 수가 같고 계획된 양자 간 비교의 수가 많은 경우에 사용될 수 있는 방법이 Newman-Keuls이다. 이는 unequal n의 경우에 사용하는 사후검정보다 큰 검정력을 제공한다. 이에 대한 자세한 논의는 사후검정에 대한 설명 이후로 미룬다.

3 사후비교

전반적인 F 검정 결과 영가설이 기각된 후 기각의 이유를 찾기 위한 사후검사를 하려 한다면 그 적절한 방법을 찾기 위하여 다음 조건을 고려하여야 한다.

a) 양자 간 비교만 할 것인가, 아니면 양자 간 비교와 대비(contrast)를 병행할 것인가?
b) 처치집단의 사례수가 서로 같은가, 다른가?

<table>
<tr><th>1종 오류의
비교별 통제</th><td colspan="4">n이 동수라면 Newman-Keuls</td></tr>
<tr><th rowspan="6">1종 오류의
실험전체 통제</th><td rowspan="2">대비와
양자 간 비교</td><td>작은 수의 비교</td><td colspan="2">Dunn</td></tr>
<tr><td>많은 수의 비교</td><td colspan="2">Scheffe</td></tr>
<tr><td rowspan="4">양자 간 비교</td><td rowspan="2">모든 가능한 비교</td><td>unequal n</td><td>Scheffe</td></tr>
<tr><td>equal n</td><td>Tukey</td></tr>
<tr><td rowspan="2">양자 간 비교</td><td>작은 수의
상호비교</td><td>Dunn</td></tr>
<tr><td>처치와 통제
간의 비교</td><td>Dunnett</td></tr>
</table>

이 절에서는 세 가지 다자간 비교법에 대하여 설명하겠다. 첫 번째는 Tukey의 Honestly Significant Difference로 이는 다중비교 방법들 중 가장 널리 알려진 방법이다. 이 방법은 통계량의 정확한 분포가 알려져 있으나 자료의 수가 같은 집단의 양자 간 비교에만 사용할

수 있다. 두 번째는 Newman-Keuls이며, 세 번째는 다중비교 방법들 중 가장 다양하게 사용될 수 있는 Scheffe의 방법이다.

1) Tukey's HSD-procedure

Tukey 검정

Tukey의 방법을 이해하기 위해서는 우선 방법의 기본 논리와 그의 통계량인 Student's range statistic(q)에 대한 이해가 있어야 한다.

(1) 기본 논리

지금까지의 논의에서는 오직 두개의 독립적인 집단의 표본이 추출되었으며 영가설 하에서 두 표본집단은 같은 모집단으로부터 추출되었다고 가정하였다. t 통계량의 분산은 이러한 가정 하에서 계산된다. 그러나 집단의 수가 2개가 아니라 그 이상일 때는 이에 부수되는 새로운 문제들을 고려해야 한다.

직관적으로 생각해서 집단의 수가 여러 개일 때 가장 큰 평균과 가장 작은 평균의 우연적 차이는 두 집단만을 생각했을 때 두 평균의 우연적 차이보다 훨씬 클 것이다. 집단의 수가 많을수록 가장 큰 값과 가장 작은 값이 우연적 차이는 커질 것이다. 그러므로 집단이 2개 이상일 때는 2 sample t test의 표준편차는 항상 과소평가되며 결과적으로 1종 오류의 크기가 커지게 될 것이라는 것을 짐작할 수 있다. 기대되는 우연적 차이의 크기가 비교되는 처치의 수의 함수라는 사실을 고려하여 Tukey는 t test와는 달리 비교되는 처치의 수를 고려한 통계량을 개발하였다. Student(William S. Gossett) 역시 이 통계량을 개발하였는데 통계량의 이름은 Studentized range statistic이다. Tukey의 검정은 동일한 사례수의 양자 간 비교에만 적용할 수 있다는 한계가 있다.

만약 평균이 μ이고 표준편차가 σ인 모집단으로부터 각 집단의 크기가 n인 a개 집단의 표본이 추출되었다면 그들 중 가장 큰 평균을 갖는 집단과 가장 작은 평균을 갖는 집단의 평균차는 다음과 같이 정의된다.

$$R = \overline{X}_{\max} - \overline{X}_{\min}$$

이는 표준편차가 $\hat{\sigma}/\sqrt{n}$ 이고 평균은 표본의 수의 함수로 표본의 수가 증가하면 평균이 증가하는 성질을 갖게 된다.

만약에 집단별 표본의 크기 n이 같다면 R과 Studentized range distribution은 분산분석에서 overall F test에 의해서 검정되는 omnibus null hypothesis의 검정에 사용될 수 있다. 이때 통계량은

$$q = \frac{R}{\frac{\hat{\sigma}}{\sqrt{n}}}$$

여기서, q는 a 처치집단에 대한 Studentized range test statistic,
$\hat{\sigma}$는 모분산에 대한 pooled estimate,
n은 집단의 크기

q가 F 대신 쓰이지 않는 이유는 일반적으로 F의 검정력이 q보다 크기 때문이다. 그러나 q는 F 검정 이후의 각각의 비교를 검정하는 데에 유용하게 쓰일 수 있다.

(2) 검정통계량

Student's range statistic을 다중비교에 사용하기 위해서서 위의 통계량에 대한 약간의 변형이 필요하다. 위의 통계량이 ANOVA에 대한 후속수단으로 사용되므로 모분산에 대한 가장 좋은 추정치는 MS(S/A)가 된다. 그러므로 위의 통계량은

$$q = \frac{\overline{X}_{max} - \overline{X}_{min}}{\sqrt{\frac{MS_W}{n}}}$$

이 된다.

앞에서와 같이 least significant difference를 표현하는 식으로

$$\hat{\psi}(hsd) = q(a)\sqrt{\frac{MS_W}{n}}$$

를 사용한다. Tukey의 방법은 비교집단을 두 개로 가정하고 있지 않다는 점에서 좀더 "honest"하다. 그리고 이 방법은 가장 큰 평균과 가장 작은 평균의 차이에 대한 유의성을 검정할 때 실험전체의 1종 오류를 통제한다. 유의수준이 가장 극단적인 경우에 통제되기 때문에 그보다 덜 극단적인 경우에는 유의수준을 넘는 경우가 생기지 않으며, 낮은 검정력을 갖는다.

Newman–Keuls 검정

2) The Newman-Keuls

Newman–Keuls 역시 Studentized range statistic을 이용한다. 그러나 이 방법은 다자간 비교를 위하여 layer method라는 방법을 사용한다는 점에서 앞의 방법들과 구별된다.

가장 작은 평균으로부터 가장 큰 평균의 배열이 다음과 같았다고 하자.

$$\overline{X}_2 \quad \overline{X}_1 \quad \overline{X}_4 \quad \overline{X}_5 \quad \overline{X}_3$$

layer method는 Tukey의 방법과 같이 극단적인 경우인 가장 큰 평균값과 가장 작은 평균값의 차이

$$\overline{X}_3 - \overline{X}_2$$

를 우선 test한다. 만약 이 비교가 유의하면, 그 다음으로 두 번째로 극단적인 경우인 4단계 떨어져 있는 두 개의 평균의 차이

$$\overline{X}_3 - \overline{X}_1$$

$$\overline{X}_5 - \overline{X}_2$$

를 검정한다. 그런데 이 경우에는 영가설 하에서 모집단으로부터 다섯 개의 집단이 추출된 것이 아니라 네 개의 집단이 추출된 것으로 가정한다. 이렇게 함으로 유의한 최소한의 차이를 나타내기 위하여 q(5) 대신 q(4)가 쓰이게 되어 유의하기 위한 최소한의 차이가 감소하게 된다. 네 단계 떨어진 평균의 최소한 유의한 차이를 $\hat{\psi}(\mathrm{NK}-4)$로 나타내면 이는 다음과 같이 표현된다.

$$\hat{\psi}(NK-4) = q(4)\sqrt{\frac{MS_W}{n}}$$

만약 네 단계 떨어진 경우가 모두 유의하지 않으면 차이검정은 거기에서 중단된다. 그러나 만약 어느 하나가 유의하면 다시 두 개의 삼 단계 떨어진 경우에 대하여 검정하게 된다. 만약 이들 중 어느 하나라도 유의하게 되면 다시 두 단계 떨어진 경우에 대하여 검정하게 된다. 어느 layer에서든지 검정이 모두 유의하지 않은 것으로 나타나면 검정은 거기서 중단된다. 유의수준은 각 layer별로 명목 유의수준으로 통제된다. 그러나 실험전체의 1종 오

류는 층의 수가 많아짐에 따라 증가한다. 그러므로 1종 오류는 다음의 통상적인 식으로 계산된다.

$$\alpha_c = 1-(1-\alpha)^c$$

여기서, c는 검정된 층의 수

Newman-Keuls의 방법은 t ratio를 사용한 방법보다는 1종 오류를 잘 관리하나 실험전체(experimentwise)의 1종 오류를 통제하는 방법만은 못하다. 이는 비교별 관리와 실험전체 유의수준 관리의 중간 정도로 간주된다.

3) The Scheffe method

Scheffe 검정

사후검사 방법 중 Scheffe의 방법이 가장 적용성이 크고, 견고하며(robust), 엄격한 검사라 할 수 있다. 적용성이 크다는 것은 양자 간 비교나 혼성비교에서, 그리고 사례수가 같은 경우에도 다른 경우에도 모두 사용할 수 있다는 것이고, 견고하다는 것은 F 검정 이후의 검사 방법 중 분석모형의 가정을 위반한 경우에 대하여 가장 덜 민감하기 때문이고, 가장 엄격한 검사인 이유는 기각역을 가설 수준에 머무르도록 통제하기 때문이다. 그러나 이 방법은 검정력이 특별히 낮다는 약점을 가지고 있다. 그러므로 다른 민감한 분석방법을 적용할 수 없을 때 사용하기 좋다.

Scheffe의 방법은 대략적으로 다음과 같은 성질을 갖는다.

① t ratio에 의한 개별 비교를 F test에 의한 비교로 전환하고

② F 분포의 기각역을 줄여서 검정력의 감소를 감수하면서 실험전체의 1종 오류를 통제한다.

df(1) = 1과 df(2) = a(n−1)의 자유도를 갖는 F 검정의 통계량은 df = a(n−1)을 갖는 t 통계량의 제곱과 같다. 그러므로 앞에서 주어진 t의 제곱값이 F 값이 된다.

$$F = t^2 = \frac{\widehat{\psi}_i^2}{\frac{2\ MS_W}{n}}$$

각 집단의 n이 같다고 가정할 때 통계적으로 유의하기 위한 최소한의 차이는 다음과 같

이 표현된다.

$$\hat{\psi}(lsd) = \sqrt{F_{\alpha}}\sqrt{\frac{2MS_W}{n}}$$

Scheffe(1959)는 F(α)의 기각값을 조금 높여주면 양자 간 비교나 혼성비교의 모든 경우에 1종 오류가 실험전체에 대하여 통제됨을 보였다. 즉 df(1) = a−1, df(2) = a(n−1)의 F(α)에 대하여 처치의 수에서 1을 감한 값을 곱해주면 실험전체의 1종 오류가 통제됨을 보였다.

일원설계의 경우 곱해주는 값은 (a−1)이므로 집단 간 n이 같다면 양자 간 비교에서 유의하기 위한 최소한의 거리는 다음과 같다.

$$\hat{\psi}(s) = \sqrt{(a-1)F_{\alpha}}\sqrt{\frac{2MS_W}{n}}$$

집단간 자료의 수가 다르고 혼성비교인 경우에는 다음과 같이 앞에서 사용된 F 값을 Scheffe의 correction factor로 나눔으로 F 값을 얻을 수 있다.

$$F = \frac{\widehat{\psi_i^2}}{(a-1)\left(\frac{1}{n_1}+\frac{1}{n_2}\right)MS_W^2}$$

위의 값은 F 분포표에서 (a−1)과 a(n−1)의 자유도를 갖는 F 기각통계값과 비교되게 된다.

이로부터 n이 같을 때와 다를 때, 양자간 비교일 때와 혼성비교일 때 사용될 수 있는 식을 유도하면 다음과 같다.

$$F = \frac{\widehat{\psi_i^2}}{(a-1)\left(\frac{c_1^2}{n_1}+\frac{c_2^2}{n_2}+\cdot\cdot\cdot+\frac{c_a^2}{n_a}\right)MS_W^2}$$

4 연관도(measures of association)

연구자들은 발견된 연구결과의 의미보다 통계적 유의성에 집착하는 경향이 있다. 효과 강도의 의미는 유의한 통계치나 그것의 p값을 보고하는 것만으로는 부족하다. 왜냐하면 통계치나 그것의 p값은 처치에 포함되어 있는 자료수 n의 함수이고 어떤 가설도 자료의 수가 충분히 크다면 기각될 수 있기 때문이다. 그러므로 자료의 수와 독립적으로 효과를 재는 수단이 필요하게 되었다. 이 절에서는 연관도 측정에 사용되는 계수들에 대하여 설명하겠다.

ANOVA 이후에 사용되는 연관도는 범주형 독립변수와 연속형 종속변수간의 상관계수로 간주될 수 있다. 연관도는 표본의 반응에 대한 독립변수 영향의 강도이며 상관계수와 마찬가지로 자료의 수와 관련되어 있지 않은 값이다. 그러므로 연관도는 연구결과의 실제적 유의성을 재는 도구로 사용될 수 있다. 우선 고정요인(fixed factor)의 질적변수에 대하여만 생각해 보자. 왜냐하면 이 이외의 경우에는 관계를 재는 더 직접적인 방법이 존재하기 때문이다.

Karl Pearson에 의해서 범주형 변수와 연속변수의 관계를 재는 eta-squared coefficient (η^2)가 소개되었다. 이를 교육학 연구의 post hoc 측정에 도입한 사람은 Kerlinger(1964, pp.200-206)이다. 두 번째 연관도는 epsilon squared라고 불리는 것으로 T. L. Kelly에 의해서 30년대 중반에 제안되고 Petere and Van Voorhis(1940, pp.320-325)에 의해서 설명되었으나 잘 사용되지 않는다. 아마도 가장 잘 알려진 연관도는 심리학 분야에 사용될 수 있도록 기술된 William Hayes(1963, pp.381-385, 406-408)의 통계학 교과서에서 제안된 omega-squared($\hat{\omega}^2$)이다.

1) Eta-squared coefficient

Eta-squared coefficient

고정요인의 질적변수에 대한 일원설계에서 eta-squared는 다음과 같이 주어진다.

$$\eta^2 = \frac{SS_B}{SS_T}$$

이는 독립변수에 의해서 결정되는 종속변수 분산의 비율이다. 그러므로 eta-squared는 설명되는 분산의 백분율에 의해서 관계의 강도를 설명할 수 있다. eta-squared는 추론에 사용되지 않으며 단지 관측치에 대하여 기술하는 데만 쓰인다. 그러므로 이것은 모집단에서 처치에 의해서 설명되는 비율을 추정하는 데 사용되지 않는다. 또한 eta-squared를 구하는 방법에 여러 가지가 있으며 이에 대하여는 Kennedy(1970)를 참조하라.

Omega-squared coefficient

2) Omega-squared coefficient

독립변수와 종속변수간의 관계의 정도를 측정하는 추리통계량이 Hays에 의해서 제안되었다. 질적이며 고정요인인 일원 설계에서 Hays의 Omega-squared는 다음과 같이 주어진다.

$$\widehat{\omega^2} = \frac{SS_B - (a-1)MS_W}{SS_T - MS_W}$$

일반적으로 omega-squared는 eta-squared보다 작은 값을 갖는다. eta-squared가 $\widehat{\omega^2}$의 추정치로 사용되면 이 추정치는 모수의 값보다 아주 큰 값을 가지며 omega-squared 역시 모집단에서의 관계의 정도를 과대평가하는 것으로 알려져 있다. 그러나 다른 모든 조건이 고정된다면 처치집단들의 관측치 n이 증가함에 따라 eta-squared와 omega-squared의 차는 줄어들게 된다.

04 장

이원설계

1 이원설계의 장점

일원설계는 하나의 독립변수와 하나의 종속변수 사이의 관계를 탐구하는 방법이었다. 이원설계는 그 방법을 확장하여 두 개의 독립변수와 하나의 종속변수를 갖는 실험설계이며, 그 분석 방법을 이원분산분석이라 한다. 하나의 독립변수가 추가되었기 때문에 이원분산분석은 일원설계의 분석보다 조금 더 복잡하다. 그렇지만 이 방법에 의해 얻어지는 정보의 양과 유용성은 그 복잡성을 보상하고도 남음이 있다.

예를 들어 농작물의 생산성을 설명하고자 하는 연구에서 그 원인으로 비료의 종류와 토양의 성질을 책정하였다고 하자. 그렇다면 이 연구의 독립변인은 두 가지, 즉 비료의 종류와 토양의 성질이 되고, 종속변수는 농작물의 생산성이 될 것이며, 이원설계에 의한 실험이 시행될 것이다. 그런데 이 경우, 두 개의 일원설계에 의한 실험, 즉 한 실험에서는 비료의 종류와 생산성과의 관계를, 또 한 실험에서는 토양의 성질과 생산성과의 관계를 보는 두 실험을 하면 안 되나? 이원설계에서처럼 굳이 두 실험을 한데 묶어서 하는 이유가 무엇인가?

1) 상호작용 효과의 검증

상호작용 효과의 검증

이원설계의 첫 번째 장점은 상호작용 효과를 검증할 수 있다는 것이다. 상호작용은 둘 이상의 독립변인이 있는 경우 그 독립변인의 효과가 모두 일정하게 작용하지 않고, 하나의 독립변인이 또 다른 독립변인의 수준에 따라 달리 작용하는 경우를 말한다. 예를 들어, 교통편과 소요시간 사이의 관계를 연구하기 위해 전철과 버스의 소요시간을 비교한다고 하자. 이 결과는 조사한 시간대에 따라 크게 달라질 것이다. 전철과 승용차의 빠르기는 일반적으로 설명되지 않고, 시간대에 따라 달리 설명될 것이다. 즉 출퇴근 시간대에는 차량 정

상호작용

체로 전철이 더 빠를 것이고, 그 시간을 벗어나면 승용차가 더 빠른 것으로 나타날 것이다. 이럴 때 교통편과 시간 사이에 상호작용이 있다고 할 수 있다.

상호작용이 없는 경우의 예를 보자. 사전지식 기반이 상위와 하위인 학생들을 각각 교육 프로그램 A, B, C에 할당하여 학습하게 한 후 얻은 각 집단의 성취도 평균이 다음과 같다고 하자.

처치 \ 사전지식	상위	하위
A	90	80
B	80	70
C	60	50

사전 지식 기반 상·하위별로 각 프로그램의 효과를 좌표 상에 표시해 보면 아래와 같다.

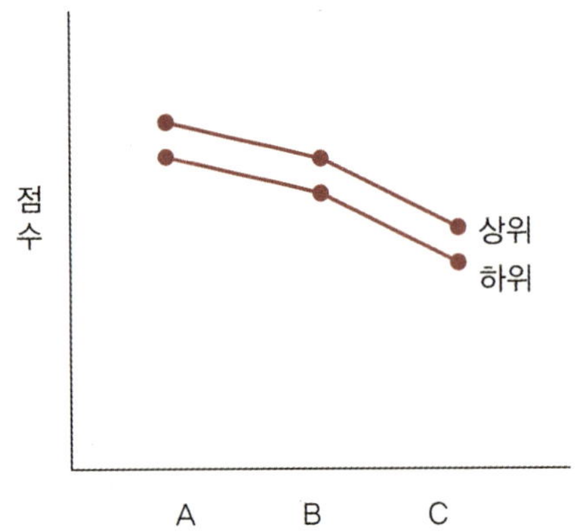

[그림 4.1] 상호작용이 없는 예

이 그림에서 처치효과 사전지식 기반의 효과는 모두 독자적으로 학업성취도에 기여한다는 것을 알 수 있다. 프로그램 A를 통해 학습한 집단은 사전지식 기반이 상위든 하위든 관계없이 언제나 가장 높은 학업 성취도를 나타냈다. 그리고 프로그램 B, C 순으로 효과의 차이가 나타났다. 역으로, 사전 지식 기반이 상위인 집단은 어떤 프로그램에 의해 학습한 경우에도 하위 집단보다 높은 점수를 얻었다. 이러한 경우 하나의 독립변인의 효과가 다른 독립변인의 수준에 의해서 영향을 받지 않는다는 것을 알 수 있다. 이러한 경우 상호작용은 없다. 이 결과에 대해서, 학습 프로그램은 A, B, C 순으로 효과적이고, 선수학습 수준은 높은 것이 학습 결과를 높이는 데 필요하다는 일반적인 해석이 가능하다. 이번에는 다음과 같은 결과가 나타나는 경우에 대해 생각해보자.

사전지식 처치	상위	하위
A	90	70
B	80	70
C	60	75

이 결과를 그림으로 표시하면 다음과 같다.

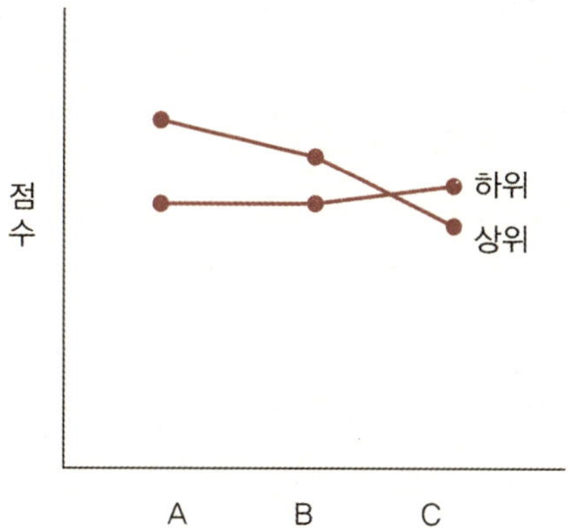

[그림 4.2] 상호작용이 있는 예

이러한 결과가 나타날 때 학업 성취도를 설명하는 처치 효과와 사전지식 효과는 독립적으로 성립할 수 없고 서로에게 의존하게 되는데, 이를 상호작용이라 한다. 위 그림에서 프로그램 A는 언제나 가장 효과적이라 할 수 없다. 사전지식 기반이 상위인 집단에 대해서는 물론 가장 효과적이지만 하위 집단은 오히려 상위 집단에게 가장 비효과적이었던 프로그램 C가 더 잘 작용한다. 역으로 사전지식 기반이 하위인 집단도 프로그램에 따라 상위인 학생과 비슷한 결과를 나타낼 수도 있다. 이와 같이 상호작용이 존재할 때 각각의 독립변수의 효과는 독자적으로 설명될 수 없고, 다른 독립변수의 수준에 따라 달리 설명하여야 한다. 상호작용의 또 다른 예로, 다음과 같은 모양의 경우도 생각해 보자.

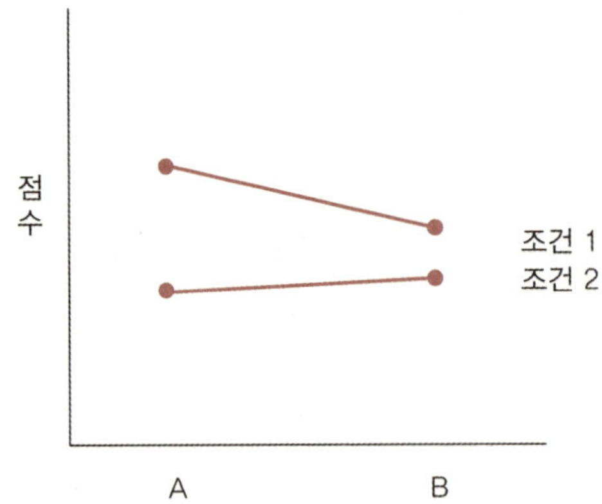

[그림 4.3] 상호작용이 있는 예

위와 같은 모습도 상호작용이 있는 것으로 간주된다. 프로그램 A, B에 관계없이 조건 1은 언제나 조건 2보다 높은 점수를 나타냈지만 그 작용하는 양상이 프로그램에 따라 확연히 다르므로 이 경우 프로그램의 효과나 조건의 효과를 상호 관련성 없이는 일반적으로 해석할 수 없어진다. 이러한 경우 조건이라는 변인을 고려하지 않고 프로그램 효과만 단순비교하면 현상을 왜곡하는 결과를 가져오기 때문에 이 경우도 상호작용이 존재하는 경우로 분류된다.

지금까지 상호작용의 통계학적 정의에 관해서 설명했다. 상호작용 분산을 수량화하기 위해 더 이상의 설명은 필요하지 않을 것 같다. 그러나 이 상호작용을 연구의 실제라는 문맥에서 본다면 상당히 중요한 의미를 가지고 있기에 이를 추가적으로 설명하고자 한다. 그 요체는 연구가 어떤 장벽에 가로막혀서 더 이상 진전이 없을 때 새로운 돌파구를 열어주는 것이 상호작용일 때가 많다는 것이다.

같은 주제에 대한 여러 연구 결과가 누적되면 처치효과에 관한 수량적 결과는 하나의 평균점으로 수렴될 것을 기대할 수 있다. 예를 들어 지능과 학업성취도의 관계가 그렇다. 지능이 높은 집단과 낮은 집단 사이의 학업성취도 평균의 차이를 비교한 연구결과의 메타분석 결과는 뚜렷한 하나의 평균값을 나타내고, 낮은 분산을 보인다. 이것은 지능과 학업성취도라는 두 변수가 예측했던 것과 같은 방식으로 인과관계를 갖기 때문이다. 오차의 기대치는 0이라는 점은 연구결과가 누적되면 낮은 분산을 보이는 것을 설명한다. 그런데, 만일 이러한 일이 생기지 않는다면 이를 어떻게 해석해야 할까? 누적된 실험 결과가 일관된 결과를 보이지 않는 경우는 어떨 때 생길 수 있는가를 생각해 보아야 할 일이다.

서울 시내의 한 지점에서 다른 한 지점까지 승용차로 가는 것이 빠른지, 아니면 전철로 가는 것이 빠른지를 조사할 때 이와 같은 경우가 나타날 것으로 보인다. 이를 조사하기 위하여 두 집단을 두고, 한 집단은 승용차로, 다른 한 집단은 전철로 출발하여 도착지까지 가는 데 걸린 시간을 비교한다면, 이 실험 결과는 물론 어떤 결론을 제시해주겠지만, 이와 유사한 연구결과를 종합하여 분석해보면 하나의 통합된 결론에 이르지 못하거나 독립변수 효과의 분산이 아주 클 것으로 짐작된다. 그 이유는 각 연구결과는 우연적으로 선택된 시간대에 크게 의존하기 때문일 것이다. 차들이 붐비는 출퇴근 시간대에는 전철을 이용하는 것이 빠르고, 거리가 한가한 시간대에는 승용차를 이용하는 것이 더 빠를 것이다. 이와 같은 사정을 고려하지 않고 단순히 차와 전철의 소요 시간만을 비교한 연구결과는 현실을 구체적으로 파악하기에 미흡하다. 이러한 경우 실험 결과가 누적된 모양은 자연스럽지 않은 불일치를 나타냄으로써 우리에게 경고 신호를 준다. 그 경고를 알아차릴 때 연구의 새로운 돌파구가 열린다.

학술적 연구에 있어서도 실험연구 결과가 누적됨에도 불구하고 그 수량적 결과가 수렴하지 않고, 지나치게 이질적으로 나타나는 경우가 있다. 자연스러운 세상의 이치가 통하지 않았다는 것은 우연히 발생한 사건이라고 보는 것보다는 그 주제에 대한 개념화나 연구설계에 어떤 잘못이 있었다고 보는 것이 더 합리적일 것이다. 따라서 이러한 일이 관찰될 경우에는 그러한 연구가 포함하고 있었던 전제 또는 가정을 검토하게 된다.

예를 들어보자. 과거 컴퓨터를 사용하여 학습하게 하는 프로그램이 개발된 초기 단계에서 수업설계를 어떻게 하는 것이 효과적인 결과를 나타낼 수 있을 것인가에 대한 연구가 활발히 진행되었다. 그 중 대표적인 문제는 학습의 통제권을 학습자에게 주는 것이 효과적인가 프로그램이 통제하게 하는 것이 효과적인가 하는 것이었다. 당연히, 많은 연구자들은 학습자 통제 집단과 프로그램 통제 집단의 학업성취도를 비교하는 실험 연구를 수행했다. 그런데, 많은 유사한 연구가 행해졌지만 그 결과는 각양각색이었다. 누적된 연구 결과는 집단 간의 차이에 있어서 일정한 수치에 접근하지도 않았고, 어떤 집단이 더 좋은 결과를 나타냈는지에 관해서도 일정한 결과를 나타내지 못했다. 이에 따라 연구자들은, 지금까지의 연구가 포함하고 있었던 전제나 가정을 재검토해야 한다는 생각을 하게 되었다. 지금까지의 연구에서 의심 없이 받아들이고 있었던, 통제의 소재 효과가 일반적으로, 누구에게나 동일하게 나타난다는 전제에 주목하기 시작했다. 만일 학습자의 특성에 따라 그 결과가 서로 다르게 나타나는 것이라면 지금까지의 연구 결과의 불일치는 그것으로 설명될 수 있다는 생각에서였다. 과연 이러한 의심을 확인하기 위한 연구의 결과는 상호작용의 존재, 즉 사전지식 기반이 잘 갖춰진 학습자에게는 학습자 통제가, 그렇지 못한 학습자에게는 프로그램 통제가 보다 효과적이라는 사실을 확인시켜 주었다. 그리고 그것으로써 과거의 연구 결과가 수렴되지 못했던 이유가 설명되었고, 이 방면의 연구는 새로운 국면에 접어들게 되었다. 이와 같이, 실제 연구의 장면에서 상호작용은 새로운 이론적 개념화의 필요를 의미할 때가 많다.

경제성

2) 경제성

이원설계의 두 번째 장점은 경제성이다. 여기서 경제성은 피험자 수를 말한다. 예를 들어서 커피와 수면시간의 관계에 관한 연구에서 커피를 마시는 시간대와 마신 커피의 양이 수면시간에 어떤 영향을 미치는지 연구한다고 하자. 커피를 마시는 시간대는 아침, 점심과 저녁으로, 커피의 양은 1잔, 2잔, 3잔으로 분류하고, 수면시간은 종속변인으로 설정될 수 있을 것이다. 먼저 이를 일원설계에 의한 두 가지 실험으로 처리한 경우를 보자. 〈표 4.1〉에 나타난 설계모형이 그것이다.

〈표 4.1〉 일원설계의 예

두 일원설계에 의한 실험					
시간대			커피의 양		
아침	점심	저녁	1잔	2잔	3잔
30명	30명	30명	30명	30명	30명

두 일원설계에 의한 분석으로 각 시간대에 따른 수면효과와 커피의 양에 따른 수면효과를 알 수 있겠다. 각 시간대와 각 커피의 양의 셀에는 30명의 피험자가 소요되어 전체적으로 180명의 피험자가 필요하다. 이것을 이원설계에 의한 한 가지 실험으로 처리한 〈표 4.2〉의 설계모형과 비교해보자.

〈표 4.2〉 이원설계의 예

이원설계에 의한 요인분석			
시간대	커피의 양		
	1잔	2잔	3잔
아침	10명	10명	10명
점심	10명	10명	10명
저녁	10명	10명	10명

여기 제시된 이원설계의 모형은 두 독립변수가 교차적으로 분석에 포함되어 두 독립변수의 모든 수준의 조합이 분석에 반영된다. 두 독립변수 각각의 수준은 모두 3가지이니 이 예에서 처치방법의 수는 3×3=9 가지이다. 이런 설계를 3×3 요인설계(three by three factrial design)라 한다. 각 셀에는 10명의 피험자가 무선 할당되어 있다. 이것으로 두 독립변수의 효과를 동시에 검정할 수 있다. 각 독립변수의 수준에는 모두 30명의 인원이 배정되어 앞의 두 일원설계 모형과 같다. 그러나 두 일원설계에 소요된 인원이 180명인 것에 비하여 이원설계 모형은 그 절반인 90명만으로 같은 효과를 낼 수 있다는 점을 알 수 있다. 이원설계의 장점인 경제성이란 이런 것이다.

3) 실험적 통제

실험적 통제

동질적 집단→
집단내 분산의 감소

실험적 통제란 이원설계를 통해서 검정력을 높이는 효과를 얻을 수 있다는 의미에서 사용한 말이다. 예를 들어 세 종류의 학습프로그램의 효과를 비교하는 실험을 수행한다고 하자. 일원분산분석을 사용한다면 세 집단의 평균을 비교하는 작업을 하게 될 것이고 F 값은 집단 간 분산과 집단 내 분산의 비로 나타날 것이다. 여기서 검정력을 높이기 위한 조건은 F 값을 크게 하는 것인데, 그러기 위해서는 분자를 크게 하거나 분모를 작게 하는 전략을 강구해야 한다. 그런데 분자는 바꿀 수 있는 여지가 없다. 그러니 실험설계를 통하여 분모인 집단 내 분산을 낮추는 방법을 생각해본다. 그것은 집단 내 분산을 설명하는 요인 중 원치 않는 요인을 제거해주는 것이다. 이 예에서 종속변수(프로그램 효과 또는 학업성취도)의 집단 내 분산을 설명하는 요인 중 가장 큰 비중을 차지하는 것은 개인차와 IQ일 것이다. 이 중 개인차는 처치효과와 비교할, 꼭 필요한 우연의 요소이지만, IQ는 원치 않는 불청객(매개변수, 제1권 통계학의 이해: 기본개념 제1장 참조)이다. 우리가 만일 실험대상을 IQ 110부터 120 사이인 학습자로 한정한다면 전체적으로 점수는 동질적으로 되어 집단 내 분산은 줄어들고 처치효과는 상대적으로 부각될 것이다. 이렇게 되면 F 값도 검정력도 커질 것이다. 그러나 여기에는 심각한 외적 타당도 또는 일반화 가능성의 문제가 있다. 즉 이 실험결과는 IQ 110–120 사이의 학습자에게만 적용되는 것이며, 나머지 학습자에게도 일반화될 수 있다는 증거가 없다는 것이다. 이런 문제를 피하기 위해 IQ를 하나의 독립변수로 추가하는 실험설계를 할 수 있다. 물론 그것은 학습프로그램과 IQ를 두 독립변수로 하고 그 효과(학업성취도)를 종속변수로 한 이원설계가 된다. 이렇게 함으로써 IQ에 의해 설명되는 원치 않는 집단 내 분산을 줄여 F 검정의 검정력을 높일 수 있다.

한 가지 부연설명을 하자면, F 값을 구성하는 식의 분모인 집단 내 분산은 제2장 일원설계에서 소개한 바와 같이, 분수식의 형태로 이루어지는데 이 식의 분모는 집단 내 분산의 자유도이다. 새로운 셀이 추가되면 그 수만큼 자유도는 줄어든다. F 값을 구성하는 식의 입장에서 본다면 이것은 F 값을 작게 하는 데 기여한다. 그러나 자유도 하나가 주는 것보다는 집단 내 분산이 줄어드는 효과가 훨씬 크기 때문에 이것은 결국 검정력을 높이는 것이다. 이와 같이, 이원분석을 통하여 불필요한 오차분산의 개입을 제한하는 것이 실험적 통제의 요체이다.

그러나 이원설계를 하는 것이 언제나 검정력을 높이는 것은 아니다. 만일 연구자가 이론적 배경에 반하는 선택을 했을 때, 예컨대 앞에 든 학습프로그램의 효과 비교 연구에서, IQ 대신 혈액형을 독립변수로 추가했다면 어떤 결과가 나타날까? 같은 혈액형끼리 동질적인 점수를 나타낼 것이라는 이론적 근거가 없으므로 그렇게 했다면 집단 내 분산을 줄이는 효과는 전혀 없고 자유도만 잃는 결과를 가져올 것이다. 당연히 검정력은 떨어지겠다. 실험적 통제와 이론적 배경 사이에는 언제나 밀접한 관계가 있다.

일반화 가능성

4) 일반화 가능성

현실과 가까운 환경
→일반화 가능성 증가

실험결과의 일반화 가능성 또는 외적 타당도의 문제는 대부분 내적 타당도를 지키기 위한 노력의 결과로 생긴다. 내적 타당도란 집단 간 종속변수의 차이가 순전히 독립변수의 효과에 의한 것으로 해석될 수 있는 정도를 말한다. 앞의 예에서처럼 세 종류의 학습프로그램의 효과를 비교하기 위한 연구를 일원분산분석에 의해 수행했다고 하자. 내적 타당도를 유지하기 위해서는 학습프로그램이 진행되는 동안 외부에서 개입할 수 있는 여러 외재변수들을 통제하여야 한다. 예를 들어 외부의 소음이라든가 IQ 등이 그것이다. 그런데 이런 것들을 일일이 통제한다면 현실과 동떨어진, 극도로 인위적인 실험환경이 만들어져서 이번에는 실험결과의 일반화 가능성에 영향을 받게 된다. 이원설계에서는 이런 변수 중 하나를 통제하는 대신 독립변수에 포함시키기 때문에 보다 현실에 가까운 실험환경을 만들어줄 수 있다. 그렇다면 그 결과는 실험이 일어난 환경을 넘어서 보다 일반적인 해석이 가능해진다. 이것이 네 번째 장점, 일반화 가능성이다.

2 이원설계의 분석 방법

앞에서 예로 든, 프로그램 효과와 선수학습 효과에 따라 학업성취도를 비교하는 연구 설계는 프로그램 효과가 3개 수준, 선수 학습이 2개 수준으로 되어 있기 때문에 3×2(three by two) 요인설계(Factorial design)라 한다. 이 설계 결과를 분석하는 통계 방법은 이원분산분석(two-way ANOVA)이다. 각 점수에서 주 효과(main effect) α, β와 상호작용 효과 $\alpha\beta$의 유의도 검정을 하는 것이 이원분산분석이다. 각 효과의 F 값을 구하기 위해 각 효과에 해당하는 제곱합(sum of squares)을 자유도 df로 나누어 얻어진 값을 제곱평균(mean square)이라 하고, 이 제곱평균을 집단 내 분산의 제곱평균으로 나누어 F 값을 구하는 과정은 일원설계와 동일하다.

이원 분산분석의 결과를 해석하기 위해서는 먼저 상호작용 효과의 유의도를 보아야 한다. 상호작용 효과의 F 값이 커서 확률 P가 유의도 수준보다 낮을 때, 즉 상호작용 효과가 검증되었을 때, 주 효과를 해석하는 것은 의미가 없다. 이 때에는 한 변수의 효과를 다른 변수의 각 수준과 함께 고려하여야 한다. 만일 상호작용 효과가 나타나지 않았을 때, 즉 상호작용 효과의 p 값이 유의도 수준보다 높게 나타났을 때에는, 주 효과, 즉 독립변수의 효과로 나타난 F 값과 p 값들을 있는 그대로 해석할 수 있다. 분석의 구체적 절차를 예와 함께 살펴보자.

다음의 예는 국가대표선수들을 위한 체력 시험의 증가점수(gain score)를 두 가지 훈련 프로그램과 3단계의 보상 수준에 따라 나타낸 가상적 수치이다. 각 셀에 4명의 선수가 무선 할당되었는데 이들은 각각 체력훈련 프로그램 A와 B, 체력향상에 대한 보상수준 high, medium, low 중 하나의 집단에 속하게 배정되었다. 표 안의 숫자는 훈련 전과 훈련 후 체력 시험의 증가점수이다.

이 데이터를 분석하기 위해 다음의 순서로 생각을 진행해보자. 첫째, 무엇을 분석할 것인가. 분석의 모형이다. 둘째, 분석하고자 하는 각각의 효과를 어디서 가져올 것인가. 셋째, 각 효과의 자유도는 얼마인가. 이런 문제들에 대한 답을 얻었다면 이제 분석하고자 하는 각 효과의 F 값을 구하면 된다.

〈표 4.3〉 이원설계의 예시 자료

	low	medium	high
program A	1	13	9
	4	5	16
	0	7	18
	7	15	13
program B	15	6	14
	6	18	7
	10	9	6
	13	15	13

분석 모형

1) 분석 모형

2원 분산분석 모형

이 경우의 2원 분산분석의 분석모형은:

$$X = \mu + \alpha + \beta + \alpha\beta + \epsilon$$

where, X: 점수
μ: 전체 평균
α: 프로그램 효과
β: 보상 효과
$\alpha\beta$: 상호작용
ϵ: 오차

효과의 출처

2) 효과의 출처

일원 분산분석에서는 검정하여야 할 독립변인의 효과가 하나뿐이었다. 독립변인의 효과는 집단 간 분산에 들어 있으니 그 값을 구해서 오차의 분산과 비교하면 되었다. 그것과 비교하여 2원 분산분석에서는 독립변인이 두 가지로 늘었고, 추가로 상호작용의 효과도 보아야 한다. 두 가지 독립변인의 효과는 일원 분산분석의 경우와 같이 집단 간 분산에서 가져오면 된다.

$$\text{프로그램 효과 } \alpha_i = \mu_i - \mu$$

여기서 i는 프로그램 A, B를 말한다. 즉 프로그램 A에 의해 훈련한 집단($i = 1$)과 프로그램 B에 의해 훈련한 집단($i = 2$)을 뜻한다. 첫째 독립변수인 프로그램 효과는 프로그램 A에 의해 훈련한 집단과 프로그램 B에 의해 훈련한 집단의 집단 간 차이에서 분석할 수 있다. 즉, 각 데이터가 프로그램 A 집단에 속하면 이 집단의 평균과 전체 평균의 차이의 제곱을, 그리고 프로그램 B 집단에 속하면 이 집단의 평균과 전체 평균의 차이의 제곱을 구하여 모두 더해주면 프로그램 효과의 제곱합(SS_P)을 얻을 수 있다.

$$SS_P = 12(9-10)^2 + 12(11-10)^2 = 24$$

오차항의 산출

둘째 독립변수인 보상의 효과는:

보상(Reward) 효과 $\beta_j = \mu_j - \mu$

여기서 j는 보상의 수준 1, 2, 3, 즉 low, medium, high에 따른 세 집단 간 차이에서 얻는다. 역시 제곱합(SS_R)을 구하면 된다.

$$SS_R = 8(7-10)^2 + 8(11-10)^2 + 8(12-10)^2 = 112$$

상호작용 효과는 좀 복잡하다.

상호작용 효과 $\alpha\beta = \mu_{ij} - \mu_i - \mu_j + \mu$

상호작용 효과는 위의 식과 같이 되는데 그 이유는:

각 집단의 평균과 전체 평균의 집단 간 차이는 두 독립변인의 효과와 상호작용 효과를 반영한다. 즉,

$$\mu_{ij} - \mu = \alpha + \beta + \alpha\beta$$

따라서

$$\mu_{ij} - \mu = (\mu_i - \mu) + (\mu_j - \mu) + \alpha\beta$$

정리하면

$$\alpha\beta = \mu_{ij} - \mu_i - \mu_j + \mu$$

$$SS_{P\times R} = 4(3-9-7+10)^2 + 4(10-9-11+10)^2 + 4(14-9-12+10)^2$$

$$+4(11-11-7+10)^2+4(12-11-11+10)^2+4(10-11-12+10)^2$$
$$=144$$

오차는 다음과 같다.

$$\text{오차 } \epsilon = X - \mu_{ij}$$

오차는 일원 분산분석의 경우와 마찬가지로 집단 내에서 구한다. 오차의 제곱합은 개별 점수와 그가 속한 집단 평균의 차를 제곱하여 모두 더한 값이다.

$$SS_\epsilon = (1-3)^2 + (4-3)^2 + \ldots\ldots + (6-10)^2 + (13-10)^2 = 144$$

자유도

3) 자유도

각 변량원의 자유도

자유도는 사용 가능한 데이터에서 값이 제한되는 경우를 뺀 값, 즉 추정치를 사용하여 모평균을 추정한 사례수를 뺀 값을 말한다.

프로그램은 두 집단으로부터 나온 것이므로 자유도는 2-1이 된다.

$$df_P = 2-1 = 1$$

Reward는 세 집단의 집단 간 차이로 추정했다. 따라서 자유도는

$$df_R = 3-1 = 2$$

상호작용의 자유도는 두 독립변수의 효과의 자유도의 곱과 같다.

$$df_{P \times R} = (2-1)(3-1) = 2$$

오차의 자유도는 6개의 평균이 사용되었으므로 N-6이 된다.

$$df_\epsilon = N - (2 \times 3) = 18$$

결과

4) 결과

이제 위의 수치를 사용하여 F 값을 구할 수 있게 되었다. 그 결과는 다음과 같다.

〈표 4.4〉 분산분석표

분산분석표

변량원	제곱합	자유도	평균제곱	F	유의확률
Program	24.00	1	24.00	1.31	.268
Reward	112.00	2	56.00	3.06	.072
P×R	144.00	2	72.00	3.93	.038
오차	330.00	18	18.33		
합계	610.00	23			

이 결과는 유의도 수준 0.05에서 세 가지 가설검정을 한 결과 프로그램과 보상 사이에 상호작용이 있음을 나타낸다.

$H_0: All\ \alpha_i = 0$ 기각되지 못함

$H_0: All\ \beta_j = 0$ 기각되지 못함

$H_0: All\ \alpha\beta_{ij} = 0$ 기각

이 경우 상호작용이 존재한다는 결과가 나왔다는 것은 프로그램의 효과는 일반적으로 영향을 미치는 것이 아니고 보상 수준에 따라 차별적으로 영향을 미친다는 것을 뜻한다. 이런 경우 더 자세한 내용을 탐구하기 위하여 후속 연구를 실시하는 것이 일반적이며, 그 방법은 조금 뒤에 다루겠다.

5) 요약

요약

이원분산분석은 일원분산분석에서 설명한 분산분석의 기본원리와 동일하며 종속변수에 대한 모집단 분포가 정규분포이어야 하고, 집단 간의 모집단의 분산이 서로 같다는 등분산 가정(equal variance assumption)을 필요로 한다. 그러나 일원설계에서 설명한 것과 같이 이 가정이 지켜지지 않았을 때도 결과는 상당히 정확하다는 것이 알려져 있다.

이원분산분석에 의한 총편차의 제곱합도 일원분산분석과 같이 이들 편차의 제곱합의 합으로 이루어진다.

$$SS_T = SS_A + SS_B + SS_{AB} + SS_E$$

이것을 요약 정리하면 다음 〈표 4.5〉와 같다.

〈표 4.5〉 이원분산분석표

분산원	제곱합	자유도	제곱평균	F
A	SS_A	$I-1$	$MS_A = \frac{SS_A}{I-1}$	$\frac{MS_A}{MS_E}$
B	SS_B	$J-1$	$MS_B = \frac{SS_B}{J-1}$	$\frac{MS_B}{MS_E}$
AB	SS_{AB}	$(I-1)(J-1)$	$MS_{AB} = \frac{SS_{AB}}{(I-1)(J-1)}$	$\frac{MS_{AB}}{MS_E}$
Error	SS_E	$N-IJ$	$MS_E = \frac{SS_E}{N-IJ}$	
Total	SS_T	$N-1$		

이원분산분석에서 A, B를 주효과(main effect), 그리고 AB를 상호작용(interaction effect)이라 한다.

3 상호작용이 존재할 때

주효과의 해석

1) 주효과의 해석

이원분산분석에서 주효과에 대한 F 검정의 결과가 유의미한 것으로 나타났을 때, 이 사실에 대한 해석은 상호작용 효과가 존재하는지 여부와 관계가 있다. 만일 상호작용이 존재하지 않는다면 주 효과를 그대로 해석해도 좋지만, 만일 상호작용이 동시에 존재한다면 주효과의 해석은 상호작용의 양상에 제약을 받을 수밖에 없다. 상호작용의 양상이란 순향상호작용(ordinal interaction)이냐 역순상호작용(disordinal interaction)이냐 여부를 말한다. [그림 4.4]를 보자. 이 그림은 요인 A와 요인 B 사이에 상호작용이 있다 하더라도 그 순서는 지켜지고 있는 모습을 보인다. 이 경우 주효과가 존재한다는 일반적인 해석이 가능하다. 반면 [그림 4.5]는 각 요인의 특정 수준에서 순서가 뒤바뀐 모습을 보인다. 이런 경우 한 요인의 효과를 일반적으로 단정할 수 없고 요인별로 다른 설명을 하는 것이다.

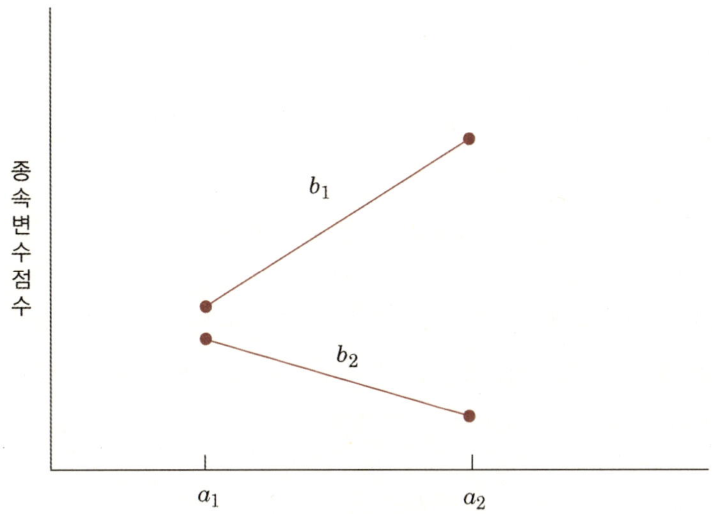

[그림 4.4] **순향상호작용의 예**

순향상호작용

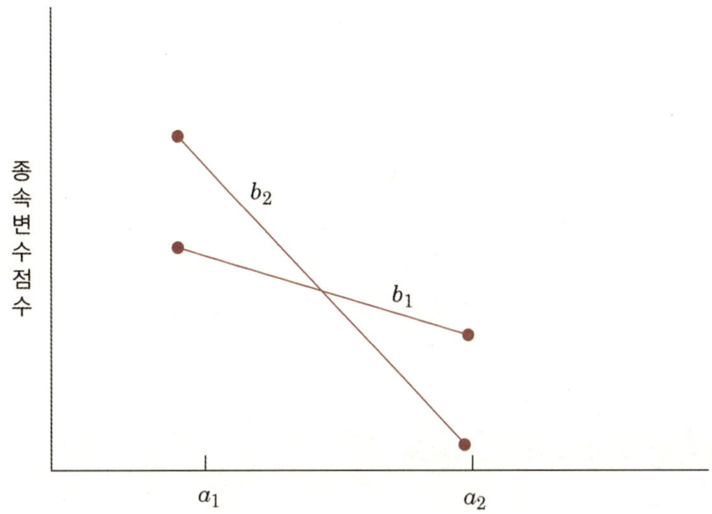

[그림 4.5] **역순상호작용의 예**

역순상호작용

2) 상호작용효과의 해석

상호작용효과의 해석

상호작용이 존재할 때 독립변수의 효과를 계속해서 탐구하고자 할 때 일반적으로 사용하는 방법은 두 가지, 단일요인 효과분석과 상호작용효과 분석이다. 단일요인 효과분석은 요인설계를 분할하여, [그림 4.6]에 나타난 것처럼, 의미 있는 결과가 도출될 수 있다고 생각되는 일련의 일원분산분석으로 환원하는 방법이다.

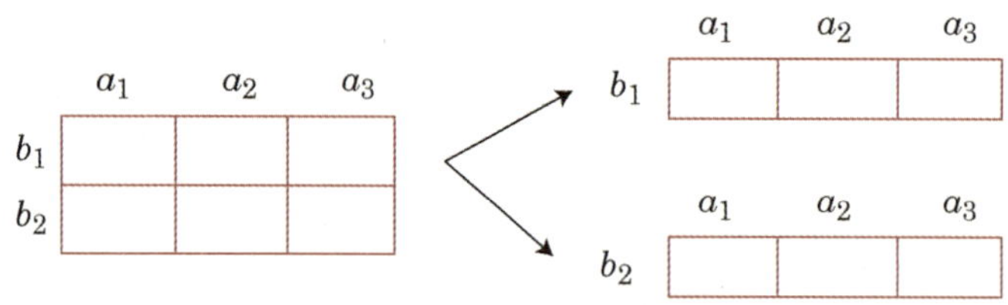

[그림 4.6] 상호작용 이후: 단일요인 비교분석

두 번째 방법은 요인설계를 보다 작은 요인설계로 나누는 것이다. [그림 4.7]에 나타난 것과 같이 전체 3×2 요인설계는 보다 작은 3개의 2×2 요인설계로 구성되어 보다 구체적인 상호작용의 양상을 나타내줄 수 있게 된다.

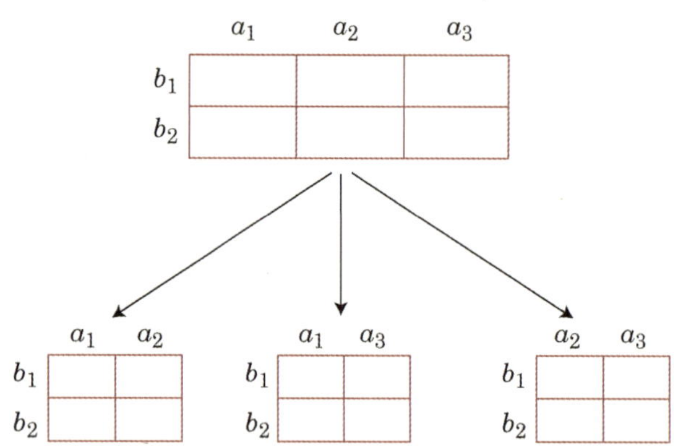

[그림 4.7] 상호작용 이후: 상호작용 효과분석

4 회귀분석에 의한 이원분산분석

이원분산분석 역시 일원설계와 마찬가지로 회귀분석의 한 특수사례라 할 수 있으며 더미변수를 사용한 회귀분석으로 처리할 수 있다. 앞의 이원설계의 예로 든 실험사례를 다시 사용하여 설명하겠다. 그 예는 국가대표선수들을 위한 체력 시험의 증가점수(gain score)에 대한 보상 수준과 훈련 프로그램의 영향에 관한 것이었다. 데이터는 〈표 4.3〉에 나타난 바와 같다. 각 셀에 4명의 선수가 무선 할당되었는데 이들은 각각 체력훈련 프로그램 A와 B, 체력향상에 대한 보상수준 high, medium, low 중 하나의 집단에 속하게 배정되었다. 표 안의 숫자는 훈련 전과 훈련 후 체력 시험의 증가점수이다.

이 자료를 분석하기 위하여 더미변수를 구성한다. 보상(reward)에 관한 더미변수를 r 이라 하고, 프로그램(program)에 관한 더미변수를 p라 하자. 즉,

$r_1 = 1$, $r_2 = 0$: 보상수준 high인 경우

$r_1 = 0$, $r_2 = 0$: 보상수준 medium인 경우

$r_1 = 0$, $r_2 = 0$: 보상수준 low인 경우

$p = 1$: 프로그램 A로 훈련한 경우

$p = 0$: 그렇지 않은 경우

이렇게 정하는 것이다. 이 때 보상수준의 세 번째 범주를 위한 더미변수를 추가하는 것은 중복이며, 두 더미변수로 세 범주를 담을 수 있다는 점을 이해하여야 한다.

1) 상호작용이 없는 회귀모형

상호작용이 없는 회귀모형

먼저 비교적 단순한 모형부터 익혀보자. 프로그램과 보상수준 사이에 상호작용이 없다고 가정한 회귀모형을 소개한다.

$$\hat{y} = \beta_0 + \beta_1 r_1 + \beta_2 r_2 + \beta_3 p$$

앞의 제2장 5절에서 소개한 절차에 따라 각 집단의 모평균을 추정한 결과는 다음 〈표 4.6〉과 같다.

〈표 4.6〉 상호작용이 없는 2원 분산분석의 각 셀의 모평균 추정치

더미 변수

프로그램	보상수준	더미변수			y의 모평균
		r_1	r_2	p	$\beta_0 + \beta_1 r_1 + \beta_2 r_2 + \beta_3 p$
A	H	1	0	1	$\beta_0 + \beta_1 + \beta_3$
	M	0	1	1	$\beta_0 + \beta_2 + \beta_3$
	L	0	0	1	$\beta_0 + \beta_3$
B	H	1	0	0	$\beta_0 + \beta_1$
	M	0	1	0	$\beta_0 + \beta_2$
	L	0	0	0	β_0

〈표 4.6〉을 토대로 각 셀의 점수의 예측치를 구할 수 있겠다. 예를 들어 프로그램 A, 보상수준 H인 집단의 예상치는

$$\hat{y} = \beta_0 + \beta_1(1) + \beta_2(0) + \beta_3(1) = \beta_0 + \beta_1 + \beta_3$$

가 될 것이다. 이제 두 개의 요인, 프로그램 효과와 보상수준의 효과를 검정할 차례이다. 프로그램 효과의 검정을 위하여 각각의 보상수준에서 프로그램 A와 B 효과의 차이를 구한다. 그러면 그 차이는 언제나 β_3임을 발견할 수 있다. 그렇다면 차이가 없다고 가정하는 영가설은

$$H_0 : \beta_3 = 0$$

이 된다. 따라서 이 영가설을 검정하기 위한 모형은 애초의 모형

$$\hat{y} = \beta_0 + \beta_1 r_1 + \beta_2 r_2 + \beta_3 p$$

는 보다 간소해진 다음의 식으로 변한다.

$$\hat{y} = \beta_0 + \beta_1 r_1 + \beta_2 r_2$$

보상수준의 효과 검정은 세 보상수준 효과 사이에 차이가 없다는 영가설을 검정하는 일이다. 그 영가설은

$$H_0 : \beta_1 = \beta_2 = 0$$

이를 검정하기 위한 모형은

$$\hat{y} = \beta_0 + \beta_3 p$$

가 될 것이다. 이렇게 하여 얻어진 상호작용을 가정하지 않은 회귀분석 결과는 다음 〈표 4.7〉과 〈표 4.8〉에 나타난 바와 같다.

〈표 4.7〉 각 더미변수의 계수

모형	계수	표준오차	t	유의확률
상수	13.000	1.987	6.541	.000
r_1	−5.000	2.434	−2.504	.053
r_2	−1.000	2.434	−0.411	.686
p	−2.000	1.987	−1.006	.326

이 표에서 제시된 상수(절편)와 각 더미변수의 계수를 차례로 회귀모형의 계수에 대입하면 회귀방정식을 결정할 수 있다. 제2장의 회귀분석을 이용한 분산분석을 참조하라.

$$\hat{y} = 13 - 5r_1 - 1r_2 - 2p$$

〈표 4.8〉 분산분석 결과표

	제곱합	자유도	평균제곱	F	P
회귀모형	136.000	3	45.333	1.913	.160
잔차	474.000	20	23.700		
합계	610.000	23			

이 결과는 회귀모형에 의한 영가설이 유의도수준보다 낮은 확률로 나타나고 있지 않다. 그 의미는 회귀모형이 전체 변량을 오차보다 유의미하게 설명하고 있지 않다는 것이다.

2) 상호작용이 있는 회귀모형

상호작용이 있는 회귀모형

앞에서 논의한 모형은 상호작용이 존재하지 않는다는 가정에서 사용한 분석방법이다. 만일 상호작용이 존재할 가능성이 있다면 이를 가설검정에 포함시켜야 한다. 그 방법은 물론 상호작용을 나타내는 더미변수를 지정해주는 것이다. 따라서 회귀분석 모형은 좀 더 복잡해진다.

$$\hat{y} = \beta_0 + \beta_1 r_1 + \beta_2 r_2 + \beta_3 p + \beta_4 (r_1 \times p) + \beta_5 (r_2 \times p)$$

상호작용을 나타내는 더미변수는 기존 더미변수의 교차곱셈식을 추가하는 것이다. 이와 함께 두 개의 계수도 추가되었다. 단, $(r_1 \times r_2)$와 같이 같은 변수에서 나온 더미변수는 둘 중의 한 값은 반드시 0이므로 분석에 넣을 필요가 없다.

위 모형을 사용하여 회귀분석을 한 결과는 다음 〈표 4.9〉과 〈표 4.10〉에 제시되었다.

〈표 4.9〉 각 더미변수의 계수

모형	계수	표준오차	t	유의확률
상수	10.000	2.141	4.671	.000
r_1	1.000	3.028	.330	.745
r_2	2.000	3.028	.661	.517
p	4.000	3.028	1.321	.203
r_1p	−12.000	4.282	−2.803	.012
r_2p	−6.000	4.282	−1.401	.178

이 표에서 제시된 상수(절편)와 각 더미변수의 계수로부터 회귀방정식의 계수를 결정하는 것은 회귀분석에 의한 일원분산분석에서, 그리고 〈표 4.7〉에 대한 설명에서 보인 바와 같다.

〈표 4.10〉 분산분석 결과표

	제곱합	자유도	평균제곱	F	P
회귀모형	280.000	6	56.000	3.055	.036
잔차	330.000	18	18.333		
합계	610.000	23			

이 회귀분석의 결정계수 R^2는 전체 점수의 제곱합(610) 중 회귀모형이 차지하는 제곱합(280) 부분, 즉 0.459로 나타난다. 다음으로, 상호작용의 유의도를 평가하기 위해 할 일은 상호작용이 0이라는 영가설을 검정하는 일, 즉

$$H_0 : \beta_4 = \beta_5 = 0$$

을 검정하는 일이다. 그런데 그런 분석을 하지 않고도 상호작용 효과를 수량화할 수 있다. 상호작용의 제곱합은 앞서 상호작용을 가정하지 않은 회귀모형에서 나타난 잔차(오차)의 제곱합과 현재 모형에서 얻은 잔차의 제곱합의 차이와 같다. 왜냐하면 상호작용을 가정하지 않은 회귀모형에서는 상호작용 효과가 모두 오차항으로 가버리기 때문이다. 〈표 4.8〉에 의하면 잔차의 제곱합은 474, 위 표에 나타난 잔차의 제곱합은 330, 따라서 상호작용의 제곱

합은 144이다. 상호작용의 자유도는 2이므로 상호작용의 평균제곱은 72이다. 그러므로

$$F = \frac{MS_{R \times P}}{MS_E} = \frac{72.000}{18.333} = 3.927$$

의 값을 얻는다. 이 값은 〈표 4.4〉에 나타난 이원분산분석 결과와 일치한다.

05 장

상관, 회귀, 분산분석의 비교

1 상관분석과 회귀분석

1) 상관분석과 회귀분석의 차이점

상관분석과 회귀분석의 차이점

상관과 회귀는 두 변수 간의 관계를 논하는 데 있어서는 공통점이 있으나, 회귀분석의 목적이 두 변수간의 함수관계의 특성을 분석대상으로 삼는데 반하여 상관분석은 이러한 관계의 강도 내지 밀접도를 나타내는데 주안점을 둔다는 점이 서로 다르다. 또한 회귀분석의 경우에는 독립변수를 상수로 취급하고 종속변수 Y만을 확률변수로 취급한 데 반하여 상관분석의 경우에는 두 변수를 구분함이 없이 모두 확률변수로 다루고 있어 표본정보를 이용한 모수에 대한 추론과정이 다소 복잡해질 수밖에 없다. 따라서 상관분석은 인과관계, 즉 어느 한 변수(독립변수)의 변화가 다른 변수(종속변수)에 미치는 영향은 분석하는 회귀분석과는 구별되어야 할 것이다.

2) 상관분석과 회귀분석의 관계

상관분석과 회귀분석의 관계

이상과 같은 본질적인 분석방법 및 목적상의 차이에도 불구하고 두 분석 방법은 몇 가지 측면에서 유기적인 관련성을 찾아볼 수 있으며, 바로 이러한 특성 때문에 상관분석을 회귀분석과 연관시켜 유용한 분석 및 추론을 시행할 수 있는 것이다.

(1) $\hat{\beta}$과 r의 관계

1차함수관계에 있다고 가정된 두 변수간에 회귀분석을 적용하여 표본회귀선의 기울기 $\hat{\beta}$을 산출하였다고 하자. 아울러 이때 사용된 두 변수간의 표본상관계수 r을 산출하여 선형함수관계의 강도를 측정하였다면, 두 측정량은 각각 다음과 같이 표현될 것이다.

$$\hat{\beta}=\frac{\sum xy}{\sum x^2}$$

$$r=\frac{\sum xy}{\sqrt{\sum x^2}\sqrt{\sum y^2}}$$

따라서 $\hat{\beta}$과 r간에는 다음과 같은 관계가 존재한다.

$$\hat{\beta}=r\cdot\frac{s_y}{s_x}$$

위의 식은 몇 가지 중요한 점을 시사하고 있다. 우선 $\hat{\beta}$과 r은 항상 같은 부호를 갖게 된다는 것을 알 수 있다. 또한 둘 중의 하나가 0일 때는 다른 것도 0라는 것을 알 수 있다. 따라서 영가설 H_0: β=0을 검정하는 것과 영가설 H_0: ρ=0을 검정하는 것은 동일한 의미를 내포하고 있다.

(2) r과 R^2

위의 식으로부터

$$r=\hat{\beta}\frac{s_x}{s_y}$$

이 되며, 따라서

$$r^2=\hat{\beta}^2\frac{s_x^2}{s_y^2}$$

와 같아진다.

반면 결정계수 R^2은 다음과 같이 표현될 수 있다.

$$R^2=\frac{SS_R}{SS_T}=\frac{\sum(\hat{Y}_i-\overline{Y})^2}{\sum(Y_i-\overline{Y})^2}=\frac{\sum(\hat{\alpha}+\hat{\beta}X_i-\hat{\alpha}-\hat{\beta}\overline{X})^2}{\sum y_i^2}$$

$$=\frac{\hat{\beta}\sum(X_i-\overline{X})^2}{\sum y_i^2}=\hat{\beta}^2\frac{\sum x_i^2}{\sum y_i^2}$$

$$= \hat{\beta}^2 \frac{s_X^2}{s_Y^2}$$

그러므로 단순선형상관계수 r을 제곱한 값이 단순선형회귀분석의 결정계수 R^2와 같다는 것을 알 수 있다.

(3) ρ =0이라는 가정하에서의 r의 분산

두 변수가 서로 독립적인 경우 r의 분산은 다음과 같이 표현된다.

$$Var(r) = \frac{1-r^2}{n-2}$$

3) 상관분석과 회귀분석 각각의 유용성과 보완성

상관분석과 회귀분석 각각의 유용성과 보완성

① 단순선형상관계수는 단지 두 변수간 선형관계의 강도만을 측정해 줄 뿐 변수간의 인과관계나 함수관계의 구체적인 형태에 관한 분석에는 아무 도움을 주지 못한다. 따라서 $\hat{\beta}$과 r이 비록 같은 부호를 갖게 되지만 $\hat{\beta}$값에 결정적 역할을 하는 것은 X와 Y의 분산들이다.

② R^2는 r의 제곱과 계산상 같아지나 R^2는 Y의 전체 변동량 중 표본회귀선에 의해 설명될 수 있는 변동량의 비율을 나타내는 반면, r은 두 변수간의 관련성의 정도를 나타내 주도록 정의된 것이다. 따라서 상관계수가 두 변수 간 상관관계의 방향을 제시해 줄 수 있다는 장점을 지닌 반면, 종속변수의 변동을 독립변수가 설명할 수 있는 정도를 측정하거나 제시해 줄 수는 없다는 한계성이 있다.

③ r이 두 변수간의 상관의 방향을 제시할 수 있다는 장점이 있으나 회귀분석은 영가설 H_0 : β=0의 검정을 통해서 상관분석의 영가설 H_0 : ρ=0을 대체할 수 있는 등 상관분석이 제시할 수 있는 통계적 추론의 대부분을 감당할 뿐 아니라 보다 폭넓은 분석내용을 담고 있다. 따라서 일반적으로 상관분석보다는 회귀분석이 선호되고 있으며, 상관분석은 회귀분석의 보조적 역할을 담당하는 것으로 파악하는 것이 정당한 평가가 될 것이다.

④ 높은 상관계수 값이 나타났다고 할지라도 이는 특정한 함수관계나 상관관계가 없이도 발생할 수 있다는 문제가 존재한다. 이러한 상황을 허구적 상관(spurious correlation or nonsense correlation)이라 부른다. 소주 판매량과 교수의 근속년수를 나타내는 두 변수간의 상관계수가 r=0.9로 산출되었다 하더라도 이 결과만으로 두 변수간에 선형관계가 존재하고 또 강도가 큰 것이라고 결론짓기는 곤란하다는 것이다.

2 상관계수와 결정계수

일반적으로 직선의 기울기는 ΔY/ΔX로 구하며 회귀선의 기울기는 S_Y/S_X로 추정할 수 있다. 그러나 두 변수의 관계가 완벽하지 않을 때는 산포도에 나타난 점들이 회귀선상에 있는 것이 아니라 흩어져 있으므로 회귀선의 기울기는 흩어진 정도, 즉 상관계수를 고려하여야 한다. 그러므로 회귀선의 기울기는 위의 식으로도 구할 수 있고 다음 식으로도 구할 수 있고 이를 회귀계수(regression coefficient)라고 한다.

$$b = r_{XY} \cdot \frac{S_Y}{S_X}$$

여기서 Pearson 상관계수 r은 다음과 같이 계산됨을 공부하였다.

$$r = \frac{S_{XY}}{S_X S_Y}$$

그러므로 회귀계수 b는

$$b = \frac{S_{XY}}{S_X^2}$$

로 표현될 수 있다.

결정계수를 구하는데 사용되었던 기호들을 상관계수를 구할 때 사용했던 기호를 사용하여 표현하면 다음과 같다.

총제곱합(sum of squares total)은:

$$SS_T = \sum(Y_i - \overline{Y})^2 = S_Y^2$$

회귀모형의 제곱합(sum of squares regression)은:

$$SS_R = \sum(\hat{Y}_i - \overline{Y})^2 = b^2\sum(X_i - \overline{X})^2 = b^2S^2 = \frac{S_{XY}^2}{S_X^2}$$

그러므로 결정계수

$$R^2 = \frac{SS_R}{SS_T} = \frac{S_{XY}^2}{S_X^2 S_Y^2}$$

이며 이는 상관계수 r의 제곱과 같다.

결정계수가 0.9라면 이는 Y 변수의 총변화량의 90%를 X변수가 설명하여 준다는 뜻이며 단순회귀분석의 경우 이는 두 변수간의 상관계수의 제곱이다. 만약 상관계수가 0.5라면 결정계수는 0.25로서 이는 한 변수의 총변화량의 25%를 다른 쪽 변수가 설명하고 있다는 말이다. 그러므로 어떤 변수의 총변화량을 50%이상 설명하려면 두 변수간의 상관계수는 0.7 이상이 되어야 한다.

3 회귀분석과 분산분석의 비교

1) 회귀분석 모형과 분산분석 모형의 유사점

회귀분석 모형과 분산분석 모형의 유사점

① 형태상으로 보아 단순선형회귀모형과 일원분산분석, 그리고 다중선형회귀모형과 다원분산분석은 유사한 형태를 취하고 있다.

$$Y_i = \alpha + \beta X_i + \epsilon_i$$

$$Y_{ij} = \mu + \tau_j + \epsilon_{ij}$$

$$Y_{ij} = \alpha + \beta_1 X_1 + \beta_2 X_2 + \beta_3 X_3 + \epsilon_i$$

$$Y_{ijk} = \mu + \tau_j + \lambda_k + (\tau\lambda)_{jk} + \epsilon_{ijk}$$

② 오차항에 대한 기본가정이 동일하다. 즉 두 분석모형이 모두 오차항은 정규분포를 따르고, 분산이 동일하며, 공분산은 0(즉 오차항간의 독립성)이라는 가정을 설정하고

있다.

③ 분석대상변수(또는 종속변수)의 변동을 초래하는 요인을 찾고자 하는 목적 면에서 유사점이 있다.

④ 다중회귀분석 모형을 평가하기 위해 검정하고자 하는 영가설 중 하나 (H_0: $\beta_1 = \beta_2 = ... = \beta_k = 0$)와 일원분산분석의 영가설 ($H_0$: $\tau_1 = \tau_2 = ... = \tau_k = 0$)은 동일한 형태를 취하며, 따라서 이 때 사용되는 검정통계량은 양자 공히 F 검정 통계량이란 점 등을 들 수 있다.

회귀분석과 분산분석의 차이점

2) 회귀분석과 분산분석의 차이점

① 기본적으로 회귀분석은 종속변수와 설명변수간의 인과관계를 규명하는 방안임에 반하여, 분산분석은 한 모집단의 특성이 어떤 기준에 의해 모집단이 구분될 경우 구분된 분할 모집단이 서로 다른 특성을 갖게 되는지의 여부를 확인하는 방법이다. 따라서 분산분석이 한 변량으로 정의되는 한 모집단의 특성치의 변화를 대상으로 하는 반면 회귀분석은 두 변량 이상으로 정의되는 인과관계의 특성을 분석 대상으로 한다는 점에서 두 분석 방법은 구분되어야 할 것이다.

② 두 분석 방법에서 실제로 사용되는 분석모형이 형태상 유사하나 회귀분석의 독립변수는 수량적 자료(numerical data)를 갖는 반면 분산분석 모형에 나타난 변수는 범주자료를 이용하여 분석하게 된다. 따라서 수량적 자료를 갖는 독립변수로 정의된 모형을 분산분석 방법으로 처리한다면 독립변수 내에 포함된 수량적 정보는 완전히 이용되지 못하므로 비효율적 분석 결과가 될 것이다. 그러나 모형 내에 정의된 변수가 질적 변화를 나타내는 자료일 때에는 분산분석이 보다 적절한 분석 방안이 될 것이다. 즉 기본적인 회귀분석은 수량적 독립변수에 한하여 실시하는 것이 원칙이며, 분산분석은 모의변수에 대한 회귀분석과 동일한 효과를 갖는다. 공분산분석(ANCOVA)은 수량적 독립변수와 모의변수를 동시에 포함한 모형에 대한 회귀분석과 동일한 효과를 갖는다.

③ 이상에서 열거한 차이점들을 종합하여 재정리하면 다음과 같다. 어느 한 변수(독립변수)가 다른 변수(종속변수)에 미치는 영향과 이때 모형의 설명능력(회귀분석 결과의 적합도)을 판별하려면 회귀분석이 적당하다. 왜냐하면, 분산분석은 변수간의 적합도를 측정하는 것이 아니라 도입된 예측변수(범주별 자료를 가짐)가 단순무작위추

출과는 다른 결과들을 산출해 낼 수 있는 확률을 결정하는 데 불과하기 때문이다. 즉 ANOVA는 분석대상변수의 변동이 우연 발생적인지 아니면 분할된 집단들의 평균의 차이에서 발생한 것인지를 확인하는 방법인 것이다. 그리고 분할된 집단들의 평균의 차이가 유의할 만한 정도인지를 판별키 위해 집단들 간의 분산과 집단 내의 분산의 크기를 비교하는 방법을 채택하기 때문에 "분산 값을 이용한 분석"이란 의미에서 분산분석이라 일컫는 것이며, 이 분석에서 모집단을 구분 처리한 현상을 설명변수로 취급하므로 당연히 범주형 자료의 성격을 갖게 된다.

예컨대, 교육 방법의 차이에 따라 학업 성취에 변화가 발생했을 경우 이것이 우연히 발생한 것인지 아니면 교육 방법의 차이가 변화를 유발한 것인지를 파악하려면 ANOVA를 이용함이 타당하며 이 경우 회귀분석의 적용은 곤란하다. 교육 방법의 차이란 질적 차이 또는 범주형 구분을 나타내는 변수로서, 이는 수량화될 수 없기 때문이다.

3) 회귀분석과 분산분석의 F 검정 통계량 비교

회귀분석과 분산분석의 F 검정 통계량 비교

두 분석 방법이 검정통계량으로 사용하는 것은 서로 독립적인 두 가지 변동량 간의 비율로 정의되는 F 검정 통계량이다.

다음 표는 두 분석에서 사용되는 변동량을 상호 대비하여 표시한 것이다. 회귀분석은 이러한 변동량을 이용하여 영가설 $H_0 : \beta_1 = \beta_2 = ... = \beta_k = 0$에 대한 검정을 실시하며, 분산분석의 경우는 H_0: $\tau_1 = \tau_2 = ... = \tau_k = 0$에 대한 검정을 실시하게 된다. 단 여기서 $\tau_k = \overline{Y}_k - \overline{Y} = \overline{Y}_k - \mu$이다.

〈표 5.1〉 회귀분석과 분산분석의 ANOVA표 비교

구분	총변동량	설명된 변동량	설명 안된 변동량
회귀분석	$\sum(Y_i - \hat{Y})^2$ (=SST)	$\sum(\hat{Y}_i - \overline{Y})^2$ (=SSR)	$\sum(Y_i - \hat{Y}_i)^2 = \sum e_i^2$
분산분석	$\sum\sum(Y_{ij} - \overline{Y})^2$	$\sum\sum(\overline{Y}_i - \overline{Y})^2$	$\sum\sum(Y_{ij} - \overline{Y}_i)^2$

그리고 이에 대응하는 검정 통계량은 표에 나타난 변동량들을 각각의 해당하는 자유도로 나눈 후 비율로 표시한다. 즉, 회귀분석의 경우는

$$F = \frac{\sum(\hat{Y}_i - \overline{Y})^2/k}{\sum(Y_i - \hat{Y}_i)^2/(n-k-1)},$$

그리고 분산분석의 경우는

$$F = \frac{\sum_i\sum_j(\hat{Y}_i - \overline{Y})^2/(k-1)}{\sum_i\sum_j(Y_{ij} - \hat{Y}_i)^2/k(n-1)}$$

와 같이 나타낼 수 있다.

회귀분석의 경우 위 식에 의해 계산된 값이 F의 임계치보다 크면 영가설은 기각되고 수량적 변수인 독립변수들의 종속변수에 대한 설명능력을 인정하게 된다. 반면 분산분석의 경우는 위 식에 의해 계산된 값이 F의 임계치를 넘어서면 영가설은 기각되고, 모집단의 분할 기준이 된 요인이 분석 대상 변수 Y_{ij}의 변동을 초래한다고 결론짓게 되는 것이다.

결국 분산분석은 분할의 기준으로 설정된 요인(factor)의 영향력을 F 검정을 통해 확인함으로써 인과성의 유무를 판정하는 방안이며, 회귀분석은 독립변수가 종속변수를 설명할 수 있는지의 여부를 F 검정을 통해 확인함으로써 "선형함수관계"의 유무를 판정하는 방법이라고 규정할 수 있다.

06 장

반복측정[1)]

교육학이나 심리학, 의학 등의 분야에는 동일 개체에 대해서 반복적인 측정을 통해서 얻어지는 자료가 많이 있다. 학생들의 중간고사와 기말고사 시험점수나, 상담을 받기 전과 후의 심리검사 결과, 해열제를 먹은 후 시간의 흐름에 따른 체온의 변화와 같은 자료들이 이런 형태의 자료가 되며, 이와 같은 구조의 자료가 수집되는 설계를 반복측정설계(repeated measure design; RMD)라고 한다. 최근에 실시되고 있는 동일인에 대한 장기간의 추적조사인 한국교육개발원의 한국교육종단연구(2005~현재), 탈북청소년교육종단조사(2011-현재), 한국직업능력개발원의 한국교육고용패널(2004~현재), 한국청소년정책연구원의 한국청소년패널조사(2003-2008), 한국아동청소년패널조사(2010~현재) 등에서 수집된 종단자료(longitudinal data)는 반복측정자료의 대표적인 예이다.

반복측정 요인을 포함하는 설계에는 반복측정 요인이 하나 또는 그 이상 포함되어 있는 형태와, 반복측정 요인(피험자 내 요인, within-subjects factor)과 함께 하나 이상의 서로 독립적인 요인(피험자 간 요인, between-subjects factor)을 포함하는 설계가 있다. 반복측정 요인과 함께 피험자 간 요인이 포함된 설계도 반복측정 요인이 포함되어 있기 때문에 넓은 의미의 반복측정설계로 분류되기도 하지만 반복측정 요인(피험자 내 요인)만 포함한 설계는 반복측정설계, 피험자 내 요인과 함께 피험자 간 요인을 포함한 설계는 혼합설계(mixed design, split-plot design; 분할구 설계)로 구분하기도 하며, 이 책에서도 이들 용어를 구분하여 사용한다.

피험자 내 요인

1) 김현철(2005). 반복측정 자료의 분석. 교육과학사. 참조

1 반복측정설계의 정의와 자료형태

반복측정설계의 정의

1) 반복측정설계의 정의

반복측정

행동과학이나 의학에서의 실험단위(experimental unit)는 흔히 사람이나 동물이 되는데 동일한 실험단위에 대하여서 여러 번 반복해서 측정이 이루어지는 설계를 반복측정설계(repeated measure design)라고 한다. 반복측정설계의 가장 간단한 형태로는 다음과 같이 처치의 전과 후에 사전검사와 사후검사가 실시되는 설계가 있다.

사전검사 – 처치 – 사후검사

상관된 집단

만약 이와 같이 반복측정이 2회만 이루어졌다면 상관된 두 집단의 비교를 위한 t 검정방법이 사용될 수 있다. 그런데 반복측정이 3회 이상 여러 차례 이루어졌다면 각 측정간의 평균차이를 검정하기 위해서는 일종오류의 통제를 위하여 일원설계에 의한 분산분석이 실시되어야 한다. 이를 위해서 사용되는 분석방법이 반복측정설계의 자료분석 방법이다. 즉, 일원분산분석(one-way analysis of variance)이 독립된 두 표본자료의 평균차이를 검정하는 t 검정의 일반화인 것과 마찬가지로 반복측정설계의 자료분석은 상관된 두 집단의 평균차이를 검정하는 t 검정의 일반화이다. 즉, 반복측정설계는 일원분산분석의 한 가지 경우로서 요인의 수준(level)별 측정값이 서로 상관되어 있는 설계가 된다. 반복측정 요인은 측정결과들이 서로 상관관계를 가지는 피험자 내 요인(within-subjects factor)이 된다.

반복측정설계는 다음과 같은 경우에 주로 사용된다.

① 시간의 흐름에 따른 성과의 변화를 확인하고자 하는 경우
② 동일한 표본에 대하여 여러 종류의 처치를 실시하고 그 효과를 비교하고자 하는 경우
③ 동일한 표본에 대하여 일련의 검사나 부분검사를 치르고 그 결과를 분석하고자 하는 경우

예를 들면 초등학교 학생들의 어휘습득 정도를 동일 표본(subject: 피험자)에 대하여 1학년에서 6학년까지 자료를 수집하고 이를 비교하는 경우나, 한 학기의 수업 동안 각 장이 끝날 때마다 다섯 번의 시험이 치러진 경우에 시간의 흐름에 따른 성과변화의 분석에 반복측정설계의 자료분석 방법이 사용될 수 있다. 또한 동일표본에 대하여 서로 다른 네 가지

혈압강하제를 처치하고 각 약들의 효과를 비교하는 경우나, 서로 다른 세 가지 훈련방식을 사용하고 각 훈련방식에 따른 기록단축의 효과를 비교하는 경우에도 반복측정설계의 자료 분석방법이 사용될 수 있다. Glass와 Hopkins(1984)는 12명의 신경장애가 있는 아동들에게 Wechsler Intelligence Scale for Children의 네 가지 부분검사인 information, vocabulary, digit span, 그리고 block design 검사를 실시하였는데 이와 같은 부분검사의 자료를 분석할 때에도 반복측정분석을 사용할 수 있다. 또한 기존의 지능검사와 새로 개발된 지능검사를 동일 표본에 대하여 실시하고 이들 검사의 평균점수에 차이가 있는지를 분석하는 경우에도 반복측정설계의 자료 분석방법이 사용될 수 있다. 이와 같은 반복측정 설계의 사용 예들은 관측값들이 서로 상관되어 있다는 공통점을 갖는다.

2) 반복측정설계의 자료형태와 모형

반복측정설계의 자료형태와 모형

반복측정설계의 가장 간단한 형태는 표본설계에 한 개의 요인만이 포함되고 그 한 개의 요인은 단일 집단의 표본들에 대해서 여러 번의 처치가 가해지면서 그 결과가 측정되거나, 시간의 흐름에 따라 여러 번의 자료가 측정된 경우이다. 다음 〈표 6.1〉에는 수준이 J(j =1, 2, . . . , J)인 한 개의 반복측정 요인(A)만을 가지고 있고, 표본(피험자)의 수는 n(i = 1, 2, . . . , n)인 반복측정 실험설계의 자료구조가 제시되었다.

〈표 6.1〉 반복측정설계의 자료구조

	A_1	A_2	A_3	. . .	A_J
S_1	x_{11}	x_{12}	x_{13}	. . .	x_{1J}
S_2	x_{21}	x_{22}	x_{23}	. . .	x_{2J}
. . .	. . .	. . .	. . .	. . .	. . .
S_n	x_{n1}	x_{n2}	x_{n3}	. . .	x_{nJ}

이와 같이 한 개의 반복측정 요인(A)만을 가지고 있는 실험설계의 모형은 다음으로 표현될 수 있다. 모형에서 μ는 전체 평균, π_i는 i번째 표본(피험자, S)의 효과, τ_j는 j번째 반복측정 또는 처치(A)의 효과를 나타낸다.

$$Y_{ij} \equiv \mu + (\mu_{i.} - \mu) + (\mu_{.j} - \mu) + (Y_{ij} - \mu_{i.} - \mu_{.j} + \mu)$$
$$= \mu + \pi_i + \tau_j + \epsilon_{ij}$$

여기서, $i=1, \ldots, n$
$j=1, \ldots, J$
μ: 전체평균
π_i: 피험자(S) i의 효과
τ_j: 피험자 내 요인(A)의 수준 j의 효과
$\varepsilon_{ij} \sim N(0, \sigma^2)$, 오차항

위의 모형에서 전체평균 μ를 좌변으로 이항하고 양변을 제곱해서 정리하면 자료의 총분산은 다음과 같이 분할된다.

$$SS_T = SS_S + SS_A + SS_E$$

이때, $SS_T = \sum_{i=1}^{n}\sum_{j=1}^{J}(Y_{ij} - \overline{Y}_{..})^2$

$$SS_S = \sum_i\sum_j(\overline{Y}_{i.} - \overline{Y}_{..})^2$$

$$SS_A = \sum_i\sum_j(\overline{Y}_{.j} - \overline{Y}_{..})^2$$

$$SS_E = \sum_i\sum_j(\overline{Y}_{ij} - \overline{Y}_{i.} - \overline{Y}_{.j} + \overline{Y}_{..})^2$$

이와 같이 분할된 분산에 의해서 n명의 표본에 대하여 J번의 반복측정을 실시한 반복측정설계의 분산분석표는 다음 〈표 6.2〉와 같은 형태가 된다.

〈표 6.2〉 반복측정설계의 분산분석표

분산원	자유도	제곱합	평균제곱	F
피험자 간 요인(S)	n−1	SS_S		
피험자 내 요인	n(J−1)	SS_W		
처치(A)	J−1	SS_A	MS_A	MS_A/MS_E
오차(E)	(n−1)(J−1)	SS_E	MS_E	
Total	nJ−1	SS_{Total}		

이 실험에서 주요 관심의 대상이 되는 가설은 처치(반복측정)간의 효과가 동일하다는 것으로서 이를 식으로 표현하면 다음과 같다.

H_0 : $\tau_1 = \tau_2 = \ldots = \tau_J = 0$

H_1 : 적어도 하나의 j에 대하여 $\tau_j \neq 0$

위의 분산분석표에 의하면 이 가설을 검정하기 위한 검정통계량과 검정통계량을 기각하기 위한 기각역은 각각 다음과 같다.

$$F = \frac{MS_A}{MS_E} = \frac{SS_A/(J-1)}{SS_E/(n-1)(J-1)}$$

$$F \geq F_{J-1,(n-1)(J-1),\alpha}$$

2 반복측정요인이 두 개인 설계

반복측정설계에는 단일 집단의 표본들에 대해서 두 종류의 서로 다른 반복측정 요인이 있는 경우도 있을 수 있다. 예를 들면 동일한 표본에 대해서 두 가지 서로 다른 종류의 약을 서로 다른 세 가지의 용량으로 투입하면서 약의 투입결과를 반복해서 측정하는 형태의 실험이나, 동일한 표본에 대해서 서로 다른 세 종류의 교과목을 서로 다른 세 종류의 강의방식으로 교육하면서 교육효과를 반복측정하는 형태의 실험이 이에 해당한다. 다음 〈표 6.3〉에는 수준이 각각 J(j=1, 2, . . ., J)와 K(k=1, 2, . . ., K)인 두 개의 반복측정 요인 A, B와 표본(피험자)의 수가 n(i=1, 2, . . ., n)인 반복측정 실험설계의 자료구조가 제시되었다. 이는 이원설계의 한 종류로서 두 개 요인이 모두 각 수준별 측정값이 서로 상관된 경우가 된다. 이원설계

〈표 6.3〉 반복측정요인이 두 개인 설계의 자료구조

	A_1	. . .	A_J
	B_1 B_2 . . . B_K	. . .	B_1 B_2 . . . B_K
S_1	y_{111} y_{112} . . . y_{11K}	. . .	y_{1J1} y_{1J2} . . . y_{1JK}
S_2	y_{211} y_{212} . . . y_{21K}	. . .	y_{2J1} y_{2J2} . . . y_{2JK}
.	. . .	. . .	. . .
S_n	y_{n11} y_{n12} . . . y_{n1K}	. . .	y_{nJ1} y_{nJ2} . . . y_{nJK}

이와 같은 자료구조를 갖는 혼합설계는 다음의 선형모형으로 표현될 수 있다.

$$Y_{ijk} = \mu + \pi_i + \alpha_j + \beta_k + \alpha\beta_{jk} + \epsilon_{ijk}$$

여기서, i = 1, . . ., n
j = 1, . . ., J
k = 1, . . ., K
μ: 전체평균
π_i: 피험자 i의 효과
α_j: 피험자 내 요인1(A)의 수준 j의 효과
β_k: 피험자 내 요인2(B)의 수준 k의 효과
$\alpha\beta_{jk}$: 피험자 내 요인1의 수준 j와 피험자 내 요인2의 수준 k의 상호작용
ε_{ijk}: 오차항

위의 모형에서 전체 평균을 좌변으로 이항하고 양변을 제곱하면 총 분산은 다음과 같이 분할된 형식으로 표현될 수 있다.

$$SS_T = SS_S + SS_A + SS_B + SS_{AB} + SS_E$$

이때, $SS_T = \sum_{i=1}^{n}\sum_{j=1}^{J}\sum_{k=1}^{K}(Y_{ijk} - \overline{Y}_{...})^2$

$$SS_S = \sum_i\sum_j\sum_k(\overline{Y}_{i..} - \overline{Y}_{...})^2$$

$$SS_A = \sum_i\sum_j\sum_k(\overline{Y}_{.j.} - \overline{Y}_{...})^2$$

$$SS_B = \sum_i\sum_j\sum_k(\overline{Y}_{..k} - \overline{Y}_{...})^2$$

$$SS_{AB} = \sum_i\sum_j\sum_k(\overline{Y}_{.jk} - \overline{Y}_{.j.} - \overline{Y}_{..k} + \overline{Y}_{...})^2$$

$$SS_E = SS_T - SS_A - SS_S - SS_B - SS_{AB}$$

이에 따라 반복측정 요인이 두 개인 설계의 분산분석표는 다음과 같다. 분산분석표에서 총분산은 피험자 간 요인의 분산(SS_B)과 피험자 내 요인의 분산(SS_W)의 합이 되며, 피험자 내 요인의 분산은 다시 피험자 내 요인1(J)의 분산과 피험자 내 요인2(K)의 분산, 피험자 내 요인1과 피험자 내 요인2의 상호작용, 그리고 오차항의 합이 된다. 이를 수식으로 표현하면 다음과 같다. 피험자 간 요인(Between-subjects factor)의 분산은 보통 SS_B로 표현되나 다음 표에서는 두 개의 피험자 내 요인이 각각 A와 B로 나타내진 관계로 SS_S로 표기되었다.

$$SS_T = SS_S + SS_W$$

$$SS_W = SS_J + SS_K + SS_{JK} + SS_E$$

〈표 6.4〉 2W 설계의 분산분석표

분산원	자유도	제곱합	평균제곱	F
피험자 간 요인	n−1	SS_S	MS_S	
피험자 내 요인	n(J−1)(K−1)	SS_W		
A	J−1	SS_A	MS_A	MS_A/MS_E
B	K−1	SS_B	MS_B	MS_B/MS_E
AB	(J−1)(K−1)	SS_{AB}	MS_{AB}	MS_{AB}/MS_E
Error	(J−1)(K−1)(n−1)	SS_E	MS_E	
Total	JKn−1	SS_{Total}		

3 단일변량 분석법에 의한 반복측정 자료의 분석

반복측정 자료를 분석하는 방법에는 단일변량 분석방법과 다변량 분석방법이 있다. 단일변량 분석방법은 분석이 간단한데 반하여 다변량 분석방법보다 많은 가정이 만족되어야 분석을 실시할 수 있다는 단점을 갖는다. 우선 단일변량 분석을 위한 가정과 분석방법을 소개하면 다음과 같다.

1) 가정

가정

반복측정 자료의 단일변량분석을 위해서는 다음의 세 가지 가정이 요구된다.

① 독립성 가정
② 정규성 가정
③ 구형성 가정

반복측정 자료의 단일변량분석(univariate approach)을 위해서 요구되는 세 가지 가정 중에서 ① 독립성 가정과 ② 정규성 가정은 다변량 분석법(multivariate approach)에서도 동일하게 요구되는 가정이나 세 번째 가정인 구형성 가정(sphericity assumption)은 단일변량 분석법에서만 요구되는 가정이다. 구형성 조건은 Huynh과 Feldt(1970)가 발견한 조건으로서 반복측정 자료의 분석에 사용되는 F 검정 통계량이 타당(valid)하기 위해서는 반복측정의 모든 가능한 짝의 차이의 분산이 동일하여야 한다는 것이다. 이 조건은 H-F 조

독립성 가정
정규성 가정
구형성 가정

건으로 불리기도 하는데 이를 식으로 표현하면 다음과 같다. 식에서 ϵ은 모형의 오차를 나타내며 첨자 k와 k'은 서로 다른 반복측정 수준을 나타낸다.

$$Var(\epsilon_{ijk} - \epsilon_{ijk'}) = c, \quad \text{for}\, all \quad k \text{ and} k', \ k \neq k'$$

여기서, c는 상수(constant)

단일변량분석의 세 번째 가정으로는 아주 오랫동안 구형성 조건보다 더 강한 가정인 복합대칭성(compound symmetry) 가정이 요구된다고 알려져 왔다. 복합대칭성의 가정이란 모든 가능한 반복측정 짝의 상관이 동일하다는 가정이다. 예를 들면 세 번의 반복측정이 있는 경우에 복합대칭성을 만족하는 자료는 다음 〈표 6.5〉와 같은 형태의 분산-공분산행렬(variance-covariance matrix)을 갖는다. 이 예에서 σ^2는 세 번의 반복측정에 대한 분산이며, σ_c는 모든 반복측정 짝의 동일한 크기의 공분산이 된다.

복합대칭성 가정

〈표 6.5〉 복합대칭성 가정을 만족하는 분산-공분산행렬

	1	2	3
1	σ^2	σ_c	σ_c
2	σ_c	σ^2	σ_c
3	σ_c	σ_c	σ^2

Huynh과 Feldt(1970)는 복합대칭성 가정이 반복측정의 F 검정을 위한 필요충분조건이 아니라 충분조건임을 밝혔으며, 모든 반복측정 짝의 공분산이 동일하지 않아도 이보다 약한 가정인 반복측정의 모든 가능한 짝의 차이의 분산이 동일하다는 가정이 만족되면 F 검정이 타당하다는 것을 발견하였다. 복합대칭성의 조건을 만족하지 않으면서 구형성의 조건을 만족하는 예로는 다음 〈표 6.6〉과 같은 분산-공분산행렬을 들 수 있다.

〈표 6.6〉 구형성 가정을 만족하는 분산-공분산행렬의 예

	1	2	3
1	1.0	0.5	1.5
2	0.5	3.0	2.5
3	1.5	2.5	5.0

i번째 반복측정과 j번째 반복측정의 차이 점수의 분산은 다음과 같이 계산될 수 있다.

$$s_{i-j}^2 = s_i^2 + s_j^2 - 2s_{ij}^2$$

이 식에 의해서 위에 제시된 예에 대하여 반복측정의 차이 점수의 분산을 계산하면 다음과 같다.

$$s_{1-2}^2 = s_1^2 + s_2^2 - 2s_{12}^2 = 1.0 + 3.0 - 2(0.5) = 3$$
$$s_{1-3}^2 = s_1^2 + s_3^2 - 2s_{13}^2 = 1.0 + 5.0 - 2(1.5) = 3$$
$$s_{2-3}^2 = s_2^2 + s_3^2 - 2s_{23}^2 = 3.0 + 5.0 - 2(2.5) = 3$$

이 결과에 의하면 이 예는 모든 분산이 서로 다르고 모든 공분산도 모두 다르기 때문에 모든 분산이 동일하고 모든 공분산도 동일하다는 복합대칭성의 조건은 만족하지 않지만 모든 반복측정의 차이점수의 분산은 동일하기 때문에 구형성의 조건은 여전히 만족되고 있다.

2) 구형성가정과 자유도 수정

구형성가정과 자유도 수정

Box(1954)는 구형성 조건이 만족되지 않는 경우에는 F 값이 커지는 경향(positive bias)이 있어서 기각되지 않아야 할 가설이 기각되는 현상이 있음을 발견하였다. 그의 발견에 의하면 구형성 조건이 만족되지 않는 경우에는 유의수준이 0.05로 설정된 실험에서도 실제로는 0.08 또는 0.10의 일종오류가 발생하게 된다는 것이다. 이를 해결하기 위해서 Greenhouse와 Geisser(1959) 그리고 Huynh과 Feldt(1976)는 분산-공분산행렬이 구형성 조건으로부터 이탈되는 정도를 반영하여 F 검정의 자유도를 축소 수정하는 방법을 각각 제안하였다. 이들의 방법은 구형성 조건이 만족되지 않는 정도를 반영하는 상수인 ϵ값을 검정통계량 F의 분자와 분모 자유도에 곱하여 이를 축소시키는 방법이다. 자유도의 축소는 기각역의 축소를 초래한다.

자유도

ϵ이 1의 값을 가질 때 구형성 조건은 만족되며 구형성 조건이 가장 극단적으로 위반될 때의 ϵ은 반복측정 요인의 수준이 K일 때 1/(K-1)의 값을 갖게 된다. F 값이 커지는 경향을 수정하기 위하여 F 검정통계량의 원래의 분자와 분모의 자유도인 K-1과 (K-1)(n-1) 대신에 이들에 1/(K-1)을 곱한 값인 1과 (n-1)을 사용할 수 있다. Greenhouse와 Geisser (1959)는 이를 수정하는 상수 $\hat{\epsilon}$을 제안하였으며, Collier, Baker, Mandeville와 Hays(1967), 그리고 Stoloff(1967)는 $\hat{\epsilon}$에 의한 자유도 수정에 의해서 검정의 유의수준이 적절하게 유지

된다고 보고하였다.

그러나 Huynh과 Feldt(1976)는 Greenhouse와 Geisser(1959)의 자유도 조정상수 $\hat{\epsilon}$이 ϵ의 값이 0.70보다 클 때는 수정된 자유도에 의한 검정결과가 너무 엄격해진다는(여전히 잘 기각되지 않는다는) 것을 발견하고 새로운 조정상수를 제안하였다. Huynh과 Feldt(1976)의 조정상수인 $\tilde{\epsilon}$는 Greenhouse와 Geisser(1959)의 $\hat{\epsilon}$와 다음의 관계를 갖는다.

$$\tilde{\epsilon} = \frac{n(K-1)\hat{\epsilon}-2}{(K-1)[(n-1)-(K-1)\hat{\epsilon}]}$$

Greenhouse와 Geisser(1959)(G-G)의 $\hat{\epsilon}$과 Huynh과 Feldt(1976)(H-F)의 $\tilde{\epsilon}$는 SAS와 SPSS에서 모두 반복측정자료의 분석결과로 제공되고 있다. 또한 SAS에서는 자료가 구형성 조건을 만족하는지에 대한 Mauchly(1940)와 Anderson(1958)의 검정결과를 제공하고, SPSS에서도 Mauchly(1940) 검정의 결과를 제공하므로 이들 검정을 이용하여 자유도 조정상수의 사용여부를 결정할 수 있다. 그러나 Keselman, Rogan, Mendoza와 Breen(1980) 그리고 Rogan, Keselman과 Mendoza(1979)는 모의실험 방법을 사용한 연구에서 Mauchly(1940)의 검정방법이 유용하지 않은 것으로 보고하면서 이의 사용을 추천하지 아니하였다.

4 다변량 분석법에 의한 반복측정 자료의 분석

구형성 가정은 복합대칭성 가정보다 많이 완화된 조건으로서 반복측정의 모든 가능한 짝의 차이의 분산이 동일하다는 조건을 가정한다. 그러나 일반적으로 한 학기 동안 다섯 번의 시험이 치러진다면 측정의 시기가 가까운 점수간의 상관관계가 측정시기가 먼 점수간의 상관관계보다 높게 나타난다. 따라서 반복측정자료에서는 구형성 조건 역시 잘 만족되지 않으며 이와 같이 구형성 가정이 만족되지 않는 경우에는 앞에 소개된 바와 같은 Greenhouse와 Geisser(1959)나 Huynh과 Feldt(1976)의 자유도 조정상수가 사용되어야 한다.

구형성 가정이 만족되지 않는 반복측정 자료를 분석하는 또 다른 방법으로는 구형성 가정에 의존하지 않는 방법인 다변량 분석법을 사용하는 방법이 있다. 다변량 분석에 사용되는 통계량에는 여러 가지가 있는데 피험자 간 요인이 없는 반복측정 자료나 피험자 간 요인의 수준이 두 개인 혼합설계에서는 다음과 같이 단일변량에서의 t 분포를 다변량으로 확장시킨 Hotelling의 T^2통계량이 사용될 수 있다.

n명의 표본을 k번 반복측정한 설계의 자료구조를 행렬로 표현하면 다음과 같다.

$$\boldsymbol{Y_i}=\begin{bmatrix} Y_{i1} \\ Y_{i2} \\ \cdot \\ \cdot \\ Y_{ik} \end{bmatrix}$$

여기서, i=1, 2, . . ., n

Y_i는 i번째 표본을 k번 측정한 값을 열벡터(column vector)로 표현한 것이다. 이때 관측값 Y_i에 대하여 다음과 같은 다변량정규분포를 가정한다.

$$\boldsymbol{Y_i} \sim \boldsymbol{N_k}(\boldsymbol{\mu}, \boldsymbol{\Sigma})$$

여기서, i=1, 2, . . ., n

여기서 N_k는 k변량정규분포를 나타내고, μ는 각 처리의 모평균 벡터, 그리고 Σ는 각 처리간 모집단의 분산-공분산행렬(variance-covariance matrix)이며 이들은 각각 다음과 같이 정의된다.

$$\boldsymbol{\mu}=\begin{bmatrix} \mu_1 \\ \mu_2 \\ \cdot \\ \cdot \\ \mu_k \end{bmatrix}, \quad \boldsymbol{\Sigma_{k\times k}}=\begin{bmatrix} \sigma_{11} & \sigma_{12} & \cdot & \cdot & \cdot & \sigma_{1k} \\ \sigma_{21} & \sigma_{22} & \cdot & \cdot & \cdot & \sigma_{2k} \\ \cdot & \cdot & \cdot & \cdot & \cdot & \cdot \\ \cdot & \cdot & \cdot & \cdot & \cdot & \cdot \\ \sigma_{t1} & \sigma_{t2} & \cdot & \cdot & \cdot & \sigma_{kk} \end{bmatrix}$$

또한, 모평균 μ와 모집단 분산-공분산행렬 Σ에 대한 표본통계량은 다음과 같이 정의된다.

$$\bar{\boldsymbol{y}}=\frac{1}{n}\sum_{i=1}^{n}\boldsymbol{Y_i}, \quad \boldsymbol{S}=\frac{1}{n-1}\sum_{i=1}^{n}(\boldsymbol{Y_i}-\bar{\boldsymbol{y}})(\boldsymbol{Y_i}-\bar{\boldsymbol{y}})'$$

이를 다시 행렬로 풀어서 제시하면 다음과 같이 표현할 수 있다.

$$\bar{\boldsymbol{y}} = \begin{bmatrix} \overline{Y}_{.1} \\ \overline{Y}_{.2} \\ \cdot \\ \cdot \\ \overline{Y}_{.k} \end{bmatrix}, \quad \boldsymbol{S}_{k \times k} = \begin{bmatrix} s_{11} & s_{12} & \cdot & \cdot & \cdot & s_{1k} \\ s_{21} & s_{22} & \cdot & \cdot & \cdot & s_{2k} \\ \cdot & \cdot & \cdot & \cdot & \cdot & \cdot \\ \cdot & \cdot & \cdot & \cdot & \cdot & \cdot \\ s_{k1} & s_{k2} & \cdot & \cdot & \cdot & s_{kk} \end{bmatrix}$$

이때 μ_j는 j번째 측정의 평균인 $\overline{Y}_{.j}$의 모평균이므로 반복측정간 평균에 차이가 없다는 영가설은 다음과 같이 나타낼 수 있다.

$$H_0: \ \mu_1 = \mu_2 = \cdot \cdot \cdot = \mu_k$$

또한 μ_j들의 평균을 μ라고 할 때 각 반복측정의 효과는 $\tau_j = \mu_j - \mu$이므로 이 가설을 각 반복측정의 효과로 나타내면 다음과 같이 나타낼 수도 있다.

$$H_0: \ \tau_1 = \tau_2 = \cdot \cdot \cdot = \tau_k$$

이 가설을 행렬의 형태로 표현하면 다음과 같다.

$$\begin{bmatrix} 1 & 0 & 0 & \cdot & \cdot & \cdot & 0 & -1 \\ 0 & 1 & 0 & \cdot & \cdot & \cdot & 0 & -1 \\ \cdot & \cdot & \cdot & \cdot & \cdot & \cdot & \cdot & \cdot \\ \cdot & \cdot & \cdot & \cdot & \cdot & \cdot & \cdot & \cdot \\ 0 & 0 & 0 & \cdot & \cdot & \cdot & 1 & -1 \end{bmatrix} \begin{bmatrix} \mu_1 \\ \mu_2 \\ \cdot \\ \cdot \\ \mu_k \end{bmatrix} = \begin{bmatrix} 0 \\ 0 \\ \cdot \\ \cdot \\ 0 \end{bmatrix}$$

또 위의 행렬 형태 표현에서 상수행렬을 C라고 하면, 위의 가설은 다음과 같이 행렬의 형태로 표현할 수 있는데 이 상수행렬 C는$(k-1)\times k$ 차원의 행렬로 대비행렬(contrast matrix)이라고 불린다.

$$H_0: \ \boldsymbol{C\mu} = \boldsymbol{0}$$

이때 대비행렬 C와 i번째 표본의 반복측정 관측값의 행렬 Y_i를 곱한 값의 분포는 다음과 같이 평균이 $C\mu$이고 분산-공분산이 $C\Sigma C'$인 k변량 정규분포가 된다.

$$\boldsymbol{CY_i} \sim \boldsymbol{N_k}(\boldsymbol{C\mu}, \boldsymbol{C\Sigma C'})$$

여기서, i=1, 2, . . ., n

그런데 Cμ와 CΣC'의 추정량은 각각 $\boldsymbol{C\bar{y}}$와 $\boldsymbol{CSC'}$이 되므로, 이들 표본통계량을 기초로 한 다변량 검정통계량은 다음과 같이 정의되고 이를 Hotelling의 T^2통계량이라 부른다. 이는 단일변량의 t 통계량을 제곱한 것과 비슷한 모양을 갖는다.

$$T^2 = n(\boldsymbol{C\bar{y}})'(\boldsymbol{CSC'})^{-1}(\boldsymbol{C\bar{y}})$$

이 통계량에 표본의 수와 반복측정 횟수가 들어 있는 상수항을 곱하면 F 통계량으로 변환되며 이 F 통계량은 영가설이 참이라는 가정하에서 다음의 분포를 갖는다.

$$F = \frac{n-k+1}{(n-1)(k-1)} T^2 \sim F_{k-1,n-k+1}$$

위의 F 검정통계량이나 Hotelling의 T^2통계량의 기각역은 다음과 같이 정의된다.

$$\frac{n-k+1}{(n-1)(k-1)} T^2 > F_{k-1,n-k+1,\alpha}$$

$$T^2 > \frac{(n-1)(k-1)}{n-k+1} F_{k-1,n-k+1,\alpha}$$

5 단일변량 분석과 다변량 분석의 선택

반복측정 자료의 분석에는 단일변량 분석방법과 다변량 분석방법이 모두 사용될 수 있다. 이들 방법들은 각 분석방법의 일종오류와 검정력에 의해서 비교될 수 있는데 우선 일종오류의 통제 면에서는 두 방법 간에 차이가 없는 것으로 알려지고 있다. 단일변량 분석방법을 사용하여도 수정된 자유도를 사용하면 일종오류가 적절하게 통제되기 때문이다. 따라서 단일변량 분석방법과 다변량 분석방법의 선택은 각 방법의 검정력에 의해서 결정하게 된다. 만약 분석되는 반복측정 자료가 구형성의 조건을 만족하는 경우에는 단일변량 분석방법이 다변량 분석방법보다 높은 검정력을 갖는다.

그러나 구형성 조건이 만족되는 경우는 많지 않으며, 이 조건이 만족되지 않을 때 어떤 분석방법을 사용하는 것이 좋은지에 대한 의사결정이 간단하지 않다. Davidson(1972)은 비록 반복측정간의 차이가 크지 않더라도 안정적인(reliable) 차이가 있는 경우에는 다변량

분석방법이 단일변량 분석방법보다 훨씬 높은 검정력을 갖는다고 보고하였다. 한편 O'Brien과 Kaiser(1985)는 다변량과 단일변량의 검정력을 비교한 선행연구들을 검토한 뒤에 다변량 분석방법과 단일변량 분석방법 중에서 어느 한 쪽이 일방적으로 검정력이 높지 않은 것은 물론이고, 어느 한 쪽이 더 검정력이 높은 경향이 있다고 말하는 것도 어렵다고 밝혔다. Barcikowski와 Robey(1984)는 단일변량 분석방법과 다변량 분석방법은 상황에 따라 검정력이 높은 경우가 다르므로 두 가지 방법을 함께 사용할 것을 추천하였다. 이 경우에는 실험에서 얻고자 하는 일종오류의 절반을 각 분석방법에 각각 사용해서 검정을 실시할 수 있다. 즉, 실험의 일종오류 수준을 0.05로 고정하였다면 다변량 분석방법과 단일변량 분석방법에는 각각 0.025의 유의수준이 사용될 수 있다.

6 반복측정설계의 장단점

반복측정설계의 장점

1) 장점

(1) 오차항의 축소

실험설계에서 오차항의 분산을 축소하는 방법으로 흔히 사용되는 것은 블럭(block)을 형성하는 방법이다. 연구를 수행할 때, 성별, 사회경제적 환경, 지능지수 등과 같이 연구의 주제에 따라 종속변수에 영향을 많이 미치는 변수를 블럭으로 사용하여서 비교적 동질적인 집단을 만들고 이들 집단에 서로 다른 처치를 가하여 이의 효과를 검정하면 블럭의 효과가 제거된 상태에서 처치의 효과를 검정할 수 있다. 반복측정설계는 블럭의 수가 최대한으로 형성된 실험설계이다. 즉, 반복측정설계에서는 모든 개인을 하나의 블럭으로 처리함으로써 실험의 결과에 영향을 미치는 개인차의 효과를 완전히 배제할 수 있도록 설계된 것이다. 반복측정설계의 가장 커다란 장점은 실험의 대상이 되는 개인간의 차이를 제거한다는 것이다. 이와 같은 이유로 반복측정설계는 개인이 서로 다른 처치에 무작위로 배치되는 일원설계보다 훨씬 커다란 검정력을 가지게 된다.

(2) 작은 표본

반복측정설계의 또 하나의 장점은 반복측정설계를 사용하는 경우에는 일원설계보다 훨씬 작은 표본만으로 실험이 가능하다는 점이다. 개인이 서로 다른 처치에 무작위로 배치되는 일원설계에서 세 가지의 처치를 각각 20명에게 실시하려면 60명의 표본이 필요하지만 반복측정설계를 사용하는 경우에는 20명의 표본만 있으면 실험을 수행할 수 있다.

2) 단점

반복측정설계의 단점

(1) 잔류효과

표본에 서로 다른 처치를 가하면서 반복측정을 실시하는 실험에서는 먼저 투입한 처치의 효과가 나중에 투입한 처치에 잔류효과(carryover effect)를 가져와서 처치의 효과를 정확하게 측정하지 못할 수 있다. 약물을 처치하거나 서로 다른 교육방법을 사용하면서 반복측정을 하는 경우에 이러한 현상이 흔히 나타나는데 이를 방지하기 위해서는 각 처치간에 잔류효과가 없어질 수 있을 만큼의 충분한 시간간격이 있어야 한다.

잔류효과

그러나 실험기간은 실험의 비용에 직접적인 영향을 미치기 때문에 실험에서 처치간의 충분한 시간간격을 확보할 만큼의 시간적·경제적 여유가 없는 경우가 많이 있으며, 시간간격을 확보할 수 있는 실험에서도 어느 정도의 간격을 가져야 잔류효과가 배재될 수 있을 만큼 충분한 간격을 확보한 것인지에 대해서 명확한 답을 하기가 어렵다.

반복측정설계에서 서로 다른 처치를 연속적으로 가하면서 처치의 효과를 측정하는 경우에 앞의 처치에 대한 잔류효과를 배재할 수 있을 만큼 충분한 시간간격을 가질 수 없을 때는 처치의 순서를 표본에 따라 다르게 함으로써 잔류효과를 서로 상쇄하는 설계를 하여야 한다. 예를 들면 세 가지의 서로 다른 처치 A, B, C를 비교하는 실험에서 세 명의 표본이 사용된다면 실험의 순서를 다음 〈표 6.7〉과 같이 설계하는 것이다.

〈표 6.7〉 **잔류효과 제거를 위한 실험순서의 조정**

	실험시기 1	실험시기 2	실험시기 3
표본 1	A	B	C
표본 2	B	C	A
표본 3	C	A	B

그러나 실험의 종류에 따라서는 실험순서를 조정하는 것이 어려운 경우가 있다. 예를 들면 용광로의 온도에 따른 산출 금속의 불순물 농도를 실험하는 경우에 용광로의 온도를 자

유롭게 높이고 낮추는 것이 현실적으로 불가능하기 때문에 처음에 낮은 온도의 조건에서 실험을 시작해서 온도가 높은 조건으로 점차 옮겨가면서 실험을 할 수밖에 없는 경우가 있다. 또한 교육상황에서도 처치의 순서를 자유롭게 바꾸는 것이 어렵고 특정 처치들이 일반적인 순서를 가질 수밖에 없는 경우가 있다.

(2) 학습효과

동일한 피험자에게 처치를 가하고 반복적인 측정을 실시하는 경우에는 처치의 효과가 아니라 반복되는 측정(검사)에 대한 학습에 의해서 검사결과가 달라질 가능성이 있는데 이를 학습효과라고 부른다. 처치를 가한 후에 심리검사를 실시하는 실험에서 어린이의 경우에는 일반적으로 최소한 2주의 간격이 있어야 학습효과가 사라지는 것으로 알려져 있다. 그러나 성인의 경우에는 이보다 아주 긴 시간간격이 있어도 과거에 실시한 심리검사의 학습효과가 처치의 효과와 교락(confounding)될 가능성이 매우 높고, 관측된 효과를 학습효과와 처치효과를 분리하는 것이 어려워진다.

(3) 결측값(missing data)에 의한 자료의 손실

동일한 피험자를 반복해서 측정하게 되는 반복측정설계는 실험이 진행됨에 따라 실험에서 누락하는 피험자가 생기게 된다. 일반적으로 실험이 길어지는 경우에는 누락 자료의 비중이 상당히 높아질 수 있는데 이와 같은 경우에는 누락된 피험자에 대하여 해당시점까지 모은 자료의 유용성이 제한되며, 누락된 피험자의 자료를 수집하기 위하여 지출된 연구비용도 비효율적인 지출이 된다.

결측값은 표본결측(case missing)과 항목결측(item missing)으로 구분되는데 수년간 동일표본을 반복적으로 측정하는 종단자료설계에서는 표본결측이 많이 발생하게 되며, 이와 같은 상황에서 자료의 손실을 보전하기 위해서 결측된 자료를 대체(imputation)하는 여러 방법들이 개발되어 있다. 반복측정설계의 단점에 대한 자세한 설명과 이의 축소방안, 결측치 대체방안에 대해서는 Keppel(1983)과 Myers(1979)를 참조할 수 있다.

결측치

대체방안

7 혼합설계

혼합설계

피험자 내 요인이 포함되어 있는 실제 연구의 설계들은 반복측정 요인만 한 개 또는 그 이상 포함되어 있는 경우보다는 서로 독립적인 집단에 대해서 상이한 처치를 가하면서 이들을 반복적으로 측정하여 효과를 비교하거나, 서로 독립적인 집단에 대해서 여러 종류의 처치를 가하면서 처치의 효과를 측정하는 등과 같이 독립적인 요인과 상관된 요인이 함께 포함된 실험설계가 더 많이 사용된다. 이와 같이 서로 독립적인 피험자 간 요인과 서로 상관된 피험자 내 요인이 함께 포함되어 있는 설계를 혼합설계(mixed design)라고 한다.

피험자 간 요인

혼합설계는 농업분야에서 넓은 지역(whole plot, main plot, 일차지역, 주구)을 작은 지역(sub plot, 이차지역, 세구)으로 분할하고 분할된 작은 지역에 각 요인의 서로 다른 수준을 배치함으로써 지역의 효과를 제거한 후에 처치의 효과를 검정하기 위하여 고안된 설계이다. 혼합설계에서 일차지역은 서로 독립인 피험자 간 요인이 되고 이차지역은 피험자 내 요인이 된다. 혼합설계는 이와 같은 피험자 간 요인과 피험자 내 요인이 각각 하나 이상 포함되어 있는 설계이다. 피험자 간 요인은 보통 성별, 연령, 사회적 계급 등과 같은 범주화(grouping, classification) 변수이고, 피험자 내 요인은 보통 시간의 흐름에 따른 반복측정이 된다. 책에 따라서는 반복측정설계와 혼합설계를 합하여 피험자 내 설계라고 부르기도 하고(Keppel, 1983), 이들을 통칭하여 넓은 의미의 반복측정설계라고 부르기도 한다. 혼합설계를 부르는 또 다른 이름들로는 Lindquist Type I design, 분할구설계(split-plot design; SPD), 한 개의 요인이 반복측정인 이원설계(two way ANOVA with repeated measures on one factor) 등이 있다.

혼합설계에서는 일차적으로 각 일차단위에 피험자 간 요인 A의 수준을 임의로 배정하고, 각 일차단위내의 이차단위에 피험자 내 요인 B의 모든 수준을 무작위로 배정한다. 이때 각 일차단위별로 요인 A의 수준이 배정되었기 때문에 일차단위의 효과는 요인 A의 효과와 교락(confounding)되며(교락에 대해서는 2장에 설명되어 있다.) 따라서 어느 일차단위에 요인 A의 어느 수준이 할당되는가 하는 것은 실험의 결과에 커다란 영향을 미치지 않는다. 따라서 혼합설계는 일차단위에 피험자 간 요인 A의 수준을 무작위로 할당하기 어려운 경우에 효과적으로 사용될 수 있는 설계이다. 또한 혼합설계의 오차는 일차단위에서의 오차와 이차단위에서의 오차 등으로 분할되는데 일반적으로 일차단위의 오차는 이차단위에서의 오차보다 크며, 일차단위의 자유도는 이차단위의 자유도보다 작다. 따라서 혼합설계에서는 이차단위에 무작위 배정되는 피험자 내 요인에 대한 검정이 높은 정도(precision)를 가지게 된다.

1B 1W 혼합설계

1) 1B 1W 혼합설계

Huck, Cormier와 Bounds(1974)는 세 집단의 학생들에게 세 가지 서로 다른 교수방법을 사용하여 교육하고, 교육효과를 비교하기 위하여 6주 후와 12주 후에 각 학생들의 학습 정도를 측정하였다. 이 실험설계는 서로 다른 교수방법은 피험자 간 요인이 되며 반복적으로 측정된 두 번의 측정은 피험자 내 요인이 되어서 한 개의 피험자 간 요인과 한 개의 피험자 내 요인을 가진 혼합설계가 된다. 또 만약에 어떤 연구자가 과학영재와 언어영재, 그리고 예술영재들에 대해서 적성검사를 실시하고 영재성의 분야에 따라 적성검사의 각 하위영역별로 획득점수에 차이가 있는지를 연구한다면 이때 영재성의 세 가지 분야는 독립적인 피험자 간 요인이 되며 적성검사의 각 하위영역 점수는 반복측정에 의한 피험자 내 요인이 되어서 이와 같은 연구설계 역시 한 개의 피험자 간 요인과 한 개의 피험자 내 요인이 있는 혼합설계가 된다.

수준이 J인 한 개의 피험자 간 요인(between-subjects factor) A와 수준이 K인 한 개의 피험자 내 요인(within-subjects factor) B가 있고, 각 피험자 간 요인 수준의 표본수(피험자수)가 n인 혼합설계의 자료구조는 다음 〈표 6.8〉과 같은 형태를 갖는다. 〈표 6.8〉은 요인 중 한 개(B)가 반복측정된 피험자 내 요인이기 때문에 각 피험자 간 요인별로 반복측정된 표본(피험자)의 번호가 자료구조에 더하여졌다. 이때 각 피험자 간 요인(A)의 수준에 포함되어 있는 피험자(S)는 해당 수준에만 포함되어 있기 때문에 피험자는 피험자 간 요인에 내재되어 있는(nested) 형식이 된다(내재설계에 대해서는 2장에 설명되어 있다). 따라서 피험자 요인은 S(A)로 표현된다. 이 책에서는 여러 혼합설계들의 이름을 설계에 포함되어 있는 피험자 간 요인과 피험자 내 요인의 수를 사용하여 간편하게 표현하는데, 이 설계와 같이 피험자 간 요인(between-subjects factor, B)이 한 개(1)이고 피험자 내 요인(within-subjects factor, W)도 한 개(1)인 혼합설계는 1B 1W 혼합설계(mixed design with one between- subjects factor and one within-subjects factor)로 지칭하기로 한다.

〈표 6.8〉 1B 1W 혼합설계의 자료구조

요인A \ 요인B		B_1	B_2	B_3	. . .	B_K
A_1	S_1	y_{111}	y_{112}	y_{113}	. . .	y_{11K}
	S_2	y_{211}	y_{212}	y_{213}	. . .	y_{21K}
	.	.	.	.	. . .	.
	S_n	y_{n11}	y_{n12}	y_{n13}	. . .	y_{n1K}
A_2	S_1	y_{121}	y_{122}	y_{123}	. . .	y_{12K}
	S_2	y_{221}	y_{222}	y_{223}	. . .	y_{22K}
	.	.	.	.	. . .	.
	S_n	y_{n21}	y_{n22}	y_{n23}	. . .	y_{n2K}
. . .	. . .	. . .	. . .	. . .	. . .	. . .
A_J	S_1	y_{1J1}	y_{1J2}	y_{1J3}	. . .	y_{1JK}
	S_2	y_{2J1}	y_{2J2}	y_{2J3}	. . .	y_{2JK}
	.	.	.	.	. . .	.
	S_n	y_{nJ1}	y_{nJ2}	y_{nJ3}	. . .	y_{nJK}

이와 같은 자료구조를 갖는 혼합설계는 다음의 선형모형으로 표현될 수 있다. 자료구조가 이원설계와 유사하기 때문에 1B 1W 혼합설계는 선형모형 역시 이원설계의 선형모형과 유사한 형태를 가진다. 단지 표본(피험자)의 주효과인 $\pi_{i(j)}$가 모형에 추가되었고 모형의 최고차 상호작용 항에 피험자(S) 요인이 포함되었다는 차이만이 있다. 표본(피험자)은 피험자 간 요인(A)에 내재되어 있기 때문에 피험자(S)와 피험자 간 요인(A)의 상호작용은 모형에 포함되지 않는다.

$$Y_{ijk} = \mu + \alpha_j + \pi_{i(j)} + \beta_k + \alpha\beta_{jk} + \beta\pi_{ki(j)}$$

여기서, $i=1, \ldots, n$

$j=1, \ldots, J$

$k=1, \ldots, K$

μ: 전체평균

α_j: 피험자 간 요인(A)의 수준 j의 효과

$\pi_{i(j)}$: 피험자 간 요인 수준 j의 피험자(S(A)) i의 효과

β_k: 반복측정요인(B)의 수준 k의 효과

$\alpha\beta_{jk}$: 피험자 간 요인 수준 j와 반복측정 요인 수준 k의 상호작용

$\beta\pi_{ki(j)}$: 피험자 간 요인 수준 j의 표본 i와 반복측정 요인 수준 k의 상호작용

한편, 이 모형의 항들을 총 분산에 대한 분할의 형태로 표현하면 다음과 같다. 분산의 분할에도 이원설계의 분산분석 항들 외에 피험자의 주효과 항과 피험자와 피험자 간 요인(B)의 상호작용 항이 추가되어 있다.

$$SS_T = SS_A + SS_{S(A)} + SS_B + SS_{AB} + SS_{BS(A)}$$

이때, $SS_T = \sum_i \sum_j \sum_k (Y_{ijk} - \overline{Y}_{...})^2$

$$SS_A = \sum_i \sum_j \sum_k (\overline{Y}_{.j.} - \overline{Y}_{...})^2$$

$$SS_{S(A)} = \sum_i \sum_j \sum_k (\overline{Y}_{ij.} - \overline{Y}_{.j.})^2$$

$$SS_B = \sum_i \sum_j \sum_k (\overline{Y}_{..k} - \overline{Y}_{...})^2$$

$$SS_{AB} = \sum_i \sum_j \sum_k (\overline{Y}_{.jk} - \overline{Y}_{.j.} - \overline{Y}_{..k} + \overline{Y}_{...})^2$$

$$SS_{BS(A)} = \sum_i \sum_j \sum_k (Y_{ijk} - \overline{Y}_{ij.} - \overline{Y}_{.jk} + \overline{Y}_{.j.})^2$$

이에 따라 1B 1W 설계의 분산분석표는 다음 〈표 6.9〉와 같다. 이 분산분석표의 F 검정통계량은 요인에 따라 검정통계량의 분모가 앞에서 설명된 모형들과는 달리 $MS_{S(A)}$와 $MS_{BS(A)}$의 두 가지라는 특징을 갖는다.

〈표 6.9〉 1B 1W 혼합설계의 분산분석표

분산원	자유도	제곱합	평균제곱	F
피험자 간 요인				
A	J−1	SS_A	MS_A	$MS_A/MS_{S(A)}$
S(A)	J(n−1)	$SS_{S(A)}$	$MS_{S(A)}$	−
피험자 내 요인				
B	K−1	SS_B	MS_B	$MS_B/MS_{BS(A)}$
AB	(J−1)(K−1)	SS_{AB}	MS_{AB}	$MS_{AB}/MS_{BS(A)}$
BS(A)	J(K−1)(n−1)	$SS_{BS(A)}$	$MS_{BS(A)}$	−
Total	JKn−1	SS_{Total}		

일반적인 선형모형에는 상호작용의 차수가 가장 높은 마지막 항이 오차항인 ϵ으로 표기된다. 그러나 여기서 설명되는 1B 1W 혼합설계를 비롯해서 뒤의 '2. 1B 2W 혼합설계'와 '3. 2B 1W 혼합설계'의 선형모형에는 오차항에 대한 표기 없이 최고차의 상호작용까지 모든 항이 기록되고 있다. 혼합설계의 선형모형이 이와 같이 표현된 이유는 일반적인 실험설계에서는 분산분석표에 나타나는 모든 분산원에 대하여 선형모형의 최고차 상호작용 항이

오차항이 되지만 혼합설계에서는 분산원에 따라서 이의 유의성을 검정하는 오차항이 각각 다르기 때문이다.

모든 분산분석에서 각 분산원의 유의성을 검정하는 오차항은 기대평균제곱(expected mean square; EMS)에 의해서 결정된다. 이를 위의 분산분석표를 예로 들어서 설명하면 1B 1W의 각 분산원별 기대평균제곱은 다음 〈표 6.10〉과 같다.

〈표 6.10〉 1B 1W 혼합설계의 분산원별 기대평균제곱

분산원	기대평균제곱
피험자 간 요인	
A	$\sigma^2_{BS(A)} + K\sigma^2_S + nK\sigma^2_A$
S(A)	$\sigma^2_{BS(A)} + K\sigma^2_S$
피험자 내 요인	
B	$\sigma^2_{BS(A)} + nJ\sigma^2_B$
AB	$\sigma^2_{BS(A)} + n\sigma^2_{AB}$
BS(A)	$\sigma^2_{BS(A)}$

위 〈표 6.10〉에서 피험자 간 요인 A가 유의하다면 A의 수준간의 분산(σ^2_A)이 클 것이기 때문에 피험자 간 요인 A의 유의성에 대한 검정은 σ^2_A의 유의성에 대한 검정과 같은 의미가 된다. 즉, 피험자 간 요인 A의 각 수준별 효과의 차이에 대한 다음의 두 가지 가설은 같은 의미를 갖는다.

$$H_0 : \alpha_1 = \alpha_2 = \ldots = \alpha_J$$

$$H_0 : \sigma^2_A = 0$$

그런데 위 〈표 6.10〉에 나타난 바와 같이 S(A)의 기대평균제곱은 σ^2_A을 제외하고 A의 기대평균제곱과 동일한 형태를 가지고 있다. 따라서 σ^2_A이 유의하지 않다면 A의 분산과 S(A)의 분산간에는 유의한 차이가 없게 된다. 그러므로 σ^2_A의 유의성에 대한 검정은 A의 기대평균제곱과 S(A)의 기대평균제곱의 비교에 의해서 수행될 수 있다. 또한 피험자 내 요인 B와 AB에 대한 검정도 같은 방식으로 요인 BS(A)와의 비교에 의해서 수행될 수 있다. 즉 이들의 유의성을 검정하기 위한 F 통계량과 각 통계량의 기각역은 각각 다음과 같은 형태가 된다. 검정통계량의 분자와 분모의 자유도는 각각 F 통계량의 분자와 분모에 기록된 기

대평균제곱인 χ^2 통계량의 자유도와 같다.

$$F=\frac{MS_A}{MS_{S(A)}}=\frac{\sigma^2_{S(A)}+K\sigma^2_{S(A)}+nK\sigma^2_A}{\sigma^2_{S(A)}+K\sigma^2_{S(A)}} > F_{J-1,J(n-1),\alpha}$$

$$F=\frac{MS_B}{MS_{BS(A)}}=\frac{\sigma^2_{BS(A)}+nJ\sigma^2_B}{\sigma^2_{BS(A)}} > F_{K-1,J(K-1)(n-1),\alpha}$$

$$F=\frac{MS_{AB}}{MS_{BS(A)}}=\frac{\sigma^2_{BS(A)}+n\sigma^2_{AB}}{\sigma^2_{BS(A)}} > F_{(J-1)(K-1),J(K-1)(n-1),\alpha}$$

1B 2W 혼합설계

2) 1B 2W 혼합설계

Elashoff(1981)는 두 집단의 표본들에게 두 종류의 서로 다른 약을 각각 세 종류의 용량으로 처방하고 이의 효과를 연구하였다. 이러한 실험설계는 집단이 서로 독립적인 피험자 간 요인이 되고, 약의 종류와 용량은 동일 표본에 대해서 반복 측정되는 피험자 내 요인이 된다. 따라서 연구의 실험설계는 1B 2W의 혼합설계가 된다. 또한 아동의 사회성 발달에 대한 연구를 위하여 3세, 4세, 5세의 아동에 대하여 두 종류의 서로 다른 상황(situation)과 두 가지의 서로 다른 시간(오전과 오후)에서 아동의 사회적 활동(social interaction)이 측정되었다면 아동의 나이는 집단(group, classification)에 해당하는 피험자 간 요인이 되며, 상황과 시간은 피험자 내 요인이 되어서 각 아동은 네 번의 측정점수를 가지게 된다. 이러한 설계 역시 일반적인 삼원설계와는 달리 상황과 시간에 따른 측정점수가 서로 상관되어 있다는 특징을 갖는 1B 2W 혼합설계(mixed design with one between-subjects factor and two within-subjects factors)가 된다.

수준이 J인 한 개의 피험자 간 요인(between-subjects factor) A와 수준이 각각 K와 L인 두 개의 피험자 내 요인(within-subjects factor) B와 C가 있고, 각 피험자 간 요인 수준에서의 표본 수(피험자 수)가 n인 1B 2W 혼합설계의 자료구조는 다음 〈표 6.11〉과 같은 형태를 갖는다. 이 자료구조는 앞의 〈표 6.8〉에 제시된 1B 1W 혼합설계의 자료구조에 피험자 내 요인이 하나 더 추가된 형태이다.

〈표 6.11〉 1B 2W 혼합설계의 자료구조

		B_1			...	B_K		
		C_1	C_2 ...	C_L	...	C_1	C_2 ...	C_L
A_1	S_1	y_{1111}	y_{1112} ...	y_{111L}	...	y_{11K1}	y_{11K2} ...	y_{11KL}
	S_2	y_{2111}	y_{2112} ...	y_{211L}	...	y_{21K1}	y_{21K2} ...	y_{21KL}
	.		...		...		...	
	S_n	y_{n111}	y_{n112} ...	y_{n11L}	...	y_{n1K1}	y_{n1K2} ...	y_{n1KL}
A_2	S_1	y_{1211}	y_{1212} ...	y_{121L}	...	y_{12K1}	y_{12K2} ...	y_{12KL}
	S_2	y_{2211}	y_{2212} ...	y_{221L}	...	y_{22K1}	y_{22K2} ...	y_{22KL}
	.		...		...		...	
	S_n	y_{n211}	y_{n212} ...	y_{n21L}	...	y_{n2K1}	y_{n2K2} ...	y_{n2KL}
...	...		...		...		...	
A_J	S_1	y_{1J11}	y_{1J12} ...	y_{1J1L}	...	y_{1JK1}	y_{1JK2} ...	y_{1JKL}
	S_2	y_{2J11}	y_{2J12} ...	y_{2J1L}	...	y_{2JK1}	y_{2JK2} ...	y_{2JKL}
	.		...		...		...	
	S_n	y_{nJ11}	y_{nJ12} ...	y_{nJ1L}	...	y_{nJK1}	y_{nJK2} ...	y_{nJKL}

이와 같은 자료구조를 갖는 혼합설계는 다음의 선형모형으로 표현될 수 있다. 이 선형모형은 앞의 여섯 개 항은 1B 1W 혼합설계의 선형모형과 완전히 일치하고, 여기에 피험자 내 요인 C의 주효과와 피험자 요인 C와 다른 피험자 내 요인 B, 또는 피험자 요인 A와의 이차와 삼차의 상호작용 항 여섯 개가 추가된 형태이다.

$$Y_{ijk} = \mu + \alpha_j + \pi_{i(j)} + \beta_k + \alpha\beta_{jk} + \beta\pi_{ki(j)} + \gamma_l + \alpha\gamma_{jl} + \beta\gamma_{kl} + \gamma\pi_{li(j)} + \alpha\beta\gamma_{jkl} + \beta\gamma\pi_{kli(j)}$$

여기서, i=1, . . ., n

j=1, . . ., J

k=1, . . ., K

l=1, . . ., L

μ: 전체평균

α_j: 피험자 간 요인(A)의 수준 j의 효과

$\pi_{i(j)}$: 피험자 간 요인의 수준 j와 피험자(S(A)) i의 상호작용

β_k: 반복측정 요인1(B)의 수준 k의 효과

$\alpha\beta_{jk}$: 피험자 간 요인의 수준 j와 반복측정 요인1의 수준 k의 상호작용

$\beta\pi_{ki(j)}$: 피험자 간 요인 수준 j의 피험자 i와 반복측정 요인 수준 k의 상호작용

γ_l: 반복측정 요인2(C)의 수준 l의 효과

$\alpha\gamma_{jl}$: 피험자 간 요인의 수준 j와 반복측정 요인2의 수준 l의 상호작용

$\beta\gamma_{kl}$: 반복측정 요인1의 수준 k와 반복측정 요인2의 수준 l의 상호작용

$\gamma\pi_{li(j)}$: 반복측정 요인2의 수준 l과 피험자 i의 상호작용

$\alpha\beta\gamma_{jkl}$: 피험자 간 요인의 수준 j와 반복측정 요인1의 수준 k, 반복측정 요인2의 수준 l의 3차의 상호작용

$\beta\gamma\pi_{kli(j)}$: 반복측정 요인1의 수준 k, 반복측정 요인2의 수준 l, 피험자 i의 3차의 상호작용

이 모형의 항들을 총 분산에 대한 분할의 형태로 표현하면 다음과 같다.

$$SS_T = SS_A + SS_{S(A)} + SS_B + SS_{AB} + SS_{BS(A)} + SS_C + SS_{AC} + SS_{BC} + SS_{CS(A)} + SS_{ABC} + SS_{BCS(A)}$$

이때, $SS_T = \sum_{i=1}^{n}\sum_{j=1}^{J}\sum_{k=1}^{K}\sum_{l=1}^{L}(Y_{ijkl} - \overline{Y}_{....})^2$

$$SS_A = \sum_i\sum_j\sum_k\sum_l(\overline{Y}_{.j..} - \overline{Y}_{....})^2$$

$$SS_{S(A)} = \sum_i\sum_j\sum_k\sum_l(\overline{Y}_{ij..} - \overline{Y}_{.j..})^2$$

$$SS_B = \sum_i\sum_j\sum_k\sum_l(\overline{Y}_{..k.} - \overline{Y}_{....})^2$$

$$SS_{AB} = \sum_i\sum_j\sum_k\sum_l(\overline{Y}_{.jk.} - \overline{Y}_{.j..} - \overline{Y}_{..k.} + \overline{Y}_{....})^2$$

$$SS_{BS(A)} = \sum_i\sum_j\sum_k\sum_l(\overline{Y}_{ijk.} - \overline{Y}_{ij..} - \overline{Y}_{.jk.} + \overline{Y}_{.j..})^2$$

$$SS_C = \sum_i\sum_j\sum_k\sum_l(\overline{Y}_{...l} - \overline{Y}_{....})^2$$

$$SS_{AC} = \sum_i\sum_j\sum_k\sum_l(\overline{Y}_{.j.l} - \overline{Y}_{.j..} - \overline{Y}_{...l} + \overline{Y}_{....})^2$$

$$SS_{BC} = \sum_i\sum_j\sum_k\sum_l(\overline{Y}_{..kl} - \overline{Y}_{..k.} - \overline{Y}_{...l} + \overline{Y}_{....})^2$$

$$SS_{CS(A)} = \sum_i\sum_j\sum_k\sum_l(\overline{Y}_{ij.l} - \overline{Y}_{ij..} - \overline{Y}_{.j.l} + \overline{Y}_{.j..})^2$$

$$SS_{ABC} = \sum_i\sum_j\sum_k\sum_l(\overline{Y}_{.jkl} - \overline{Y}_{.j..} - \overline{Y}_{..k.} - \overline{Y}_{...l} + \overline{Y}_{.jk.} + \overline{Y}_{.j.l} - \overline{Y}_{..kl} + \overline{Y}_{....})^2$$

$$SS_{BCS(A)} = \sum_i\sum_j\sum_k\sum_l(Y_{ijkl} - \overline{Y}_{..k.} - \overline{Y}_{...l} - \overline{Y}_{ij..} + \overline{Y}_{..kl} + \overline{Y}_{ijk.} - \overline{Y}_{ij.l} + \overline{Y}_{....})^2$$

이에 따라 1B 2W 혼합설계의 분산분석표는 다음 〈표 6.12〉와 같다. 이 표에 의하면 1B 2W 혼합설계의 검정통계량에는 각 요인에 따라 분모에 $MS_{S(A)}$, $MS_{BS(A)}$, $MS_{CS(A)}$, $MS_{BCS(A)}$ 등의 네 가지 평균제곱이 사용되고 있다.

〈표 6.12〉 1B 2W 혼합설계의 분산분석표

분산원	자유도	제곱합	평균제곱	F
피험자 간 요인				
A	J−1	SS_A	MS_A	$MS_A/MS_{S(A)}$
S(A)	J(n−1)	$SS_{S(A)}$	$MS_{S(A)}$	−
피험자 내 요인				
B	K−1	SS_B	MS_B	$MS_B/MS_{BS(A)}$
AB	(J−1)(K−1)	SS_{AB}	MS_{AB}	$MS_{AB}/MS_{BS(A)}$
BS(A)	J(K−1)(n−1)	$SS_{BS(A)}$	$MS_{BS(A)}$	−
C	L−1	SS_C	MS_C	$MS_C/MS_{CS(A)}$
AC	(J−1)(L−1)	SS_{AC}	MS_{AC}	$MS_{AC}/MS_{CS(A)}$
CS(A)	J(L−1)(n−1)	$SS_{CS(A)}$	$MS_{CS(A)}$	−
BC	(K−1)(L−1)	SS_{BC}	MS_{BC}	$MS_{BC}/MS_{BCS(A)}$
ABC	(J−1)(K−1)(L−1)	SS_{ABC}	MS_{ABC}	$MS_{ABC}/MS_{BCS(A)}$
BCS(A)	J(K−1)(L−1)(n−1)	$SS_{BCS(A)}$	$MS_{BCS(A)}$	−
Total	JKn−1	SS_{Total}		

3) 2B 1W 혼합설계

2B 1W 혼합설계

만약 1기와 3기의 암 환자에게 두 종류의 서로 다른 치료약을 처방하고 이의 효과를 두 주 간격으로 네 번 측정하였다면 암이 진행된 시기와 치료약은 피험자 간 요인이 되고 네 번의 반복측정은 피험자 내 요인이 되는 2B 1W 혼합설계가 된다. 또한 소득계층에 따라 세 분류로 구분된 집단에서 남자 어린이와 여자 어린이를 각각 표집하여서 8살, 10살, 12살일 때의 신장을 측정하였다면 소득계층과 성별은 피험자 간 요인이 되고 세 번의 반복측정은 피험자 내 요인이 되는 2B 1W의 혼합설계(mixed design with two between-subjects factors and one within-subjects factor)가 된다.

수준이 각각 J와 K인 피험자 간 요인(between-subjects factor) A, B와 수준이 L인 피험자 내 요인(within-subjects factor) C가 있고, 각 피험자 간 요인 수준에서의 표본 수(피험자 수)가 n인 2B 1W 혼합설계의 자료구조는 다음 〈표 6.13〉과 같은 형태를 갖는다. 이 자료구조는 앞의 〈표 6.8〉에 제시된 1B 1W의 자료구조에 피험자 간 요인이 하나 더 추가된 형태를 가지고 있다.

〈표 6.13〉 2B 1W 혼합설계의 자료구조

			C_1	C_2	C_3	. . .	C_L
A_1	B_1	S_1	y_{1111}	y_{1112}	y_{1113}	. . .	y_{111L}
		S_2	y_{2111}	y_{2112}	y_{2113}	. . .	y_{211L}
		.	.	.	.	. . .	.
		S_n	y_{n111}	y_{n112}	y_{n113}	. . .	y_{n11L}
	. . .	. . .	. . .	. . .	. . .	. . .	. . .
	B_K	S_1	y_{11K1}	y_{11K2}	y_{11K3}	. . .	y_{11KL}
		S_2	y_{21K1}	y_{21K2}	y_{21K3}	. . .	y_{21KL}
		.	.	.	.	. . .	.
		S_n	y_{n1K1}	y_{n1K2}	y_{n1K3}	. . .	y_{n1KL}
. . .	. . .	. . .	. . .	. . .	. . .	. . .	. . .
A_J	B_1	S_1	y_{1J11}	y_{1J12}	y_{1J13}	. . .	y_{1J1L}
		S_2	y_{2J11}	y_{2J112}	y_{2J13}	. . .	y_{2J1L}
		.	.	.	.	. . .	.
		S_n	y_{nJ11}	y_{nJ2}	y_{nJ13}	. . .	y_{nJ1L}
	. . .	. . .	. . .	. . .	. . .	. . .	. . .
	B_K	S_1	y_{1JK1}	y_{1JK2}	y_{1JK3}	. . .	y_{1JKL}
		S_2	y_{2JK1}	y_{2JK2}	y_{2JK3}	. . .	y_{2JKL}
		.	.	.	.	. . .	.
		S_n	y_{nJK1}	y_{nJK2}	y_{nJK3}	. . .	y_{nJKL}

이와 같은 자료구조를 갖는 혼합설계는 다음의 선형모형으로 표현될 수 있다.

$$Y_{ijk} = \mu + \alpha_j + \beta_k + \alpha\beta_{jk} + \pi_{i(jk)} + \gamma_l + \alpha\gamma_{jl} + \beta\gamma_{kl} + \alpha\beta\gamma_{jkl} + \gamma\pi_{i(jk)l}$$

여기서, i=1, . . ., n

j=1, . . ., J

k=1, . . ., K

l=1, . . ., L

μ: 전체평균

α_j: 피험자 간 요인1(A)의 수준 j의 효과

β_k: 피험자 간 요인2(B)의 수준 k의 효과

$\alpha\beta_{jk}$: 피험자 간 요인1의 수준 j와 피험자 간 요인2의 수준 k의 상호작용

$\pi_{i(jk)}$πi(jk): 피험자(S(AB)) i의 효과

γ_l: 반복측정 요인(C)의 수준 l의 효과

$\alpha\gamma_{jl}$: 피험자 간 요인1의 수준 j와 반복측정 요인의 수준 l의 상호작용

$\beta\gamma_{kl}$: 피험자 간 요인2의 수준 k와 반복측정 요인의 수준 l의 상호작용

$\alpha\beta\gamma_{jkl}$: 피험자 간 요인1의 수준 j와 피험자 간 요인2의 수준 k, 반복측정 요인의 수준 l의 3차의 상호작용

$\beta\gamma\pi_{kli(j)}$: 반복측정 요인2의 수준 k, 반복측정 요인의 수준 l, 피험자 i의 3차의 상호작용

이 모형의 항들을 총 분산에 대한 분할의 형태로 표현하면 다음과 같다.

$$SS_T = SS_A + SS_B + SS_{AB} + SS_{S(AB)} + SS_C + SS_{AC} + SS_{BC} + SS_{ABC} + SS_{CS(AB)}$$

이때, $SS_T = \sum_{i=1}^{n}\sum_{j=1}^{J}\sum_{k=1}^{K}\sum_{l=1}^{L}(Y_{ijkl} - \overline{Y_{....}})^2$

$SS_A = \sum_i\sum_j\sum_k\sum_l(\overline{Y_{.j..}} - \overline{Y_{....}})^2$

$SS_B = \sum_i\sum_j\sum_k\sum_l(\overline{Y_{..k.}} - \overline{Y_{....}})^2$

$SS_{AB} = \sum_i\sum_j\sum_k\sum_l(\overline{Y_{.jk.}} - \overline{Y_{.j..}} - \overline{Y_{..k.}} + \overline{Y_{....}})^2$

$SS_{S(AB)} = \sum_i\sum_j\sum_k\sum_l(\overline{Y_{ijk.}} - \overline{Y_{.jk.}})^2$

$SS_C = \sum_i\sum_j\sum_k\sum_l(\overline{Y_{...l}} - \overline{Y_{....}})^2$

$SS_{AC} = \sum_i\sum_j\sum_k\sum_l(\overline{Y_{.j.l}} - \overline{Y_{.j..}} - \overline{Y_{...l}} + \overline{Y_{....}})^2$

$SS_{BC} = \sum_i\sum_j\sum_k\sum_l(\overline{Y_{..kl}} - \overline{Y_{..k.}} - \overline{Y_{...l}} + \overline{Y_{....}})^2$

$SS_{ABC} = \sum_i\sum_j\sum_k\sum_l(\overline{Y_{.jkl}} - \overline{Y_{.j..}} - \overline{Y_{..k.}} - \overline{Y_{...l}} + \overline{Y_{.jk.}} + \overline{Y_{.j.l}} - \overline{Y_{..kl}} + \overline{Y_{....}})^2$

$SS_{CS(AB)} = \sum_i\sum_j\sum_k\sum_l(Y_{ijkl} - \overline{Y_{ijk.}} - \overline{Y_{.ijl}} + \overline{Y_{ij..}})^2$

이에 따라 2B 1W 설계의 분산분석표는 다음 〈표 6.14〉와 같다. 2B 1W 혼합설계의 검정통계량에는 각 요인에 따라 분모에 $MS_{S(AB)}$와 $MS_{CS(AB)}$의 두 가지 평균제곱이 사용되고 있다.

〈표 6.14〉 2B 1W 혼합설계의 분산분석표

분산원	자유도	제곱합	평균제곱	F
피험자 간 요인				
A	J−1	SS_A	MS_A	$MS_A/MS_{S(AB)}$
B	K−1	SS_B	MS_B	$MS_B/MS_{S(AB)}$
AB	(J−1)(K−1)	SS_{AB}	MS_{AB}	$MS_{AB}/MS_{S(AB)}$
S(AB)	JK(n−1)	$SS_{S(AB)}$	$MS_{S(AB)}$	−
피험자 내 요인				
C	L−1	SS_C	MS_C	$MS_C/MS_{CS(AB)}$

분산원	자유도	제곱합	평균제곱	F
AC	(J−1)(L−1)	SS_{AC}	MS_{AC}	$MS_{AC}/MS_{CS(AB)}$
BC	(K−1)(L−1)	SS_{BC}	MS_{BC}	$MS_{BC}/MS_{CS(AB)}$
ABC	(J−1)(K−1)(L−1)	SS_{ABC}	MS_{ABC}	$MS_{ABC}/MS_{CS(AB)}$
CS(AB)	JK(L−1)(n−1)	$SS_{CS(AB)}$	$MS_{CS(AB)}$	-
Total	JKn−1	SS_{Total}		

8 분산분석표 작성의 기본 법칙

일원설계에는 한 개의 요인이 피험자 간 요인인 경우(1B)와 피험자 내 요인인 경우(1W)의 두 가지 종류가 있다. 또한 이원설계에는 두 개의 요인이 모두 피험자 간 요인인 경우(2B)와 모두 피험자 내 요인인 경우(2W), 그리고 피험자 간 요인과 피험자 내 요인이 하나씩 있는 경우(1B 1W)의 세 가지가 있다. 일원설계는 실험설계에 포함된 요인이 피험자 간 요인인 경우나 피험자 내 요인인 경우 모두 해당요인의 수준별 평균차이를 검정하는 것을 목적으로 한다. 또한 이원설계도 실험설계의 종류에 상관없이 설계에 포함되어 있는 주효과와 상호작용의 수준별 차이를 검정하는 것을 목적으로 한다. 그러나 이들 설계에 포함된 요인들의 자유도는 총 표본의 수가 동일한 경우에도 위에 제시된 바와 같이 설계에 따라 달라지며, 따라서 요인에 대한 검정의 검정력도 설계에 따라 달라진다.

여기서는 1B(피험자 간 요인 한 개를 가진 일원설계), 1W(피험자 내 요인 한 개를 가진 반복측정설계), 2B(피험자 간 요인 두 개를 가진 이원설계), 2W(피험자 내 요인 두 개를 가진 반복측정설계), 1B 1W(피험자 간 요인이 하나이고 피험자 내 요인이 하나인 혼합설계) 등의 다섯 종류의 설계에 대한 분산분석표 작성 규칙이 검토되었다. 설명을 단순화하기 위해서 모든 요인들이 변량요인(random factor)이고, 설계에 포함된 모든 요인들은 교차(crossed) 관계를 가지고 있으며, 오직 표본만 다른 요인에 내재(nested)되는 상황이 고려되었다. 피험자 간 요인의 자유도로는 J와 K, 피험자 내 요인의 자유도는 P와 Q가 사용되었으며, 한 개 이상의 피험자 간 요인이나 피험자 내 요인이 있는 경우에는 총 표본수를 나타내기 위하여 N이 사용되었다. 만약 설계에 피험자 내 요인만 있는 경우에는 표본수가 n으로 표현되었다.

1) 주효과 분산원

주효과 분산원

모든 요인의 주효과는 분산원이 된다. 만약 설계가 피험자 간 요인과 피험자 내 요인이 모두 포함되어 있는 혼합설계인 경우에는 분산분석표가 '피험자 간 요인'과 '피험자 내 요인'으로 구분되며 표본은 피험자 간 요인 부분에 기록된다. 다음 〈표 6.15〉에는 실험설계별 주효과 분산원이 수록되었다.

〈표 6.15〉 실험설계별 주효과 분산원

1B 설계	1W 설계	2B 설계	2W 설계	1B 1W 설계
A	A	A	A	피험자 간
S	S	B	B	A
		S	S	S
				피험자내
				B

2) 내재요인 분산원

내재요인 분산원

설계에 피험자 간 요인이 한 개 포함되어 있는 경우에는 표본은 피험자 간 요인에 내재되며, 피험자 간 요인이 두 개 이상 있는 경우에는 두 피험자 간 요인의 상호작용에 내재된다. 다음 〈표 6.16〉에는 실험설계별 내재요인 분산원이 수록되었다.

〈표 6.16〉 실험설계별 내재요인 분산원

1B 설계	1W 설계	2B 설계	2W 설계	1B 1W 설계
A	A	A	A	Between
S(A)	S	B	B	A
		S(AB)	S	S(A)
				Within
				B

3) 상호작용 분산원

상호작용 분산원

교차하는 요인들의 상호작용이 분산원에 포함된다. 피험자 간 요인과 피험자 내 요인이 있는 혼합모형의 경우에는 피험자 간 요인과 피험자 내 요인의 상호작용은 피험자 내 요인 부분에 기록된다. 또한 피험자와 피험자 내 요인간의 상호작용도 피험자 내 요인 부분에 기록된다. 내재요인은 내재하는 요인과 상호작용을 갖지 않는다. 다음 〈표 6.17〉에는 〈표 6.16〉의 분산원에 실험설계별 상호작용 분산원이 추가되었다.

〈표 6.17〉 실험설계별 상호작용 분산원

1B 설계	1W 설계	2B 설계	2W 설계	1B 1W 설계
A	A	A	A	Between
S(A)	S	B	B	A
	SA	AB	S	S(A)
		S(AB)	AB	Within
			SA	B
			SB	AB
				BS(A)

자유도

4) 자유도

각 분산원의 자유도를 결정하는 방식은 다음과 같다.

① 내재된 요인(nested factor)의 자유도는 전체 표본수에서 내재하는 요인(nesting factor)인 피험자 간 요인의 자유도를 뺀 값이 된다. 이때 피험자 간 요인의 자유도는 피험자 간 요인이 하나인 경우에는 해당 피험자 간 요인의 자유도가 되고, 피험자 간 요인이 여러 개인 경우에는 이들의 자유도의 곱이 된다.
② 내재된 요인을 제외한 모든 주효과의 자유도는 각 요인의 수준수에서 1을 뺀 값이 된다.
③ 상호작용의 자유도는 해당 요인들의 자유도의 곱이 된다.

다음 〈표 6.18〉에는 실험설계별 분산원의 자유도가 수록되었다.

〈표 6.18〉 실험설계별 분산원의 자유도

2B 설계		2W 설계		1B 1W 설계	
분산원	자유도	분산원	자유도	분산원	자유도
A	J−1	A	P−1	피험자 간	
B	K−1	SA	(n−1)(P−1)	A	(J−1)
AB	(J−1)(K−1)	B	Q−1	S(A)	(N−J)
S(AB)	N−JK	SB	(n−1)(Q−1)	피험자내	
		AB	(P−1)(Q−1)	B	(P−1)
		SAB	(n−1)(P−1)(Q−1)	AB	(J−1)(P−1)
		S	n−1	BS(A)	(N−J)(P−1)

5) 오차항

오차항

피험자 간 요인만이 포함된 분산원의 오차항으로는 피험자(표본, S) 요인의 평균제곱(MS)이 사용된다. 피험자 내 요인의 오차항으로는 해당 피험자 내 요인과 피험자 요인의 상호작용이 사용된다. 설계에 피험자 간 요인이 포함되어 있지 않은 경우에는 피험자 요인의 오차항은 설계에 포함된 모든 피험자 내 요인과 피험자 요인의 상호작용이 된다. 다음 〈표 6.19〉에는 실험설계별 각 분산원의 검정을 위한 F 통계량의 오차항이 수록되었다.

〈표 6.19〉 실험설계별 분산원의 검정을 위한 오차항

설계	분산원	자유도	F
2B 설계	A	J−1	$MS_A/MS_{S/AB}$
	B	K−1	$MS_B/MS_{S/AB}$
	AB	(J−1)(K−1)	$MS_{AB}/MS_{S/AB}$
	S(AB)	N−JK	−
2W 설계	A	P−1	MS_A/MS_{SA}
	SA	(n−1)(P−1)	−
	B	Q−1	MS_B/MS_{SB}
	SB	(n−1)(Q−1)	−
	AB	(P−1)(Q−1)	MS_{AB}/MS_{SAB}
	SAB	(n−1)(P−1)(Q−1)	−
	S	n−1	MS_S/MS_{SAB}
1B 1W 설계	피험자 간		
	A	J−1	$MS_A/MS_{S(A)}$
	S(A)	N−J	−
	피험자내		
	B	P−1	$MS_B/MS_{BS(A)}$
	AB	(J−1)(P−1)	$MS_{AB}/MS_{BS(A)}$
	BS(A)	(N−J)(P−1)	-

9 단일변량 분석법에 의한 혼합설계 자료의 분석

혼합설계는 반복측정설계와 달리 피험자 간 요인을 가지고 있기 때문에 단일변량 분석을 실시하기 위한 구형성 조건이 행렬로 표현된다. 여기서는 앞에서 설명된 구형성 조건의

검정방법과 혼합설계의 주효과와 상호작용의 검정을 위하여 여러 가지 조정상수를 사용한 단일변량 분석법에 대한 연구결과들이 소개된다.

구형성 조건

1) 구형성 조건

수준이 J인 피험자 간 요인이 포함되어 있는 혼합설계의 구형성 조건은 피험자 간 요인의 각 수준에서 분산-공분산행렬이 동일하며, 동일한 분산-공분산행렬 내에서 반복측정(B)의 모든 가능한 짝의 차이의 분산이 동일하다는 것이다. 피험자 간 요인이 포함됨으로써 구형성 조건에 모든 집단이 동일한 분산-공분산행렬을 가져야 한다는 조건이 하나 더 추가되었다. 집단별로 분산이 동일한지를 검정하기 위한 검정방법으로는 Hartley의 검정, Bartlett의 검정, Box의 검정 등이 있다. 혼합설계의 구형성 조건을 식으로 표현하면 다음과 같다.

① $\boldsymbol{\Sigma}_1 = \cdot \cdot \cdot = \boldsymbol{\Sigma}_J$

② $var(\overline{B}_k - \overline{B}_{k'}) = c, \quad \text{for } all \;\; k \neq k'$

여기서, c는 상수

그런데, 대부분의 경우에 있어서 반복측정설계나 혼합설계는 구형성의 조건을 만족하지 않는다(Rogan, Keselman, & Mendoza, 1979). 반복측정설계나 혼합설계에서 피험자 내 요인이 연속된 관측인 경우에는 인접한 관측값이 인접하지 않은 관측값보다 높은 상관을 갖게 된다(Huynh과 Feldt, 1970; Rogan, Keselman, & Mendoza, 1979). Box(1954)와 Imhof (1962)는 각각 반복측정설계와 혼합설계에서 구형성의 조건이 많이 위반될수록 피험자 내 요인에 대한 F 검정 통계량이 커진다는 것을 발견하였다.

자유도 조정상수

2) 자유도 조정상수

구형성의 조건이 위반될 때 F 검정 통계량의 자유도 조정상수인 ε을 추정하기 위한 일련의 연구들이 있었으며, 피험자 간 요인의 수준이 J, 피험자 내 요인의 수준이 K, 피험자의 수준이 n인 혼합설계(1B 1W)에서 Greenhouse와 Geisser(1959)와 Huynh과 Feldt(1976)는 구형성 가정이 만족되지 않을 경우에 F 검정의 일종오류가 증가하는 현상을 보정하기 위하여 자유도를 수정하는 조정상수를 유도하였다. 또한 Lecoutre(1991)는 Huynh과 Feldt(1976)

의 $\tilde{\epsilon}$에 있는 오류를 수정하여서 자유도 수정을 위한 상수 $\tilde{\epsilon}^*$을 제안하였다. Huynh과 Feldt(1976)(H-F)의 조정상수 $\tilde{\epsilon}$과 Greenhouse와 Geisser(1959)(G-G)의 조정상수 $\hat{\epsilon}$의 관계식과 Lecoutre(1991)가 수정한 Huynh과 Feldt(1976)의 조정상수 $\tilde{\epsilon}^*$와 Greenhouse와 Geisser(1959)의 조정상수 $\hat{\epsilon}$의 관계식은 각각 다음과 같다.

$$\tilde{\epsilon} = \frac{n(K-1)\hat{\epsilon} - 2}{(K-1)[(n-J)-(K-1)\hat{\epsilon}]}$$

$$\tilde{\epsilon}^* = \frac{(n-J+1)(K-1)\hat{\epsilon} - 2}{(K-1)[(n-J)-(K-1)\hat{\epsilon}]}$$

이 식은 앞에 제시된 Greenhouse와 Geisser(1959)의 조정상수 $\hat{\epsilon}$와 Huynh과 Feldt(1976)의 조정상수 $\tilde{\epsilon}$의 관계식에 피험자 간 요인의 수준 J가 포함된 관계식이다. 또한 Lecoutre(1991)가 수정한 Huynh과 Feldt(1976)의 조정상수 $\tilde{\epsilon}^*$는 반복측정설계, 즉, 피험자 간 요인의 수준이 1인 J=1의 상황에서는 원래의 Huynh과 Feldt(1976)의 조정상수 $\tilde{\epsilon}$과 동일해 진다. 한편, Huynh(1978)은 분산-공분산행렬의 이질성을 고려하여 각각 Greenhouse와 Geisser(1959)의 조정상수와 Huynh과 Feldt(1970)의 조정상수를 다시 수정한 일반근사(General Approximation, GA) 검정법과 향상된 일반근사(Improved General Approximation, IGA) 검정법을 제안했다. Algina(1994)는 Lecoutre(1991)의 결과를 이용하여 수정된 향상 일반근사(Corrected Improved General Approximation, CIGA) 검정법을 제안하였다.

3) 단일변량 분석법의 자유도 조정상수 관련연구

단일변량 분석법의 자유도 조정상수 관련연구

(1) 주효과에 대한 검정

Wilcox(1993)는 반복측정설계(1W)에서 구형성 가정과 정규분포의 가정이 위반되었을 때, $\tilde{\epsilon}$ 수정 F 검정($\tilde{\epsilon}$)과, 절사평균과 윈저화분산(Winsorized variance)을 이용한 $\tilde{\epsilon}$ 수정 F 검정($\tilde{\epsilon}_T$)의 일종오류와 검정력을 비교하였다. 모의실험의 결과 두 방법 모두 일종오류를 잘 관리하였으며 $\tilde{\epsilon}$와 $\tilde{\epsilon}_T$는 거의 유사한 일종오류를 갖는 것으로 나타났으나 $\tilde{\epsilon}_T$는 $\tilde{\epsilon}$에 비하여 실질 일종오류가 명목 일종오류를 넘어서는 경향이 감소하는 것으로 보고되었다. Keselman과 Keselman(1990)은 1B 1W 혼합설계에서 피험자 간 요인의 분산-공분산행렬 이분산성의 영향을 조사하였다. 균형설계와 불균형설계인 상황에서 $\hat{\epsilon}$ 수정 F 검정, $\tilde{\epsilon}$ 수정 F 검정, Maxwell과 Arvey(1982)의 $\tilde{\epsilon}$ 수정 F 검정 등 세 가지 조정상수를 사용한 F 검정 방법들이 비교되었는데 연구의 결과는 집단간 분산–공분산행렬의 이분산성은 표본수의 차이에 상관없이 일종오류의 크기에 영향을 미치지 않는 것으로 나타났다.

Kim(1997a)은 절사평균을 이용하여 F 검정을 변형한 검정법(F_T), 절사평균을 이용하여 $\tilde{\epsilon}$수정 검정을 변형한 검정법($\tilde{\epsilon}_T$), CIGA검정법, 절사평균을 이용하여 CIGA검정을 변형한 검정법($CIGA_T$)의 네 가지 검정법들의 피험자 내 요인의 검정의 강인성(robustness, 항내성)을 비교하였다. 연구의 결과는 F_T나 $\tilde{\epsilon}_T$가 일종오류가 커지는 현상을 많이 완화시켰으며 CIGA와 CIGA는 일종오류를 잘 관리하는 것으로 나타났다. 그러나 F_T나 $\tilde{\epsilon}_T$는 집단간 이분산성과 집단간 표본수의 차이가 함께 있을 때는 일종오류를 잘 통제하지 못하는 것으로 나타났다.

Algina와 Oshima(1995)는 구형성 가정이 위반되었을 때 반복측정 주효과에 대한 가설을 검정하는 검정법들을 비교하였는데, 이들의 연구결과는 $\tilde{\epsilon}$ 수정 검정법이 IGA검정과 CIGA 검정만큼 일종오류를 잘 관리하는 것으로 나타났다. Kim(1997b)은 1B 1W 혼합설계에서 F 검정, $\tilde{\epsilon}$ 수정 F 검정, 그리고 CIGA검정의 일종오류와 검정력을 조사하였다. Kim(1997b)은 Algina와 Oshima(1995)와는 달리 $\tilde{\epsilon}$ 수정 검정법이 일종오류를 잘 관리하지 못하는 반면에 CIGA 검정법이 일종오류를 적절하게 관리하며 검정력도 가장 높은 것으로 보고하였다. Kim(1997b)의 연구에서는 Algina와 Oshima(1995)보다 광범위한 실험조건에서 검정법들이 비교되었는데 이러한 결론의 차이는 Kim(1997b)의 실험조건에 포함된 이분산성과 집단간 표본수 차이가 더 컸기 때문인 것으로 해석되었다.

(2) 상호작용에 대한 검정

혼합설계에서 단일변량 분석법을 사용한 상호작용 검정의 강인성에 대한 연구는 지금까지 거의 실시된 바가 없다. 또 김현철(1998)은 1B 1W 혼합설계에서 구형성 조건이 만족되지 않을 때 절사평균을 사용하여 변형된 검정법들인 F 검정, 절사평균을 사용한 F 검정(F_T), $\tilde{\epsilon}$ 수정 F 검정($\tilde{\epsilon}$), 절사평균을 사용한 $\tilde{\epsilon}$ 수정 F 검정($\tilde{\epsilon}_T$), CIGA검정(CIGA), 절사평균을 사용한 CIGA검정($CIGA_T$) 등의 여섯 가지 검정법들의 상호작용 검정에 대한 검정력을 비교하였다. 연구의 결과는 CIGA와 $CIGA_T$의 검정력이 큰 것으로 나타났다. 김현철(1999)은 1B 1W 혼합설계에서 구형성 조건이 만족되지 않을 때 여러 검정법들의 상호작용 검정의 일종오차를 비교하였다. 비교된 검정법들은 F 검정, $\tilde{\epsilon}$ 수정 F 검정, CIGA검정이었다. 연구결과는 CIGA검정은 일종오차를 잘 관리하나, 전통적인 F 검정이나 $\tilde{\epsilon}$ 수정 F 검정은 피험자의 수와 분산의 크기가 집단별로 서로 다른 실험조건에서 실질 일종오차 수준과 명목 일종오차 수준간에 커다란 차이가 있는 것으로 나타났다.

10 다변량 분석법에 의한 혼합설계 자료의 분석

집단의 수가 하나 또는 둘인 경우에는 단일변량일 때 사용하는 t 통계량을 일반화시킨 Hotelling의 T^2통계량을 사용하고, 혼합설계에서 집단의 수가 셋 이상일 때에는 T^2 통계량을 일반화시킨 통계량들로서 다변량 일반선형모형(multivariate general linear model)의 통계량을 사용한다. p개의 종속변수가 있으며 각각의 종속변수는 k개의 설명변수를 가지고 있고 관측 자료의 수가 n인 모형은 다음과 같은 식으로 나타낼 수 있다. 이때 Y는 n × p, X는 n × k, β는 k × p의 차원을 갖는다.

$$\boldsymbol{Y} = \boldsymbol{X\beta} + \boldsymbol{\epsilon}$$

p개의 모형은 각각 검정될 수도 있지만 이들 종속변수의 결합을 검정할 수도 있는데 이를 모두 포함한 다변량 일반선형 가설은 다음과 같이 표현된다. 이때 L은 독립변수의 선형함수이며, β는 모수행렬, M은 종속변수의 선형함수이다.

$$H_0: \ \boldsymbol{L\beta M} = \boldsymbol{0}$$

PROC GLM에서 수행하는 모든 다변량 분석은 단일변량 F 검정의 분자와 분모에 해당하는 다음과 같은 H 행렬과 E 행렬의 구성으로 시작된다.

$$\boldsymbol{H} = \boldsymbol{M}'(\boldsymbol{LB})'(\boldsymbol{L}(\boldsymbol{X}'\boldsymbol{X})^{-1}\boldsymbol{L}')^{-1}(\boldsymbol{LB})\boldsymbol{M}$$
$$\boldsymbol{E} = \boldsymbol{M}'(\boldsymbol{Y}'\boldsymbol{Y} - \boldsymbol{B}'(\boldsymbol{X}'\boldsymbol{X})\boldsymbol{B})\boldsymbol{M}$$

H 행렬과 E 행렬의 대각행렬은 단일변량 검정의 가설과 이의 오차 제곱합(sum of squares)에 해당한다. 따라서 M 행렬이 단위행렬(identity matrix, 항등행렬)인 경우에는 이 검정은 모형의 등호 왼쪽에 있는 원래의 종속변수에 대한 검정이 되며, M 행렬이 단위행렬이

아닌 경우에는 M 행렬의 열(columns)에 의해서 정의되는 변환변수에 대한 검정이 된다.

$E^{-1}H$ 또는$(E+H)^{-1}H$의 고유값(eigenvalues)을 사용하는 통계량으로 다음과 같은 네 종류가 있다. λ_i는 $E^{-1}H$의 치수를 가진(ordered) 고유값이며(역행렬이 존재하는 경우의), ξ_i는 $(E+H)^{-1}H$의 치수를 가진(ordered) 고유값이다. 이때 이들은 $\xi_i=\lambda_i/(1+\lambda_i)$과 $\lambda_i=\xi_i/(1-\xi_i)$의 관계를 가지며 $\rho_i=\sqrt{\xi_i}$ 는 i번째 정준상관이 된다. (H+E)의 rank를 p라 하고(이때 p는 M의 열의 수보다 작거나 같다.) $L(X'X)^{-1}L'$의 rank를 q라 하며 오차의 자유도를 v라고 하자. 또한 s=min(p, q), m=0.5(|p−q|−1), n=0.5(v−p−1)로 정의하면 다음의 통계량들은 근사 F 통계량이 된다. 이들 네 종류의 통계량은 모두 Hotelling의 T^2 통계량의 특수한 형태이며, 반복측정 요인이 두 개의 수준만을 가지고 있을 때는(즉, 자유도가 1일 때는) 이들은 모두 F 통계량이 되어서 단일변량 분석과 다변량 분석은 같은 결과를 얻게 된다. 이들 통계량의 기각역은 Pillai(1960)에 수록되어 있다.

Wilks의 Lambda

1) Wilks의 Lambda

Wilks의 Lambda와 이로부터 유도된 F는 다음과 같다. 이때 F는 자유도가 pq와 rt−2u인 근사 F 분포(approximately F distribution)를 가진다. 이 분포는 $\min(p,q) \le 2$인 조건에서는 정확한 F 분포가 된다(Rao, 1973, p.556).

$$\Lambda = \det(\boldsymbol{E})/\det(\boldsymbol{H}+\boldsymbol{E}) = \Pi/(1+\lambda_i) = \Pi(1-\xi_i)$$

$$F = (1-\Delta^{1/t})/(\Delta^{1/t})(rt-2u)/pq$$

여기서, $r = v-(p-q+1)/2$

$u = (pq-2)/4$

$$t = \begin{cases} \sqrt{(p^2q^2-4)}/(p^2+q^2-5), & \text{if}(p^2+q^2-5)>0 \\ 1, & \text{if}(p^2+q^2-5)\le 0 \end{cases}$$

Pillai의 Trace

2) Pillai의 Trace

Pillai의 Trace와 이로부터 유도된 F는 다음과 같다. 이때 F는 자유도가 s(2m+2+1)와 s(2n+s+1)인 근사 F 분포를 가진다.

$$V = trace(\boldsymbol{H}(\boldsymbol{H}+\boldsymbol{E})^{-1}) = \sum\lambda_i/(1+\lambda_i) = \sum\xi_i$$

$$F = (2n+s+1)/(2m+s+1)v/(s-v)$$

3) Hotelling-Lawley Trace

Hotelling-Lawley Trace

Hotelling-Lawley Trace와 이로부터 유도된 F는 다음과 같다. 이때 F는 자유도가 s(2m+s+1)와 2(sn+1)인 근사 F 분포를 가진다.

$$U = trace(\boldsymbol{E}^{-1}\boldsymbol{H}) = \sum \lambda_i = \sum \xi_i / (1 - \xi_i)$$

$$F = 2(sn+1)U / (s^2(2m+s+1))$$

4) Roy의 Maximum Root(또는 Largest Root)

Roy의 Maximum Root

Roy의 Maximum Root(또는 Largest Root)와 이로부터 유도된 F는 다음과 같다.

$$\Theta = \lambda_1$$

$$F = \Theta(v - r - 1)/r$$

여기서, r=max(p, q)

11 혼합설계의 사후검정

혼합설계의 피험자 간 요인이나 피험자 내 요인 또는 이들의 상호작용에 대한 F 검정의 결과는 해당요인이 서로 유의한 차이를 가지고 있는지에 대한 검정이다. 그러나 이 검정의 결과는 해당요인의 어느 수준(level)간에 유의한 차이가 있는지를 알려주지는 않는다. 따라서 피험자 간 요인 또는 피험자 내 요인의 전체 수준에 대한 F 검정(onmibus F test)이 실시되고 이 F 검정의 결과가 유의하게 나온 경우에는 요인의 어느 수준의 평균이 다른 수준의 평균들과 차이가 있는지에 대하여 다중비교(multiple comparison; MPC)에 의한 사후검정(post hoc)이 실시되어야 한다. 요인의 수준간 평균차이에 대한 다중비교의 방법은 양자간 비교(pairwise comparison)와 대비(contrast)에 의한 검정방법으로 크게 나눌 수 있으며 양자간 비교의 방법은 모든 가능한 수준의 짝 간의 비교와 한 개의 수준(control)과 나머지 모든 수준들과의 비교로 나눌 수 있다.

모든 가능한 수준의 짝 간의 비교

1) 모든 가능한 수준의 짝 간의 비교

(1) t 검정

요인의 수준 i와 j에 대한 양자간 비교의 가장 간단한 방법은 다음과 같은 기각역의 t 검정을 사용하는 방법이다. 이때 α는 유의수준, ν는 자유도를 나타낸다.

$$| t_{ij} | \geq t(\alpha, \ \nu)$$

요인의 수준별 표본수가 n으로 동일하다면 이를 각 요인의 수준별 평균과 오차 평균제곱(MSE)의 제곱근(s)을 사용해서 표현하면 다음과 같으며, 이때 부등호의 오른쪽 부분은 Fisher의 LSD(least significant difference; 최소유의차)라고 불린다.

$$| \bar{y}_i - \bar{y}_j | \geq t(\alpha; \ \nu)s\sqrt{\frac{2}{n}}$$

(2) Bonferroni의 다중비교

Fisher의 LSD(least significant difference)는 요인의 모든 수준에 대한 전체적인 F 검정을 실시하고 F 검정의 결과가 유의하게 나타난 경우에 한해서 모든 가능한 수준의 짝에 대해서 t 검정을 실시하는 방법이다. 그러나 이 방법은 수준의 수가 3 이상인 경우에는 실험의 일종오류를 크게 증가시키는 방법이 된다(Einot & Gabriel, 1975). 각 수준간 비교가 독립적이지 않기 때문에 정확한 확률을 계산하는 것은 어렵지만 유의수준이 0.05이고 요인의 수준이 10이라면 실험전체의 다중비교에 대한 일종오류는 $1-(1-0.05)^{10}=0.9$로 약 90%의 커다란 값을 갖게 된다.

전체적인 F 검정과 다중비교를 실시하는데 관련된 일종오류에는 다음과 같은 두 가지가 있으며 F 검정(omnibus F test)의 일종오류는 실험전체의 일종오류이다.

① CER(comparisonwise error rate, 비교간 일종오류)
② EERC(experimentwise error rate under the complete null hypothesis, 실험전체의 일종오류)

요인의 수준이 늘어남에 따른 실험전체 다중비교의 일종오류를 통제하는 방법으로는 본페로니 방식(Miller, 1981)이 많이 사용된다. 본페로니 방식은 비교의 횟수로 실험전체의 목표 일종오류 α(EERC)를 나눈 값으로 각 비교간 일종오류(CER)의 크기를 설정하는 방법이다. 만약 수준의 수가 k라고 한다면 모든 가능한 수준 짝간의 비교 횟수 c는 k(k-1)/2가 되므로 각 비교간 일종오류수준과 수준 i와 수준 j에 대한 Bonferroni 다중비교 방법의 기각역은 다음과 같이 된다.

$$CER = \frac{\alpha}{c} = \frac{2\alpha}{k(k-1)}$$

$$|\, t_{ij} \,| \geq t(\epsilon;\ \nu)$$

여기서, ϵ=CER, ν는 자유도

한편 Sidak(1967)은 실험전체의 일종오류를 통제하기 위하여 다음과 같이 좀 더 정밀한 실험전체의 일종오류(EERC) α와 비교간 일종오류(CER)의 관계식을 제안하였다.

$$CER = 1-(1-\alpha)^{1/c} = 1-(1-\alpha)^{\frac{k(k-1)}{2}}$$

(3) Scheffe의 다중비교

Scheffe(1953, 1959)는 양자간 비교만이 아니라 양자간 비교를 포함한 모든 대비(contrast)에 대하여 실험전체의 일종오류를 통제하는 방식을 제안하였다. Scheffe의 다중비교는 다음의 기각역을 가지며 이때 $F(\alpha;\ k-1,\ \nu)$는 유의수준 α, 분자의 자유도가 k-1, 분모의 자유도가 ν인 F 분포이다.

$$|\, t_{ij} \,| \geq \sqrt{(k-1)F(\alpha;\ k-1, \nu)}$$

다른 다중비교 방식들이 전체적인 F 검정(omnibus F test)의 결과가 유의하지 않게 나온 경우에도 다중비교 결과가 유의한 경우가 있는 반면에 Scheffe의 다중비교 방법은 F 검정이 유의하지 않게 나온 경우에는 다중비교의 결과가 유의하게 나오지 않는다. 따라서 다른 다중비교 방법들은 F 검정과 함께 사용될 때 검정력의 손실이 있으나 Scheffe의 다중비교 방식은 검정력의 손실이 발생하지 않는다. 그러나 Scheffe의 다중비교 방법은 다른 방법들에 비해서 검정력이 가장 낮은 방법이다. 검정력

(4) Tukey의 다중비교

Tukey(1952, 1953)는 studentized range 분포를 사용한 양자간 비교방법을 제안하였으며 이 방법은 흔히 HSD(honestly significant difference) 검정이라고 불린다. 이 방법은 비교되는 수준의 표본크기가 동일한 경우에는 실험전체의 일종오류를 잘 통제하는 방법이며, 후에 Tukey(1953)와 Kramer(1956)가 표본크기가 다른 경우에도 사용할 수 있는 방법을 각각 독립적으로 제안하여서 SAS에서는 이들의 방법이 MEANS문의 선택사양 TUKEY에 사용된다. Tukey-Kramer의 방법은 양자간 비교의 상황에서 Bonferroni, Sidak 또는 Scheffe의 방법보다 높은 검정력을 갖는다. Tukey와 Kramer의 다중비교 방법은 다음의 기각역을 갖는다.

$$|t_{ij}| \geq q(\alpha;\ k,\ \nu)$$

이때 q는 정규분포를 하는 k개의 독립적인 비교가 있고, 유의수준이 α, 자유도가 ν인 studentized range 분포이다. 이는 요인의 수준별 표본수가 n으로 동일하다면 각 요인의 수준별 평균과 오차 평균제곱(MSE)의 제곱근(s)을 사용해서 다음과 같이 표현된다.

$$|\overline{y_i} - \overline{y_j}| \geq q_{\alpha,\ k,\ \nu}\sqrt{s/n}$$

(5) Hochberg의 다중비교

Hochberg(1974)는 Tukey의 다중비교와 비슷하지만 Tukey에서 사용되는 studentized range 분포 대신에 studentized maximum modulus 분포와 Sidak(1967)의 비교별 일종오류 계산법을 사용하는 방법을 제안하였다. 이 방법은 요인의 수준간 표본수가 다른 경우에도 일종오류를 잘 통제하지만 Tukey-Kramer 방법보다 검정력이 약한 것으로 알려져 있다. Hochberg의 다중비교 방법은 다음의 기각역을 갖는다. 이때 m은 $c = k(k-1)/2$개의 독립적인 비교가 있고 유의수준이 α, 자유도가 ν인 studentized maximum modulus 분포이다.

$$|t_{ij}| \geq m(\alpha;\ c, \nu)$$

(6) Gabriel의 다중비교

Gabriel(1978)은 studentized maximum modulus 분포를 사용하는 또 다른 다중비교 방법을 제안하였다. Gabriel 다중비교 방법의 기각역은 다음과 같다.

$$\frac{|\bar{y}_i - \bar{y}_j|}{s\left(\frac{1}{\sqrt{2n_i}} + \frac{1}{\sqrt{2n_j}}\right)} \geq m(\alpha;\ k,\ \nu)$$

2) 통제와 나머지 수준간의 비교인 Dunnett의 다중비교

통제와 나머지 수준간의 비교인 Dunnett의 다중비교

양자간 비교의 특수한 상황으로 요인의 수준별 평균들과 한 개의 통제집단 수준의 평균만이 비교되는 경우가 있다. 이러한 상황에서는 실험전체의 비교의 횟수가 줄어들기 때문에 비교의 검정력이 좋아지게 된다. Dunnett(1955)은 이러한 경우에 사용될 수 있는 방법으로 다음의 기각역을 갖는 다중비교 방법을 제안하였다. $d(\alpha;\ k,\ \nu,\ \rho_1,\ \rho_2,\ \ldots,\ \rho_{k-1})$는 k개 수준의 평균을 한 개 수준의 평균과 비교하는 다대일 t 검정통계량(many-to-one t statistic)으로서 자유도는 ν이고 각각의 상관관계는 $\rho_i = n_i / (n_0 + n_i)$가 된다(Miller 1981; Krishnaiah & Armitage, 1966).

$$|t_{i0}| \geq d(\alpha;\ k,\ \nu,\ \rho_1, \rho_2, \ldots, \rho_{k-1})$$

3) 다단계 다중비교(multiple-stage test; MST)

다단계 다중비교

다단계 다중비교 방법에는 상향식과 하향식이 있는데(Welsch 1977) 하향식 다중비교는 모든 수준 k의 평균들간에 유의한 차이가 있는지를 유의수준 γ_k에서 검정하여서 만약 유의한 차이가 없는 것으로 나타나면 검정을 중단하고 만약 유의한 차이가 있는 것으로 나타나면 이 중에서 k-1개씩을 묶어서 유의수준 γ_{k-1}에서 다시 검정을 실시한다. 이 중에서 다시 유의한 차이가 있는 것으로 나타난 비교에서 k-2개씩을 묶어서 유의수준 γ_{k-2}에서 검정을 실시하는 등과 같이 점차 비교의 수준 수를 줄여가며 다중비교를 실시하는 방법이다. 상향식 다중비교는 처음에는 모든 가능한 수준간의 짝에 대한 검정을 실시하고 유의한 짝이 있는 경우에는 점차 비교의 수준 수를 늘여가며 다중비교를 실시하는 방법이다. 다단계 다중비교 방식을 사용하는 다중비교 방법에는 Duncan의 방법과 Student-Newman-

Keuls의 방법, REGWQ 방법, Welsch의 방법 등이 있다.

(1) Duncan과 Student-Newman-Keuls의 다중비교

Duncan과 Student-Newman-Keuls의 다중비교 방법은 모두 Tukey의 다중비교 방법과 같이 studentized range 분포를 사용한다는 공통점이 있는데, 두 방법의 차이점은 Duncan의 다중비교 방법이 각 단계별 유의수준으로 $\gamma_p = 1-(1-\alpha)^{p-1}$을 사용하는데 반하여 Student-Newman-Keuls의 다중비교방법(SNK)은 모든 단계에서 실험전체의 유의수준인 α를 사용한다는 점이다. Duncan의 다중비교 방법은 Tukey의 다중비교 방법보다 높은 검정력을 갖기는 하지만 일종오류도 역시 크다는 단점이 있다(Einot & Gabriel, 1975). 또한 SNK는 요인의 수준수가 많아지면 실험전체의 일종오류가 기하급수적으로 커진다는 단점이 있다.

(2) REGWQ 다중비교

또 다른 단계별 다중비교 방법으로는 Ryan(1959, 1960)과 Einot과 Gabriel(1975), 그리고 Welsch(1977)가 제안하여서 이들의 이름 첫 글자를 따서 REGWQ 다중비교 방법이라고 불리는 방법이 있다. 만약 요인의 각 수준별 평균이 큰 값부터 작은 값으로 $\overline{y_1} \cdot\cdot\ \overline{y_i} \cdot\cdot\ \overline{y_j} \cdot\cdot\ \overline{y_k}$(i 〈 j)의 순서로 배열되었다면 REGWQ 다중비교 방법은 각각 다음의 유의수준과 기각역을 갖는다. REGWQ 다중비교 방법은 지금까지 개발된 다단계 다중비교 방법 중에서 가장 검정력이 큰 방법인 것으로 알려지고 있다.

$$\gamma_p = \begin{cases} 1-(1-\alpha)^{p/k}, & \text{if } p < k-1 \\ \alpha, & \text{if } p \geq k-1 \end{cases}$$

여기서, p=j−i+1

$$\bar{y}_i - \bar{y}_j \geq q(\gamma_p;\ p,\ \nu)\frac{s}{\sqrt{n}}$$

이상의 다중비교 방법들을 종합적으로 살펴보면 만약 요인의 수준간 평균차이를 비교하는 것이 주요 목적이고 실험 전체의 일종오류가 커다란 문제가 아닌 경우에는 t 검정을 반복적으로 사용하거나 Fisher의 LSD 방법을 사용할 수 있다. 만약 양자간의 비교가 주요 관심사라면 Tukey의 검정이 가장 큰 검정력을 제공하며, 통제와의 비교가 주요 관심사라면

Dunnett의 검정을 사용할 수 있다. Maxwell(1980)은 혼합설계에서 반복측정설계의 구형성 가정이 만족되지 않는 경우의 사후검정 방법으로 자유도 조정상수를 기준으로 $\epsilon \geq 0.7$의 조건에서는 Tukey의 다중비교 방법의 사용을 추천하였고 $\epsilon < 0.7$의 조건에서는 Bonferroni의 다중비교 방법을 사용할 것을 추천하였다.

다중비교의 결과를 해석할 때 한 가지 주의할 점은, 예를 들면, 세 개의 평균을 다중비교할 때 가장 큰 값과 중간값, 중간값과 가장 작은 값간에는 유의한 차이가 없어도 가장 큰 값과 가장 작은 값간에는 유의한 차이가 있을 수 있다는 것이다. 또 한 가지는 네 개의 평균을 다중비교할 때 만약 평균이 제일 큰 집단과 제일 작은 집단의 표본수는 극단적으로 작고, 평균이 두 번째로 큰 집단과 세 번째로 큰 집단의 표본수는 아주 큰 경우에는 다중비교의 결과가 평균이 제일 큰 집단과 평균이 제일 작은 집단간에는 유의한 차이가 없고, 평균이 두 번째로 큰 집단과 세 번째로 큰 집단간에는 유의한 차이가 있는 것으로 나타날 수도 있다는 것이다.

4) 피험자 내 요인의 다중비교

피험자 내 요인의 다중비교

구형성 조건이 만족되지 않는 반복측정설계 혹은 혼합설계에서 피험자 내 요인의 다중비교를 위한 방법에 대한 연구들은 지금까지 많이 수행되지 아니하였다. Kim(1997c)은 표본이 추출된 모집단의 분포, 구형성 조건의 위반 정도, 이분산성의 정도, 집단별 표본 크기, 집단별 표본 크기의 비율 등의 다섯 가지 요인을 고려한 모의실험에서 피험자 내 요인의 사후검정에 Bonferroni의 다중비교 방법, Shaffer의 다단계 다중비교 방법, Welsch의 다단계 다중비교 방법 등 세 가지의 기존 다중비교 방법들과, 자료의 20% 절사(trimming)에 의하여 이들을 변형한 새로운 방법들 여덟 가지 등 총 열한가지의 다중비교 방법들을 사용하고 그 결과를 비교하였다. Shaffer의 다단계 다중비교 방법은 전체 수준에 대한 F 검정(omnibus F test) 이후에 비교의 숫자에 따라 유의수준을 바꾸는 수정된 본페로니(modified Bonferroni) 방법을 사용하여 검정을 실시하는 방법이며, Welsch의 다중비교 방법은 상향식 다단계 검정방법이다. 자료의 절사방법이 시도된 이유는 기존 다중비교 방법들의 검정력이 꼬리가 긴 분포(long tailed distribution)에서 특별히 낮을 뿐만 아니라 교육학 관련 자료들은 꼬리가 긴 분포가 많은 것으로 보고되고 있기 때문이다. 비교된 열한 가지의 다중비교 방법들은 다음과 같다.

절사평균

Welsch의 다중비교

① Bonferroni 다중비교 방법(B)

② 절사자료에 대한 Bonferroni 다중비교 방법(B_{RT})

③ 쌍을 이루는 자료간의 차이점수를 계산하고 이 차이점수의 절사자료에 대한 Bonferroni 다중비교 방법(B_{DT})

④ $\tilde{\epsilon}$ 수정 F 검정을 사용하는 Schaffer의 방법($S(\tilde{\epsilon})$)

⑤ 절사자료에 대하여 $\tilde{\epsilon}$ 수정 F 검정을 사용하는 방법($S(\tilde{\epsilon})_{RT}$)

⑥ 쌍을 이루는 자료간의 차이점수를 계산하고 이 차이점수의 절사자료에 대한 $\tilde{\epsilon}$ 수정 F 검정을 사용하는 방법($S(\tilde{\epsilon})_{DT}$)

⑦ F 검정 대신 CIGA(corrected improved general approximation) 검정을 사용하는 Schaffer의 방법(S(C))

⑧ 절사자료에 대하여 CIGA 검정법을 사용한 방법($S(C)_{RT}$)

⑨ 쌍을 이루는 자료간의 차이점수를 계산하고 이 차이점수의 절사자료에 대하여 CIGA 검정법을 사용하는 방법($S(C)_{DT}$)

⑩ Welsch의 상향식 다단계 다중비교 방법(W)

⑪ 절사자료에 대한 Welsch의 상향식 다단계 다중비교 방법(W_{RT})

연구의 결과는 Bonferroni 다중비교 방법들과 이를 변형한 방법들, 그리고 Schaffer와 이를 변형한 방법들은 구형성 조건의 위반을 나타내는 ε값이 작아질수록 실제 일종오류의 크기가 명목 일종오류의 크기보다 많이 축소되어 비교가 엄격(conservative)해졌으나 Welsch와 Welsch를 변형한 다중비교 방법에서는 이러한 현상이 나타나지 않았고, 특별히 절사자료에 의한 Welsch의 다중비교 방법은 자료가 정규분포에서 많이 이탈되는 조건에서도 실제 일종오류의 수준을 명목 일종오류의 수준과 근사하게 유지하였다.

또한 Kim(1997d)은 위의 방법들 중에서 ① B, ④ $S(\tilde{\epsilon})$, ⑦ S(C), 그리고 ⑩ W 등 네 가지 다중 비교 방법들의 검정력을 비교하였는데 연구의 결과는 Welsch의 다중비교 방법이 다른 방법들보다 월등히 높은 검정력을 가지는 것으로 나타났다. 이 두 연구의 결과를 종합해 보면 피험자 내 요인의 다중비교에서 일종오류를 통제하는 것이 중요한 경우에는 Bonferroni의 다중비교 방법이 적절하며 높은 검정력을 가지는 것이 중요한 경우에는 Welsch의 다중비교 방법을 사용하는 것이 적절할 것으로 보인다.

12 반복측정 자료의 분석방법들

앞에서 살펴본 바와 같이 반복측정설계나 혼합설계는 실험에 참여한 표본을 각각 하나의 블럭으로 처리함으로써 표본의 개인차를 제거할 수 있는 효과적인 설계이다. 그런데 이러한 반복측정 자료가 있는 반복측정설계나 혼합설계의 자료를 분석하는 방법으로는 지금까지 설명된 방법 이외의 다른 방법들이 사용되기도 한다. 여기에서는 지금까지 설명된 방법 이 외에 반복측정 자료의 분석에 사용되는 다른 분석방법들을 살펴보고, 지금까지 설명된 방법들과 이들을 비교해 본다.

1) 차이점수 분석과 공분산분석

차이점수 분석과 공분산분석

피험자 내 요인이 두 개의 수준만을 가지고 있을 때 반복측정 자료의 분석에 사용될 수 있는 방법으로는 차이점수 분석(gain score analysis)과 공분산분석(analysis of covariance; ANCOVA) 방법이 있다. 차이점수 분석에서는 각 피험자의 사후검사 점수와 사전검사 점수의 차에 의해서 차이점수(gain score, 획득점수)라는 새로운 변수를 생성하고 이를 분석한다. 이 분석방법은 2장의 종속적인 두 개의 집단을 갖는 설계'에서 두 점수의 차이점수를 생성하고 생성된 차이점수의 평균이 0이라는 가설을 검정하였던 것과 동일한 방법이다. 차이점수 분석은 처치와 사전검사 점수간의 상호관계가 모형에 고려되지 않는다는 단점을 갖는다. 차이점수 분석은 공분산분석에 사용되는 공변인인 사전점점수의 계수를 추정하지 않고 1로 고정한 것과 같은 결과를 산출한다.

공변인

사전검사 점수를 공변인(covariate)으로 하고 사후검사 점수를 종속변수로 하는 공분산분석은 사후검사에 대한 일원분산분석에 사전검사 점수를 선형회귀의 형태로 포함시키는 분석방법이다. 이 방법은 사전검사 점수가 집단간에는 차이가 없더라도 각 집단에 속한 개인의 사전검사 점수를 모형에 포함시킴으로써 사전검사 점수와 사후검사 점수의 상관관계 정보를 이용하여 피험자 간 요인의 수준별 차이에 대한 일원분산분석의 정확성을 높이는 방법이다.

2) 차이점수 분석과 혼합설계에 의한 분석

차이점수 분석과 혼합설계에 의한 분석

Huck과 McLean(1975)과 Jennings(1988)는 피험자 간 요인과 피험자 내 요인의 수준이 각각 2인 조건에서 차이점수 분석방법과 혼합설계의 분석방법을 비교하였는데, 특히 Huck과 McLean(1975)은 다음의 유도과정을 통하여 두 분석방법간의 관계를 설명하였다. 다음의 〈표 6.20〉과 〈표 6.21〉은 처치집단과 통제집단의 사전검사와 사후검사 점수 자료의 예이다.

〈표 6.20〉 피험자 내 요인의 주효과가 있는 자료

	사전검사(B_1)	사후검사(B_2)
처치집단(A_1)	70	80
통제집단(A_2)	60	70

〈표 6.21〉 피험자 간 요인과 피험자 내 요인의 상호작용이 있는 자료

	사전검사(B_1)	사후검사(B_2)
처치집단(A_1)	65	80
통제집단(A_2)	70	75

우선 〈표 6.20〉의 자료를 살펴보면 처치집단에서 사후검사 점수가 사전검사 점수보다 10점이 높아져서 점수가 유의하게 향상된 것을 보여주고 있다. 그런데 사전검사와 사후검사 사이에 아무런 처치도 부여되지 않은 통제집단의 경우에도 처치집단의 경우와 마찬가지로 사후검사의 점수가 사전검사의 점수보다 10점이 향상되어 있다. 이와 같은 현상은 처치집단에서 일어난 사후검사 점수의 향상이 처치의 효과가 아니라 아동(피험자)의 성숙이나 검사의 난이도 차이로 인하여 유발된 것일 가능성을 보여준다.

한편 〈표 6.21〉의 자료를 살펴보면 처치집단의 사후검사 점수는 사전검사 점수에 비하여 15점이 향상된 반면에 통제집단의 점수는 사후검사 점수가 사전검사 점수에 비하여 5점이 향상되었다. 이와 같은 상황은 처치집단에 부여된 처치의 효과가 사후검사 점수에 유의한 영향을 미쳤을 가능성을 보여주는 것이다. 이와 같이 혼합설계의 자료 분석에서는 처치의 효과를 판정하기 위하여 피험자 내 요인의 주효과를 검정하는 것이 아니라 피험자 간 요인과 피험자 내 요인의 상호작용에 대한 검정을 실시하여야 한다.

그런데 혼합설계에서 처치의 효과를 판정하기 위해서 검정해야 하는 상호작용인 처치집단(A_1)의 사후검사 점수와 사전검사 점수간의 차이(B_2-B_1)와 통제집단(A_2)의 사후검사 점수와 사전검사 점수간 차이(B_2-B_1)의 비교는 차이점수(B_2-B_1)에 대한 처치집단과 통제집

단의 비교이며 이는 바로 차이점수 분석이 된다. 즉, 혼합설계의 상호작용에 대한 검정과 차이점수의 집단간 차이에 대한 검정은 동일한 검정이며, 혼합설계의 피험자 간 요인과 피험자 요인간의 상호작용에 대한 F 검정 통계량은 차이점수 분석에서의 집단간 비교를 위한 일원분산 F 검정 통계량과 동일한 것이 된다. 이러한 결과는 한편으로는 당연한 것이기도 한데 그 이유는 혼합설계가 상관된 두 개의 측정을 비교하는 설계에서 측정의 수를 확장한 설계이었기 때문에 이를 다시 반복측정이 두 개인 경우에 적용하면 상관된 두 측정의 차이점수를 분석하는 방법인 차이점수 분석과 혼합설계는 동일한 것이 되기 때문이다.

3) 공분산분석과 혼합설계에 의한 분석

공분산분석과 혼합설계에 의한 분석

차이점수 분석과 공분산분석의 효율성은 두 분석 방법간 약간의 오차의 자유도 차이를 무시한다면 두 분석방법이 검정을 실시할 때 사용하는 오차의 크기에 의해서 비교될 수 있다. 사후검사 점수를 종속변수 Y, 사전검사 점수를 공변인 X라 하고, 사전검사 점수와 처치간의 상호작용이 없으며, 등분산성 가정이 만족되고, 요인은 변량요인이라고 가정할 때 차이점수 분석과 공분산분석의 오차항의 분산은 각각 다음과 같다.

$$\sigma_y^2 + \sigma_x^2 - 2\rho_{yx}\sigma_y\sigma_x$$
$$\sigma_y^2(1-\rho_{yx}^2)$$

이때 사후검사 점수의 표준편차와 사전검사 점수의 표준편차간에 $\sigma_y = k\sigma_x$의 관계가 존재한다면 위의 식은 각각 다음과 같이 변형될 수 있다.

$$\begin{aligned}\sigma_y^2 + \sigma_x^2 - 2\rho_{yx}\sigma_y\sigma_x &= k^2\sigma_x^2 + \sigma_x^2 - 2\rho_{yx}k\sigma_x^2 \\ &= \sigma_x^2[k^2 + 1 - 2k\rho_{yx}]\end{aligned}$$

$$\begin{aligned}\sigma_y^2(1-\rho_{yx}^2) &= k^2\sigma_x^2(1-\rho_{yx}^2) \\ &= \sigma_x^2[k^2(1-\rho_{yx}^2)]\end{aligned}$$

Algina(1993)[1]에는 위의 식에 의하여 k와 ρ_{yx}의 여러 조건에서 차이점수 분석과 공분산분석의 오차항을 비교한 표가 수록되었는데 이는 다음과 같다.

1) Algina, J.(1993). Advance statistics 강의노트.

〈표 6.22〉 차이점수 분석과 공분산분석의 오차항 비교

k	ρyx	차이점수 분석	공분산분석
		$k^2+1-2k\rho_{yx}$	$k^2(1-\rho_{yx}^2)$
3	0.1	9.4	8.91
	0.5	7.0	6.75
	0.9	4.6	1.71
1	0.1	1.8	0.99
	0.5	1.0	0.75
	0.9	0.2	0.19
0.5	0.1	1.15	0.495
	0.5	0.75	0.375
	0.9	0.35	0.095

이 표에 의하면 이 표에서 비교된 조건에서는 공분산분석의 오차항이 차이점수 분석의 오차항보다 항상 작아서 공분산분석이 차이점수 분석보다 항상 검정력이 큰 방법이 되고 있다. 특별히 k가 1보다 작은 조건(표에서 k=0.5), 즉 사후검사의 분산이 사전검사의 분산보다 작은 조건에서 두 검사간의 상관관계가 큰 경우(표에서 ρ_{yx}=0.9)에는 공분산분석의 오차가 차이점수 분석의 오차의 1/30보다도 작은 극단적인 결과가 나타나고 있다.

그런데 위의 $\sigma_y = k\sigma_x$의 관계를 설정하는 Algina(1993)의 아이디어를 이용하여 두 분석방법의 오차항간의 관계식을 유도해 보았더니 다음과 같이 더욱 의미 있는 결과가 나타났다. 우선 두 분석방법의 오차가 같은 값을 갖는 조건을 구하기 위하여 두 오차를 등식으로 놓으면 다음과 같다.

$$k^2 + 1 - 2k\rho_{yk} = k^2 - k^2\rho_{yx}^2$$

이로부터 양변에서 k^2을 빼고 우변의 항을 좌변으로 이항하면 이는 다음과 같이 된다.

$$k^2\rho_{yx}^2 - 2k\rho_{yk} + 1 = 0$$

그런데 이때 등호 왼쪽의 식은 다음과 같이 제곱의 형태가 된다.

$$k^2\rho_{yx}^2 - 2k\rho_{yk} + 1 = (k\rho_{yx} - 1)^2$$

이와 같이 정리의 결과가 좌변이 제곱의 형태가 되었는데 제곱의 형태는 항상 0이상의

값을 갖기 때문에 이 결과는 공분산분석의 오차항이 k와 ρ_{yx}의 모든 조건에서 차이점수 분석의 오차항보다 작으며 $k\rho_{yx}=1$인 조건에서만 두 방법의 오차가 같게 된다는 것을 보여준다. 따라서 반복측정의 횟수가 두 번뿐이어서 사전검사의 점수가 사후검사 점수에 대한 공변인이 되는 경우에는 공분산분석은 항상 차이점수 분석보다 검정력이 높은 분석방법이 된다. 앞에서 설명한 바와 같이 차이점수 분석과 혼합설계의 피험자 간 요인과 피험자 내 요인간의 상호작용에 대한 분석은 동일한 것이다. 따라서 공분산분석이 차이점수 분석보다 검정력이 크다면 이는 공분산분석이 혼합설계에 의한 분석보다도 검정력이 큰 것이 된다.

그러나 공분산분석을 위해서는 여러 가지 가정이 필요한데 그 중에서도 중요한 가정 중의 하나는 공변인과 종속변수가 선형의 관계를 가져야 한다는 것이다. Algina(1993)는 공분산분석과 혼합설계의 비교에서 공변인과 종속변수의 상관관계가 0.6보다 작을 때는 사전검사 점수를 공변인으로 하는 공분산분석보다 혼합설계에 의한 분석을 실시하는 것이 더 효율적임을 보였다. 그의 연구에 의하면 상관관계가 0.8이상일 때는 공분산분석이 더 효율적이었으며 0.6과 0.8 사이에서는 두 방법의 효율성이 비슷하였다. 따라서 반복측정이 많은 경우에는 혼합설계가 훨씬 유연성 있는 분석방법이 되지만 만약 반복측정이 두 번뿐이고 두 번의 측정간에 상관관계가 아주 높은 제한된 조건하에서는 공분산분석이 혼합설계 분석을 대체할 수 있는 방법이 된다.

13 반복측정 자료에 대한 부적절한 분석방법들

1) 집단간 사후검사 점수에 대한 일원분산분석 방법

집단간 사후검사 점수에 대한 일원분산분석 방법

집단간 사후검사 점수만을 비교하는 일원분산분석 방법은 사전검사 점수는 분석에 사용하지 않고 사후검사의 점수만을 일원분산분석으로 분석하는 방법이다. 일원분산분석 방법은 우선 처치를 받은 집단과 처치를 받지 않은 집단의 일차 반복측정에 해당하는 사전검사 점수의 차이에 대한 검정을 실시한다. 이때 피험자가 피험자 간 요인의 두 수준에 무작위로 배정되는 경우에는 대부분 두 집단에 대한 사전검사 점수에 유의한 차이가 나타나지 않는다.

집단간 사후검사 점수에 대한 일원설계에 의한 분산분석 방법은 두 집단의 사전검사 점수 차이에 대한 검정의 결과가 유의하지 않은 것으로 나타나는 경우에 사전검사 점수는 분석에 더 이상 사용하지 않고 두 집단의 이차 반복측정, 즉, 사후검사 점수에 대하여서만 피험자 간 요인을 분산원으로 하는 분산분석을 실시하는 방법이다. 이 방법에서는 일원분산분석의 결과가 유의한 것으로 나타나면 이는 처치의 효과로 해석하게 된다.

상호작용

집단간 사후검사 점수에 대한 일원분산분석 방법은 피험자의 사전검사의 점수와 사후검사 점수의 상호작용에 대한 고려가 모형에 포함되어 있지 않다. 사전검사에 대한 집단간 평균점수 차이검정에서 유의한 차이가 없는 경우에도 피험자 개인별로는 사전검사 점수와 사후검사 점수간에 높은 상관관계가 있을 수 있으며, 따라서 이러한 상관관계의 정보를 사용하지 않고 사후검사 점수만을 사용해서 일원분산분석을 실시하는 방법은 검정의 검정력을 심각하게 손상시키는 방법이 된다.

피험자 내 요인을 피험자 간 요인으로 취급하는 일원분산분석

2) 피험자 내 요인을 피험자 간 요인으로 취급하는 일원분산분석

검정력

피험자 내 요인의 수준이 셋 이상인 반복측정의 경우에는 반복측정 자료가 가지는 특징을 활용하여 오차항에서 피험자의 영향을 제거하면 검정력이 높아지고, 이와 같은 정보를 이용하지 않고 각 피험자의 측정치를 세 개의 독립적인 자료로 취급하여서 반복측정의 수준간의 평균을 비교하면 수준이 두 개인 경우와 동일하게 검정력의 손실이 초래된다. 이와 같은 현상을 Stevens(1989)에 수록된 예를 통해서 설명하면 다음과 같다.

다음은 다섯 명의 피험자에 대하여 세 종류(K=3)의 서로 다른 처치를 가하면서 반복 측정한 결과를 수록한 것이다. 이 자료에 대하여 각 처치가 서로 다른 세 개의 집단에 부여된 것으로 간주한 일원분산분석과 반복측정 자료에 대한 분석을 실시한 결과를 비교하면 다음과 같다.

〈표 6.23〉 일원설계와 반복측정설계에 의한 분석결과의 비교를 위한 예

표본	처치 또는 반복측정			평균
	1	2	3	
1	30	28	34	30.667
2	14	18	22	18.000
3	24	20	30	24.667
4	38	34	44	38.667
5	26	28	30	28.000
평균	26.4	25.6	32	28.000

우선 위의 자료를 독립적인 세 집단을 비교하는 일원설계를 이용하여 분석하는 경우에는 세 번의 처치요인의 제곱합(SS_B)은 121.6이 되고, 오차의 제곱합(SS_W)은 734.4가 된다. 따라서 처치요인의 평균제곱과 오차의 평균제곱 및 이들을 사용한 F 통계량의 값은 각각 다음과 같이 구해져서 이 검정통계량은 K-1=2와 N-K=12의 자유도를 갖고 유의수준이 0.05인 F 분포의 임계값보다 작아서 유의수준 0.05에서 유의하지 않은 값이 된다.

$$MS_B = SS_B/(K-1) = 121.6/(3-1) = 60.80$$

$$MS_W = MS_W/(N-K) = 734.4/(15-3) = 61.20$$

$$F = MS_B/MS_W = 60.80/61.20 = 0.99$$

그러나 이 자료는 다섯 명의 피험자가 세 번의 처치에 대하여 반복측정된 자료이므로 이를 반복측정설계로 분석하면 우선 각 피험자는 개별적인 블럭으로 취급되며 이렇게 함으로써 위의 오차항에서 블럭(피험자 개인)의 효과가 제거된다. 즉, $SS_W = SS_{block} + SS_{res}$로 분할되며 이때 SS_{block}과 SS_{res}을 각각 계산하면 다음과 같다.

$$SS_{block} = K\sum_{i=1}^{5}(\bar{x}_{i.} - \bar{x}_{..})^2 = 696.02$$

$$SS_{res} = SS_W - SS_{block} = 734.4 - 696.02 = 38.38$$

이로부터 반복측정설계의 오차 및 이를 사용한 F 통계량의 값은 각각 다음과 같다.

$$MS_{res} = SS_{res}/(n-1)(K-1) = 38.38/4(2) = 4.8$$

$$F = MS_B/MS_{res} = 60.80/4.8 = 12.67$$

이 F 통계량 값은 K-1=2와(n-1)(K-1)=8의 자유도를 갖고 유의수준이 0.05인 F 분포의 임계값($F_{2,8,0.05}$)인 4.46보다 커서 유의수준 0.05에서 유의한 결과라고 판정하게 된다.

반복측정의 각 수준을 피험자 간 요인으로 간주하여 비교한 방법에서는 각 피험자의 개인차를 제거하지 못하였기 때문에 검정의 결과에서 이와 같은 차이가 발생하였다. 특별히 이 예에서는 위의 〈표 6.23〉에 나타난 바와 같이 다섯 명 피험자의 세 번 반복측정에서의 평균이 18부터 38.667까지 매우 넓게 분포하고 있다. 이와 같은 경우에는 이들을 한 집단으로 묶어서 실시하는 일원분산분석은 집단내의 분산이 커지기 때문에 세 번의 측정간의 차이에 대한 검정을 위한 오차항이 커다란 분산을 가지게 되고 따라서 가설이 기각되기 어렵게 된다. 이에 반하여 반복측정설계는 이와 같은 개인차를 제거하고 피험자 내 요인에 대한 검정을 하게 되기 때문에 커다란 검정력을 갖는다.

07 장

공분산분석(ANCOVA)

1 실험설계에서 공분산분석의 위치

1) 실험설계를 통해서 오차변량을 감소시키는 방법

실험설계를 통해서 오차변량을 감소시키는 방법

실험설계의 기본적 목적은 실험적 처치의 효과가 분명하고 뚜렷하게 관찰될 수 있는 환경을 만드는 데 있다. 이 때 피할 수 없이 마주치는 문제가 오차이다. 예를 들어 완전임의 배치법(completely randomized design)은 피험자들을 무작위로 실험집단에 할당함으로써 교락(confounding)과 편의(bias)를 최소화하지만 대신 오차항은 더욱 커지는 경향이 있다.

제1장 실험설계법에서 다룬 내용이기도 한, 설계를 통해 오차변량을 감소시키는 방법은 두 가지가 있다. 하나는 블럭화(blocking)에 의한 설계이다. 블럭은 집단의 점수를 동질적으로 만들어주는 역할을 하므로 집단 내 분산을 작게 만든다. 또 하나는 피험자 내 설계(within subjects design)이다. 피험자 내 설계에서는 같은 피험자를 모든 다른 처치 조건에서도 사용하므로 처치 대 피험자 상호작용이 발생하는 대신 피험자 간의 점수분산은 줄일 수 있다. 전체적으로 오차변량은 많이 줄어든다.

2) 통계적으로 오차를 통제하는 방법

통계적으로 오차를 통제하는 방법

이 장의 주제인 공분산분석은 통계적으로 오차를 통제하는 제3의 방법과 관계가 있다. 공분산분석을 수행하기 위해서는 종속변수와 강한 상관이 있는 공분산(covariate)이라는 변수를 도입한다. [그림 7.1]에 나타난 바와 같이, 공분산분석은 일반 분산분석에서는 집단 내 분산에 속했을 공분산이 설명하는 부분을 제외하기 때문에 오차항을 줄이는 효과를 낸다.

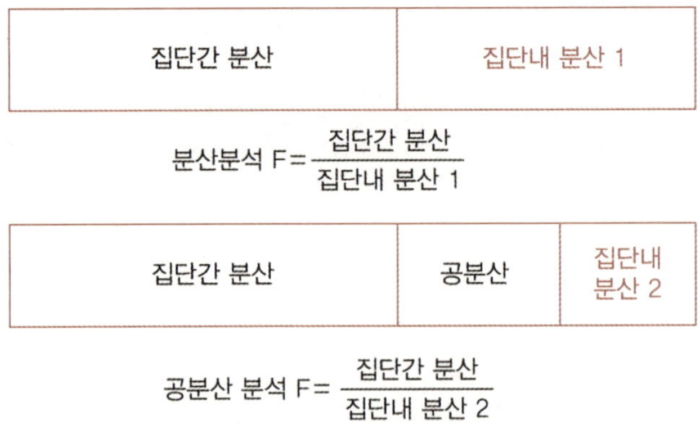

[그림 7.1] 공분산분석의 오차항 감소효과

체계적 편의의 개입가능성 통제

3) 체계적 편의(bias)의 개입가능성 통제

체계적 편의

실험에서 체계적 편의(systematic bias)란 사전의 어떤 장치에 의해서 실험에 참여한 집단의 모평균이 애초부터 다른 경우를 말한다. 예를 들어 학습프로그램의 효과를 검정하기 위하여 선발한 실험집단과 통제집단의 IQ 평균이 서로 다르다면 이는 체계적 편의라 할 수 있다. 처치효과와 상관없이 IQ 평균이 높은 집단이 어느 정도 높은 점수를 얻게 될 것이다. 이런 경우 IQ를 공분산으로 한 공분산분석을 실시한다면 처치효과에 대한 잘못된 판단을 막을 수 있다.

2 공분산분석의 개요

1) 공분산분석의 개념도

두 집단의 사전검사 점수와 사후검사 점수를 가진 설계에서 유력한 분석 방법은 공분산분석이다. 공분산분석은 사후검사 점수에서 사전검사 점수(공분산)가 설명하는 부분을 뺀 점수를 분산분석 하는 것과 같은 의미를 갖는다. 이를 그림으로 표시하면 아래와 같다.

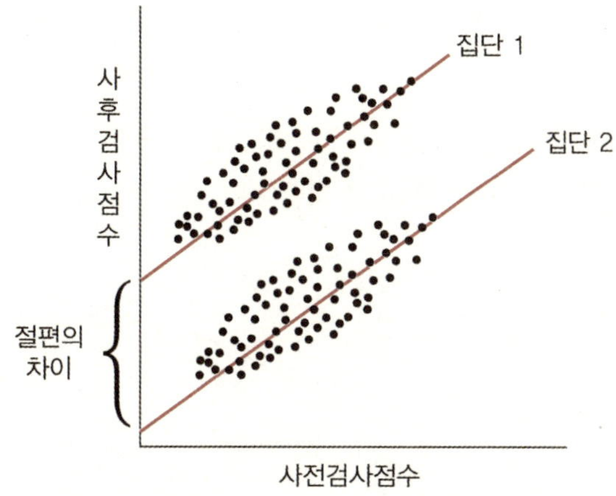

[그림 7.2] **공분산분석의 개념모형**

공분산분석은 위의 [그림 7.2]에서 두 집단 점수의 회귀선이 만들어내는 Y 절편의 차이가 통계적으로 의미 있는지를 검증하는 작업이다. 이 분석의 두 가지 장점 중 하나는 사전검사와 사후 검사 사이의 상관관계가 클 경우 분산이 줄어들기 때문에 오차 부분을 줄일 수 있다는 것이다. 다음 [그림 7.3]을 보자.

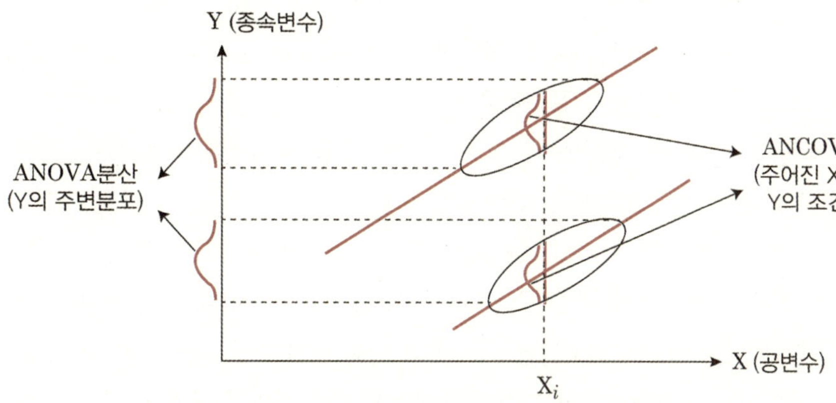

[그림 7.3] **공변수에 의한 종속변수 분산의 축소**

일반적인 분산분석에서 모형의 유의성 검정을 위한 표준편차를 종속변수의 평균 $\bar{Y}$ 값과의 편차로부터 가져오지만, 공분산분석에서는 검정을 위한 표준편차가 회귀선과의 거리로부터 도출된다. 따라서 위 그림에서 보듯 공분산과 종속변수의 상관이 클 때, 공분산분석의 분산은 단순한 분산분석에서 나타나는 것보다 현저하게 줄어든다는 것을 알 수 있다. 분산이 줄어든다는 것은 오차 부분을 작게 만들기 때문에 검정력이 커진다는 것을 의미한다.

공분산분석의 두 번째 장점은 이 방법이 기존집단을 이용한 연구에서 흔히 나타나는, 집단 사이에 이미 존재하는 비동질성을 조정해준다는 점이다. 다음 [그림 7.4]를 보자.

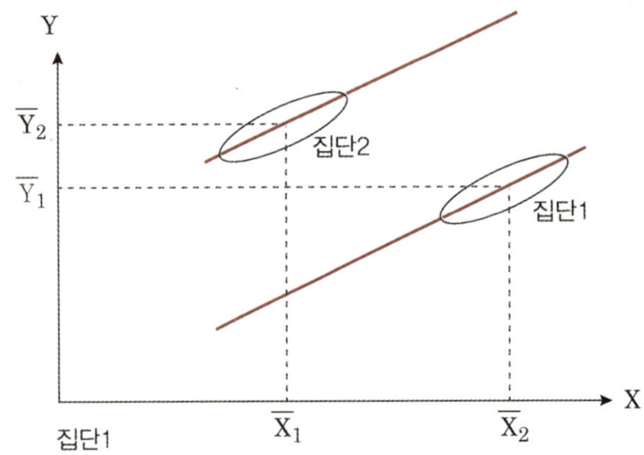

[그림 7.4] 공변량분석에 의한 집단 간 비동질성 조정의 예

위 [그림 7.4]는 이해를 돕기 위해 제시한 극단적인 경우로, 공분산분석과 분산분석의 결과가 반대로 나타난 경우이다. 이러한 결과가 나타난 이유는 물론 공변수와 종속변수 사이의 상관이 크고 집단 간 공변수 점수평균의 차이가 커서 더 많은 조정이 일어났기 때문이다. 이런 경우는 교육이나 의학 또는 약학 분야에서 종종 나타난다. 예를 들어, 유아교육 현장에서 초기에 읽기/쓰기 능력이 부족한 어린이에게 도움이 될 만한 좋은 프로그램이 개발되어 그 효과를 검증하고자 한다고 가정해보자. 이 경우 통제집단을 둔 진 실험설계를 계획하기는 어렵다. 통제집단에 대한 윤리적 부담이 따르기 때문이다. 그렇다면 성적이 좋아서 처치를 받지 않은 집단을 통제집단으로 하고 IQ를 공변수로 하는 공분산분석을 사용할 수 있으며, 처치효과가 있다면 이 그림의 예에서와 같은 결과가 나타날 수 있다. 단, 이 경우 두 집단 사이에 공변수가 겹치는 부분이 없어서 외적타당성이 영향을 받으며, 선발-처치 상호작용의 개입도 염려된다는 점을 부기한다.

2) 선형 회귀방정식

공분산분석을 수행하기 위해서 먼저 한 집단의 자료를 설명하는 선형함수를 도출하여야 한다. 먼저 직선의 방정식은 다음과 같은 식으로 주어진다.

$$Y = a + bX$$

직선의 식을 결정하기 위해서는 두 개의 상수, 즉 기울기(slope)와 절편(Y intercept)을 구해야 한다. 이 값들은 X 값과 그에 대응하는 Y 값의 집합인 자료들로부터 얻는 추정치이다. 이것은 각 자료들과의 차이의 제곱이 최소가 되는 선을 찾는 작업이다. 이 선을 회귀선이라 하며, 이 선을 찾는 방법을 최소제곱법(least squared method)이라 한다. 먼저 1차함수의 기울기의 정의는,

$$\text{기울기} = \frac{\Delta Y}{\Delta X}$$

즉 기울기는 X의 증가분에 대한 Y의 증가분의 비를 말한다. 우리가 임의변동을 갖는 자료로부터 가장 어울리는 선의 기울기는 다음과 같은 값을 가진다.

$$b(slope) = \frac{Cov(X, Y)}{Var(X)} = \frac{\dfrac{\sum(X-\overline{X})^2}{df}}{\dfrac{\sum(X-\overline{X})(Y-\overline{Y})}{df}}$$

절편(a: intercept)은 회귀선의 방정식에서 쉽게 얻어진다.

$$a = \overline{Y} - b\overline{X}$$

3) 잔차 분산

일반적으로 Y 값의 분산은 Y의 평균과의 차이의 제곱을 자유도로 나눈 값이다. 그 값은 다음과 같을 것이다.

$$Var(Y) = \frac{\sum(y_i - \overline{y})^2}{df}$$

공분산분석에서는 Y의 평균 대신 회귀선에 의해 예측된 Y 값을 사용한다. 회귀선에 의해 예측된 값과 실지 Y 값과의 차이를 잔차(residual)라고 하며, 잔차분산은 공분산분석의

오차항이 된다. 이렇게 구한 분산은 다음과 같다.

$$Var(Y) = \frac{\sum (y_i - \hat{y}_i)^2}{df}$$

이렇게 구한 회귀선에 의한 분산은 두 변수 사이의 선형관계(상관관계)가 클수록 평균에 의한 분산보다 작은 값을 나타낸다. 공분산분석의 장점이라 할 수 있는 검정력은 여기에 기인한다.

공분산분석의 두 번째 장점은 보다 정밀한 처치효과의 추정이 가능하다는 데 있다. 처치효과를 추정할 때 발생하는 심각한 오차원인 중 하나는 처치효과를 설명하는 다른 효과의 개입이 표준오차를 크게 만드는 것이다. 공분산분석은 그 효과를 공변수(covariate)로 처리하여 실험이 시작되기 이전에 존재했던 집단 간 차이를 분석 결과에 반영할 수 있다.

4) 처치효과의 추정

공분산분석의 F 값은 기본적으로 일반 분산분석과 같이 집단 간 분산과 집단 내 분산의 비로 계산된다. 단 공분산분석은 공변수에 의해 수정된 집단 간 분산과 집단 내 분산의 비를 구한다는 점이 다르다. 먼저 일반 분산분석의 F 값을 구하는 식은 다음과 같다.

$$F = \frac{SS_B / df_B}{SS_W / df_W} = \frac{SS_B / a-1}{SS_W / a(s-1)}$$

공분산분석은 다음과 같이 계산된다. 집단 내 분산 계산 과정에서 자유도를 한 개 더 잃는 이유는 모집단의 기울기를 추정하기 위해 표본의 정보를 한 개 더 사용했기 때문이다.

$$F = \frac{MS_{B(adj)}}{MS_{W(adj)}} = \frac{SS_{B(adj)} / df}{SS_{W(adj)} / df} = \frac{SS_{B(adj)} / a-1}{SS_{W(adj)} / a(s-1)-1}$$

이 식의 분자와 분모를 좀 더 구체적으로 설명하면 다음과 같다.

$$SS_{B(adj)} = SS_B - \left[\frac{SP^2}{SS_X} - \frac{SP_W^2}{SS_{W(X)}} \right]$$

$$SS_{W(adj)} = SS_{W(Y)} - \frac{SP_W^2}{SS_{W(X)}}$$

여기서 SP(sum of products)= $\sum(X-\overline{X})(Y-\overline{Y})$

3 가정

공분산분석을 하기 위해서는 몇 가지 전제 조건이 충족되어야 한다. 먼저 회귀분석에서 필요한 가정은 공분산분석에서도 똑같이 필요하고, 추가적으로 공분산에 관한 가정 세 가지가 지켜져야 한다.

공분산분석의 가정

1) 오차(잔차)에 관한 가정

오차(잔차)에 관한 가정

- 모집단이 정규분포를 이룬다.
- 각각의 데이터는 서로 독립적이다.
- 오차의 평균은 0이고 모분산의 크기가 서로 같다.

2) 공분산에 관한 가정

공분산에 관한 가정

공분산은 일반 분산분석과 같은 가정에서 처리되기 때문에 공분산에 관한 가정은 일반 분산분석의 경우와 같다. 그러나 분산분석의 경우 회귀 부분과 분산분석에 관한 다음 두 가정이 추가로 필요하게 된다.

(1) 종속변수와 공변수 사이의 직선형 관계

만일 종속변수와 공분산 사이에 직선형 관계가 성립하지 않으면 독립변수의 수정 자체가 적절하지 않다는 것을 의미한다.

(2) 회귀선의 기울기

회귀선의 기울기가 모두 같다는, 회귀선이 서로 평행하다는 가정이 지켜지지 않는다면 분석의 결과는 잘못된 결론으로 이어질 가능성이 크다. 그것은 마치 이원 분산분석에서 상호작용이 존재함에도 불구하고 주효과를 분산분석표에 나타난 그대로 해석하는 것과 같다. 마지막으로 회귀선의 기울기에 유의미한 차이가 없어야 한다는 조건이 포함된다. 기울기에 차이가 있다는 것은, 도식적으로 표현한다면 두 직선이 평행하지 못하고 서로 엇갈려 있는 모습을 말한다.

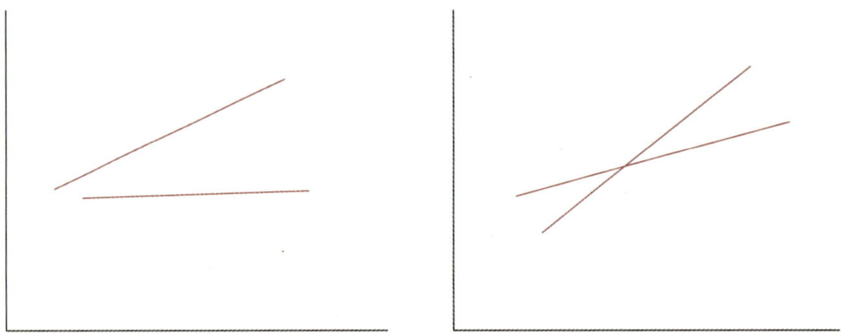

[그림 7.5] 회귀선의 기울기가 서로 다른 예

위 그림과 같이 두 직선이 평행하지 못하고 서로 엇갈린 모양을 일컬어 상호작용이 존재한다고 한다. 통계적인 용어로 말하자면 상호작용의 p 값이 유의도 수준보다 낮을 때 두 회귀선이 평행하다는 가정은 기각된다.

이러한 경우가 나타나면 공변량 분석의 결과를 근거로 처치 효과의 존재 여부에 대한 어떤 해석도 불가능하다. 따라서 이런 일이 나타난다면 공변량 분석은 의미가 없어진다. 이 조건의 만족 여부는 공변량 분석에 있어서 결정적인 작용을 하므로 분석 이전에 이 조건이 만족하는지를 검증하는 분석을 거쳐야 한다.

외삽(extrapolation)

(3) 외삽(extrapolation) 금지

다음으로, 비교하려는 두 집단의 공변수의 범위가 대부분 서로 겹치는 모습을 나타내야 한다. 만일 다음 [그림 7.6]에서 나타나는 것처럼, 사전검사점수를 공변수로 하고 사후검사점수를 종속변수로 설정한 경우, 두 집단 사이에 겹치는 부분이 거의 없다면 그것은 두 집단이 동일한 조건에서 시작되었다 할 수 없고, 집단간의 차이가 통계적으로 유의미하다 하더라도 그것이 실험적 처치 효과 때문인지 아니면 성장패턴 때문인지 단정하기가 어려워진다.

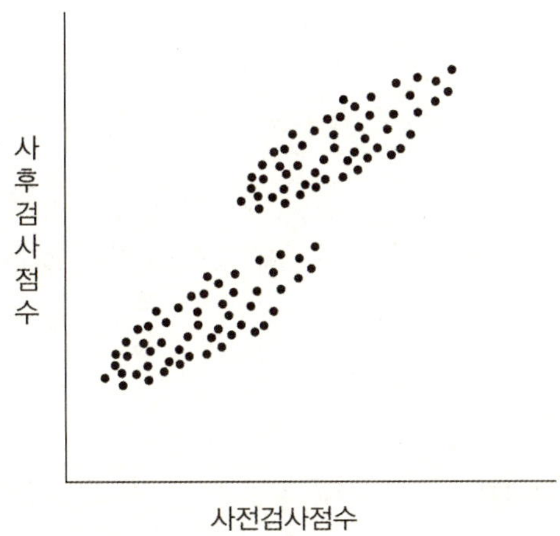

[그림 7.6] X축의 공통부분이 희박한 분포의 예

4 분석모형

공분산분석법은 회귀분석의 기법을 가미한 분산분석법이라고 할 수 있다. 여기에서는 가장 단순한 단일요인 완전임의배치법(completely randomized single factor design)에 의한 공분산분석 모형을 소개한다. 이 방법은 다른 복잡한 설계에도 비교적 쉽게 일반화될 수 있다. 공분산분석의 기저에 해당하는 모형은 분산분석법을 강조한 모형과 회귀분석을 강조한 모형이 있다.

1) 공분산분석 모형

공분산분석 모형

먼저 완전임의배치법에 의한 실험에서 처치(treatment) i의 j번째 반복의 반응치를 Y_{ij} 라 하고, 그 실험단위의 처치 이전 어떤 측정치를 X_{ij} 라 하자. 반응치는 처치 i에만 영향을 받을 뿐 아니라 X_{ij} 에 선형적으로 결합되어 있다고 하면 이 자료를 위한 수학적 모형은

$$Y_{ij} = \mu + \alpha_i + \beta(X_{ij} - \overline{X}..) + \epsilon_{ij}, \quad i = 1,.....,a \quad j = 1,.....n$$

과 같이 표현될 수 있다. 여기서 Y_{ij} 와 X_{ij} 는 각각 i 집단의 j 번째 관찰치, α_i 는 i 집단의 처치효과, β는 회귀선의 기울기이다. 그리고 $\sum_{i=1}^{a}\alpha_i = o$, $\epsilon_{ij} \sim N(0, \sigma^2)$, ϵ_{ij}는 서로 독립적이라고 가정한다.

분석을 실시하는 과정은 일반 분산분석의 경우와 유사하다. 단 공분산분석에서는 Y 값 대신 회귀방정식에 의해 수정된 y 값($Y_{adj.}$)을 사용한다는 점이 다르다. 이 수정된 값을 사용하여 집단 간 분산과 집단 내 분산의 비를 F 값으로 하는 것은 같다. 다음 〈표 7.1〉을 참조하라.

〈표 7.1〉 공분산분석 요약

변량원	수정된 제곱합	자유도	수정된 제곱평균	F
집단 간	$SS_{B(adj.)}$	$a-1$	$SS_{B(adj.)}/df$	$MS_{B(adj)}/MS_{W(adj)}$
집단 내	$SS_{W(adj.)}$	$a(s-1)$	$SS_{W(adj.)}/df$	

5 분석의 예

가상의 데이터를 사용하여 공분산분석을 수행한 예를 보이겠다. 여기서는 가장 일반적으로 사용되는 분산분석법을 강조한 공분산분석을 사용하겠다.

〈표 7.2〉 세 가지 프로그램 적용집단의 IQ와 영어점수

프로그램 1		프로그램 2		프로그램 3	
영어점수	IQ	영어점수	IQ	영어점수	IQ
85	105	75	112	80	107
78	107	65	100	73	85
88	125	82	123	73	98
95	130	88	128	75	95
68	80	68	109	80	128
87	123	90	132	75	112
74	95	75	105	60	90

〈표 7.2〉는 세 가지 영어교육 프로그램을 사용하여 교육한 집단의 영어점수와 IQ 점수를 제시한 것이다. 이 자료를 사용하여 단순히 영어점수만을 집단끼리 비교한 일원분산분석과 IQ를 공분산으로 한 공분산분석을 실시할 것이다.

1) 일원분산분석 결과

일원분산분석 결과

공분산을 사용하지 않고 단순히 일원분산분석을 한 결과는 다음 〈표 7.3〉에 제시되었다.

〈표 7.3〉 일원분산분석 결과

변량원	$SS_{adj.}$	자유도	$MS_{adj.}$	F	유의확률
집단 간	249.238	2	124.619	1.684	0.214
집단 내	1332.000	18	74.000		

위 표에서는 세 프로그램의 효과는 나타나지 않는다. F 값의 유의확률은 0.214로 전통적으로 사용되는 기각역 .05보다 큰 값으로 나타났다.

2) 공분산분석의 결과

공분산분석의 결과

공분산분석의 결과는 〈표 7.4〉에 나타난 바와 같다.

〈표 7.4〉 공분산분석의 결과

변량원	$SS_{adj.}$	자유도	$MS_{adj.}$	F	유의확률
집단 간	206.140	2	103.070	4.705	.024
집단 내	372.370	17	21.905		

이 표는 IQ를 공분산으로 설정하여 수정된 값으로 분산분석을 한 공분산분석 결과이다. 여기서는 $p = .024$로, 프로그램의 처치효과에 차이가 있다는 결과가 나왔다. 분산분석에서는 나타나지 않던 처치효과의 유의성이 공분산분석에서 나타난 이유는 공분산 (IQ)이 오차항을 감소시켜 검정력을 크게 하는 효과를 나타냈기 때문이다.

회귀선의 기울기의 동일성 검정

3) 회귀선의 기울기의 동일성 검정

회귀선의 기울기가 각각 같다는 것은 공분산분석 결과의 타당성에 결정적인 역할을 하는 가정이므로 이를 검정하는 과정은 매우 중요하다. 그 방법은 상호작용을 허용한 회귀모형을 분석하여 상호작용 효과의 유의도를 평가하는 것이다. 이 때 더미변수를 사용한 회귀분석으로 상호작용을 검정할 수 있다. 더미변수를 사용하는 구체적 방법은 제4장에서 다룬 회귀분석에 의한 이원분산분석의 내용을 참조하라. 상호작용을 허용한 회귀모형은

$$\hat{y} = \alpha + \beta x + \beta_1 z_1 + \beta_2 z_2 + \beta_3 (x \times z_1) + \beta_4 (x \times z_2)$$

와 같이 되는데 이 모형에서 영가설, $H_0 : \beta_3 = \beta_4 = 0$의 가설검정을 하는 것이다.

앞서 〈표 7.2〉에서 든 예의 데이터에 대하여 기울기의 동일성 검정을 수행한 결과는 다음과 같다.

〈표 7.5〉 기울기의 동일성 검정 결과

변량원	SS	df	MS	F	P
수정모형	1317.159	5	263.432	14.963	.000
절편	139.746	1	139.746	7.938	.013
프로그램	118.296	2	59.148	3.360	.062
IQ	964.609	1	964.609	54.792	.000
프로그램*IQ	108.301	2	54.150	3.076	.076
오차	264.079	15	17.605		
합계	1581.238	20			

$R^2 = .833$

위 〈표 7.5〉에서 나타난 바와 같이, 프로그램과 IQ 사이의 상호작용은 유의확률이 0.076으로 차이가 없다는 가설을 기각하지 못한다. 따라서 애초의 공분산분석의 결과를 수용할 수 있다. 여기서 주의할 것은 〈표 7.5〉에 나타난 기울기의 동일성 검정 결과는 공분산분석의 수행조건을 검정하기 위해 분석모형에 상호작용 항목을 만들어 넣은 것으로 상호작용 효과가 나타나지 않는다면 다시 상호작용이 없는 원래의 모형으로 되돌아갈 것이란 점이다. 그렇게 된다면 여기서 설정했던 상호작용 효과는 오차항목으로 들어가게 된다.

08장

시계열분석[1]

1 시계열자료의 특성과 시계열자료 분석의 목적

통계자료는 관찰방법에 따라 횡단면자료(cross-sectional data)와 종단면자료(longitudinal data; 시계열자료; time-series data)로 분류된다. 횡단면자료는 일정시점에서 한 번에 관측된 자료인 데 반하여 시계열자료는 동일 측정대상을 여러 시점에서 반복적으로 측정한 일련의 자료이다. 예를 들면 한 시점에서 중학교 1학년과 2학년, 3학년 학생의 표본을 추출하여 이들의 신장이나 가치관을 측정한 자료는 횡단면자료이며, 표본으로 추출된 중학교 1학년 학생들의 신장이나 가치관을 측정하고 1년 후에 이들이 2학년이 되었을 때 동일 표본을 다시 측정하며, 2년 후에 3학년이 되었을 때 동일 표본을 또 다시 측정한 자료는 시계열자료이다. 또한 어느 한 해의 각 시도별 중등교원 수는 횡단면자료이며, 1965년에 교육통계연보가 처음 발간된 이후로 지금까지의 연도별 중등교원 수는 시계열자료이다.

이 예에서 시계열자료가 횡단면자료와 크게 다른 점은 횡단면자료의 경우에는 학년 내와 학년 간의 신장이나 가치관의 관측값들 사이, 또 각 시도별 교원수 사이에 독립성이 가정되는데 반하여 시계열자료의 경우에는 학년 내 관측값들 사이에는 독립성이 가정되지만 학년 간 관측값들 사이에는 동일 측정대상이 여러 번 측정되었기 때문에 상호의존 관계가 존재하며, 각 연도별 중등교원 수에도 상호상관관계가 존재한다는 점이다. 따라서 시계열자료는 일반적인 횡단면 통계자료와는 달리 기본적인 확률구조가 독립이 아니라 종속(또는 상호의존, 상관)이 되기 때문에 독립을 가정한 일반적인 통계자료 분석방법은 이의 분석에 사용될 수 없고 시계열자료의 확률적 특성을 반영한 모형을 적용하여 분석해야 한다. 상관
이때 상호의존성은 한 시점의 관측값과 그로부터 시차 k를 갖는 관측값 사이의 상관관계로 측정된다. 시계열자료는 제6장에서 설명된 반복측정자료의 한 형태로서 반복측정의 횟수

1) 김현철(2005). 시계열자료의 분석과 예측. 교육과학사. 참조

가 많은 자료를 지칭한다.

시계열자료의 분석 목적은 크게 두 가지인데 첫째는 시계열자료의 움직임을 설명하는 모형의 수립(model building)이며, 둘째는 모형의 수립을 통하여 수행되는 시계열의 미래값 예측(forecasting)이다. 모형 수립은 관찰된 시계열의 평균, 분산 등의 성질을 조사하고 그 확률적 특성을 고찰하여 적합한 시계열 분석모형을 찾는 것이며, 예측은 수립된 모형을 토대로 하여 시계열의 미래값을 제시하는 것이다.

2 질적 예측방법과 양적 예측방법

시계열자료의 예측방법에는 델파이법(Delphi method)이나 시나리오방법(scenario method) 등과 같은 질적 예측방법과, 관측된 시계열자료에 포함되어 있는 정보만을 이용하여 예측을 실시하는 양적 예측방법이 있다. 델파이법은 격리된 전문가 패널을 이용하여 전문가 패널의 구성원이 다른 구성원의 예측결과를 참조하여 계속적으로 자신의 예측결과를 수정하게 함으로써 전문가 패널 전체의 최종적인 예측결과를 수렴해 나가는 방법이며, 시나리오방법은 예측결과에 영향을 미치는 주요 요인에 대한 전문가의 주관적 평가와 가정(즉, 시나리오)에 의하여 예측을 실시하는 방법이다.

시나리오 예측방법을 예를 들어 설명하면 향후 10년간의 초등교원의 수요를 예측할 때, 향후 10년간의 교육부의 예산규모, 학급당 학생수의 변동 추세, 향후 수년간의 유아 출생율 등과 같이 초등교원의 수요에 영향을 미치는 주요 변수에 대하여 전문가의 주관적 판단에 근거한 시나리오를 설정하고 이를 기초로 하여 초등교원 수요에 대한 예측을 실시하는 것이다. 질적인 예측은 양적예측과는 달리 예측결과의 신뢰수준이나 신뢰구간 등과 같은 확률적인 정보를 제공하지 못한다는 단점을 갖는다. 이 책에서는 양적인 예측방법만이 설명된다. 델파이법이나 시나리오방법과 같은 질적인 예측방법도 양적인 예측방법과 함께 미래 예측을 위하여 유용하게 사용될 수 있는 방법이 설명된다.

3 시계열자료 분석방법의 분류

1) 시간영역(time domain)에서의 분석과 진동수영역(frequency domain)에서의 분석

시간영역에서의 분석과 진동수 영역에서의 분석

시간의 진행에 따라 관찰되는 시계열자료는 서로 다른 시점의 관측값이 상호 종속의 관계를 갖게 된다. 따라서 서로 다른 시점에서의 관측값들의 상관관계를 나타내주는 자기상관함수(autocorrelation function)와 부분자기상관함수(partial autocorrelation function)에 의해서 그 시계열의 확률적 성질을 분석할 수 있는데, 이와 같은 접근에 의한 분석방법을 시간영역(time domain)에서의 시계열분석이라고 한다. 자기상관함수와 부분자기상관함수의 개념은 아래 '4. 시계열자료 분석의 기초개념'에 설명되어 있다.

한편, 시계열자료를 분석하는 또 하나의 방법은 스펙트럼분석(spectrum analysis)에 의한 방법이다. 이 분석은 시계열을 주기함수인 사인함수(sine curve)와 코사인함수(cosine curve)의 합으로 나타내어 이들 함수의 서로 다른 진동수로 분해하여 분석하기 때문에 이를 진동수영역(frequency domain)에서의 시계열분석이라 한다. 프랑스의 수학자 Fourier (1768-1830)가 자료의 감추어진 주기성을 탐색하는 과정에서 임의의 함수는 사인함수와 코사인함수의 선형결합으로 근사시킬 수 있다는 것을 보였으며 스펙트럼분석은 이에 기초하여 Stokes(1879)에 의하여 개발되었다. 스펙트럼분석에서는 자기상관함수를 퓨리에 변환(Fourier transformation)하여 얻어진 스펙트럼 밀도함수(spectral density function)를 사용하여 시계열의 확률적 성질을 파악한다.

시간영역에서의 분석과 진동수영역에서의 분석은 수학적으로는 같은 내용을 다른 접근방법으로 분석하는 것이기 때문에 서로 보완적인 관계를 가진다. 스펙트럼 분석은 특히 다변량 시계열자료 분석의 경우와 주기적으로 변동하는 시계열자료의 분석에 매우 유용하다. 그러나 진동수영역에서의 분석은 퓨리에변환의 이해와 해석에 상당한 수준의 수학적 지식을 요구하므로 이 책에서는 다루지 않는다.

2) 시간영역 시계열 분석방법의 종류

시간영역 시계열 분석방법의 종류

시간영역에서의 시계열분석 방법에도 여러 가지가 있으며, 이들 여러 방법 중에서 주어진 특정 시계열자료에 대한 분석방법의 선택은 해당 시계열자료의 형태, 시계열 구성요소의 특성, 분석의 용이성, 그리고 분석결과의 해석 능력 정도에 따라 주의 깊게 결정되어야 한다. 일반적으로 시간영역에서의 시계열자료 분석방법은 시계열 회귀분석모형(regression model)에 의한 방법, 지수평활모형(exponential smoothing model)에 의한 방법, 그리고 ARIMA모형(Autoregressive Integrated Moving Average model; 누적자기회귀이동평균모형)에 의한 방법 등으로 분류할 수 있다.

시계열 회귀분석모형

지수평활모형

ARIMA모형

이들 분석방법 중에서 시계열 회귀분석모형과 ARIMA 모형은 수학적 이론을 바탕으로 한 체계적인 방법인 반면에 지수평활모형은 경험적이고 직관적인 방법이라고 할 수 있다. 일반적으로 시계열 회귀분석모형에 의한 예측방법은 시계열의 구성요소가 시간에 의존하지 않는 상수효과를 가지고 있을 때 적합한 방법이다. 한편, 지수평활모형에 의한 방법은 시계열 구성요소가 시간의 진행에 따라 느리게 변동할 때 효과적인 예측방법이다. ARIMA 모형에 의한 방법은 어떠한 형태의 시계열자료에도 이용할 수 있으나 시계열의 구성요소가 시간의 진행에 따라 매우 빠르게 변동하는 경우에 가장 효과적이다.

변수의 수에 의한 분석방법 분류

3) 변수의 수에 의한 분석방법 분류

시계열자료의 분석방법은 분석에 사용되는 변수의 수에 의하여 단일시계열 분석방법과 다중시계열 분석방법으로 분류될 수 있다.

(1) 단일시계열(univariate time series) 분석방법

단일시계열 분석방법은 시계열자료의 구조식의 파악과 예측을 위해서 사용할 수 있는 추가적인 정보가 없을 경우에 사용되는 방법으로서 회귀분석모형에 의한 분석법이나 최근에 많이 사용되고 있는 X-11 ARIMA(Dagum, 1975), X-12 ARIMA(Findley 등, 1998)를 포함한 시계열의 분해기법(decomposition method), 일반 ARIMA 모형, 평활기법(smoothing technique) 등이 이에 속한다.

이들 여러 단일시계열 분석방법 중에서 주어진 특정 시계열자료에 대한 적절한 분석방법의 선택은 시계열자료의 구성요소에 의해 결정된다. 즉 시계열의 구성요소인 추세, 순환, 계절변동, 불규칙 변동이 시간에 의존하지 않는 상수일 때는 회귀분석모형에 의한 방법이 가장 적합하고, 시계열의 구성요소 중 계절변동이 시간에 의존하여 느리게 변동할 때는 시계열의 분해기법이 유용한 것으로 알려져 있다. 만약 시계열의 구성요소 모두가 시간에 의존하여 느리게 변동할 때는 지수평활법(exponential smoothing)을 포함한 평활기법이 적합하고, 모든 시계열의 구성요소가 시간에 따라 매우 빠르게 변동할 때는 ARIMA분석이 유용하다. 예측의 측면에서 살펴볼 때 ARIMA 모형에 의한 예측은 시계열의 구성요소가 빠르게 변동할 때 적절하므로 단기예측에 사용할 수 있고, 시계열 분해기법과 평활기법은 중기예측, 그리고 회귀분석방법에 의한 예측은 장기예측에 주로 사용된다.

(2) 다중시계열(multiple time series) 분석방법

예측이나 설명이 필요한 관심계열(이를 출력계열이라고 한다)을 이와 관련이 있을 것으로 생각되는 다른 계열(들)(이를 입력계열이라 한다)과 함께 모형화하여 분석하는 방법을 다중시계열 분석방법이라 한다. 이 부류에 속하는 방법들은 전이함수모형(transfer function model), 개입시계열분석모형(intervention time series analysis model, 개입분석모형, 간섭시계열모형), 상태공간분석모형(state space analysis model), 벡터 자기회귀모형(vector autoregressive model; VAR), 벡터 이동평균모형(vector moving average model; VMA), 벡터 ARIMA 모형(vector autoregressive integrated moving average model; VARIMA, 다변량 ARIMA 모형), 그리고 구조방정식(structural equations)모형에 의한 분석방법 등이 있다. 이들 중에서 전이함수모형 방법, 그리고 개입분석모형 방법은 입력계열(input series)이 원인이 되고 출력계열(output series)이 결과의 관계를 가지고 있을 때만 사용될 수 있다. 특히 전이함수모형은 입력계열이 연속형 변수일 때 사용될 수 있으며 개입분석모형은 입력계열이 질적 변수일 때 사용되는 분석방법이다. 한편, 상태공간분석 방법은 출력계열과 입력계열이 원인과 결과로 구분되지 않을 때 사용될 수 있는 분석방법이다.

전이함수모형은 독립시계열의 값이 출력시계열에 전이된다는 의미에서 붙여진 이름이며 출력시계열이 하나 이상의 입력시계열에 의해 설명되는 형태의 분석모형이다. 전이함수모형은 단일변량 ARIMA 모형과 중회귀모형의 특성을 결합시킨 것이기 때문에 시계열 회귀분석모형은 전이함수모형의 특수한 경우이고, ARIMA 모형은 전이함수모형에서 입력계열이 없는 경우이다. 전이함수모형의 분석은 출력계열과 입력계열간의 동적관계(dynamic relation)를 규명하고 이로부터 출력계열만을 이용한 단변량 시계열분석보다 좋은 분석결과를 얻기 위해서 실시된다. 즉, 단변량 시계열의 경우에는 ARIMA 모형을 통해 출력계열만의 구조식을 고려하였으나 전이함수모형에서는 입력계열의 구조식도 함께 고려하고 이를 출력계열의 구조식과 연결하여 분석한다. 회귀분석모형을 이용하여 출력계열의 미래값을 예측할 때는 반드시 입력계열의 미래값을 알아야 하지만 전이함수모형에서는 입력계열의 구조식을 구축함으로써 이러한 문제를 해결할 수 있다.

일반적으로 시계열은 정부의 정책 변화나 공휴일, 파업 등과 같은 외적인 요인(external event, 외부사건)에 의해서 영향을 받게 되는데 이와 같은 외적인 요인들을 개입(intervention)이라 부르고 개입요인의 효과를 평가하는 모형을 개입시계열분석모형이라 한다. 개입분석은 입력계열이 개입변수인 전이함수모형으로 간주할 수 있기 때문에 이는 다중 전이함수모형의 특수한 경우이며 개입분석모형의 추정, 검정, 예측은 다중 전이함수모형의 방법과 거의 동일하다. 개입요인의 발생은 모수의 추정과 예측에 직접적인 영향을 미치기 때문에 이의 존재를 확인하고 그 효과를 모형에 포함시키는 일은 대단히 중요하다. 개입변수에는 두 가지 종류가 있는데 어떤 조치의 효과가 특정시점 이후의 시계열에 지속적으로 유지되는 계단함수(step function)의 형태를 갖는 것과 특정시점의 시계열 값에만 일시적으로 영향을 주는 간헐함수(pulse function)의 형태를 갖는 것이 있다.

4 시계열자료 분석의 기초개념

시계열자료의 유형

1) 시계열자료의 유형

시계열 분석모형의 선택에 영향을 미치는 가장 주요한 요인은 시계열자료의 유형이다. 즉 과거 시계열자료의 유형이 증가나 감소유형을 보이는지 혹은 계절유형이나 순환유형을 보이는지에 따라 자료의 예측방법이 선택된다. 시계열자료가 어떤 유형을 가지고 있는지를 적절하게 식별하는 법은 시계열 분석에 사용되는 예측방법에 따라 달라진다.

관측되는 시계열자료는 규칙성을 가진 어떤 유형에 임의의 변동이 더하여진 것으로서

$$\text{자료} = \text{유형} + \text{임의성}$$

의 형태로 가정되는데 이 때 자료가 갖는 유형에는 수평유형, 추세유형, 계절유형, 순환유형 등의 네 가지가 있다. 대부분의 시계열자료는 이들 네 가지 유형으로 설명되며 이런 유형이 시계열자료 내에 별개로 발생하거나 함께 발생할 수 있다. 한편 임의성은 이들 추세유형, 계절유형 혹은 순환유형의 성분이 아닌 다른 변동을 보이는 것인데 대개 임의변동은 우연에 기인한 것으로 가정된다.

(1) 수평유형

수평유형(horizontal pattern) 혹은 정상유형(stationary pattern)은 시간이 경과하더라도 계열 내에 체계적으로 증가하거나 감소하는 경향이 없으며 일정 시점 전후의 부분계열의 평균값이 거의 같아서 일정한 평균수준을 유지하는 형태를 갖는 유형이다.

(2) 추세유형

추세유형(trend pattern)은 자료가 상향이나 하향의 지속적인 변동형태를 갖는 유형으로 이와 같은 유형의 시계열자료를 그래프로 표시하면 추세선을 중심으로 임의변동을 하면서 시간의 진행에 따라 증가하거나 감소하는 형태를 갖는다.

(3) 계절유형

계절유형(seasonal pattern)은 1년, 1개월, 혹은 1주일 등을 주기로 하여 계열이 일정한 반복 형태를 가지면서 변동하는 형태로, 대개 분기별, 월별, 주별로 단기간이고 규칙적인 순환현상을 보인다. 예를 들면, 일 년 중 평균기온의 변화에 따른 음료수 판매량 시계열자료나 한 주간의 요일에 따른 대형 할인마켓의 매출액 시계열자료, 감기로 인한 결석학생의 수 등이 이러한 형태를 갖게 된다. 이러한 형태의 시계열자료는 시계열의 변동에 영향을 미치는 기후조건이나 소비자의 구매행동과 같은 외적 요인에 따라 계절조정을 실시하여 자료를 분석하게 된다.

(4) 순환유형

순환유형(cyclical pattern)은 순환의 주기가 1년 이상인 것을 제외하고는 계절유형과 비슷한 형태인데 이 순환은 팽창, 또는 수축의 형태를 갖는다. 예를 들면 장기적인 경기순환에 관한 시계열자료들이 이와 같은 형태를 갖게 된다.

2) 시계열도표(time series plot, 시도표, 순차도표)

시계열도표

시계열도표(time series plot)는 시점 t(t=1, 2, . . . , T)와 시계열자료의 값 y_t의 그림으로서 모든 시계열자료 분석에서 일차적으로 작성되어야 하는 기본적 도구이다. 시계열도표의 작성에서는 수평축을 시축(time axis)으로 하는 것이 계열 변화를 보기에 편리하지만 자료 수 T가 매우 큰 경우에는 불가피하게 수직축을 시축으로 하여 작성하게 된다. 시계열 도표에서는 다음과 같은 사항들을 유의해서 살펴보아야 한다.

① 전반적인 추세변동(general trend): 평균치의 장기적인 변화
② 계절변동(seasonal variation): 월별 또는 분기별 변화
③ 순환변동(cycle): 계절변동 이외의 주기적 변화
④ 변환점(turning point): 시계열의 갑작스러운 변화
⑤ 특이값(outlier): 자료의 일반적 경향에서 벗어나는 이상값

시계열도표에서 특이값이 발견되면 먼저 이 특이값이 관측오류나 입력 실수에 의한 것이 아닌지를 확인하여야 하며, 만약 관측오류나 입력 실수에 의한 것이 아니라면 특이값이 모형의 식별과 적합 및 예측에 미치는 영향에 대한 검토가 필요하다. 또한 특이값이 발생하게 된 이유에 대한 유추나 특이값이 주는 시사점에 대한 논의 등의 과정이 필요하다.

시계열의 평균

3) 시계열의 평균

시계열자료 {Y_t, t=0, 1, 2, . . ., T}의 평균은 다음과 같이 정의된다.

$$E(Y_t) = \mu_t$$

여기서, t=0, 1, 2, . . . , T

시계열의 평균 μ_t는 확률변수 Y_t의 각 시점에서의 기댓값(expected value)이 되는데 이는 상수이거나 t에 관한 함수의 형태를 갖게 된다.

정상성

4) 정상성(stationality)

유한개의 관찰된 시계열자료를 통하여 모집단 시계열모형에 관한 통계적 추정 및 검정을 하기 위해서는 분석을 단순화시키는 합리적인 가정을 필요로 한다. 시계열 분석에서 가장 중요한 가정 중의 하나는 정상성 가정(stationarity assumption)인데 이것은 시계열 모형의 확률적 성질이 시간에 따라 변하지 않는다(time-invariant)는 것이다. 즉, 정상성이란 시계열자료의 평균, 분산 등에 체계적인 변화가 없고 또한 주기적인 변화도 없는 상태를

의미한다. 대부분의 시계열 이론들이 정상성을 가정하고 있기 때문에 정상적이 아닌 시계열은 정상시계열로 변환한 후에 분석되어야 한다. 정상성에는 절대정상성(strict stationarity; 엄격한 의미의 정상성)과 약정상성(weak stationarity; 약한 의미의 정상성)의 두 가지 개념이 있다.

(1) 절대정상성

시점 t_1, t_2, ... , t_n에서의 확률변수의 결합확률밀도함수(joint probability density function)가 시점 t_{1+k}, t_{2+k}, ... , t_{n+k}에서의 결합확률밀도함수와 같아서 다음과 같이 표현될 수 있을 때 시계열 $\{Y_t\}$는 절대정상성(strictly stationary)을 갖는다고 한다. 이러한 경우에는 시간축을 k만큼 이동하여도 모든 n에 대하여 결합밀도함수가 동일하다는 것을 의미하며 일반적으로 시계열이 절대정상성을 가지고 유한한 분산을 가지면 이 시계열의 자기공분산함수 및 자기상관함수는 단지 두 시점간의 시차에만 의존하게 된다. 결합밀도함수

$$f(Y_{t_1}, Y_{t_2}, \cdot\cdot\cdot, Y_{t_n}) = f(Y_{t_{1+k}}, Y_{t_{2+k}}, \cdot\cdot\cdot, Y_{t_{n+k}})$$

(2) 약정상성

절대정상성은 앞에서 정의한 대로 결합확률밀도함수에 의해서 판정되므로 모든 n에 대하여 조건이 만족되는 것을 보여야 하나 이는 매우 복잡할 뿐만 아니라 유한개의 관측값만을 가지고 이를 보이는 것은 쉽지 않다. 그러므로 시계열분석에서는 절대정상성보다는 조건이 약한 약정상성(weakly stationarity)을 정의해서 이를 만족하는 시계열모형을 정상적이라고 한다. 약정상성의 시계열 $\{Y_t\}$는 다음과 같은 조건을 만족한다.

① 결합적률 $E(Y_{t_1}, Y_{t_2}, \cdot\cdot\cdot, Y_{t_k})$가 모든 k=1, 2, ... , n에 대하여 존재하며,

② 이 적률은 시간 t_1, t_2, ... , t_k의 함수가 아니다.

약정상성의 정의로부터 결합적률이 존재하는 모든 절대정상시계열은 항상 약정상적임을 알 수 있다. 그러나 결합적률이 존재하지 않는 시계열, 예를 들면 코시분포(Cauchy distribution)의 확률변수는 절대정상이라고 해서 약정상이 되는 것은 아니다. 결합적률

(3) 이차 정상성

시계열자료의 모든 n에 대해 결합확률밀도함수가 동일하다는 것을 보이는 것이 현실적으로 불가능하기 때문에 이러한 조건을 약화시켜서 1차와 2차의 적률들이 동일한지 여부를 이용하여 정상성을 정의하는데 이와 같이 정의되는 정상성을 이차 정상성(second-order stationarity), 혹은 공분산정상성(covariance stationarity)이라고 부른다. 이차정상성 조건은 절대정상조건이나 약정상조건보다 훨씬 약한 조건으로 단지 일차, 이차의 적률만으로 정상성의 만족 여부를 알 수 있기 때문에 일반적으로 시계열분석에서의 정상성은 이차정상성을 지칭하며 다음과 같은 세 가지 조건을 만족하는 확률과정을 이차 정상 시계열이라고 한다. 경우에 따라서는 이와 같은 이차 정상성을 약정상성(weak stationarity)이라고 부르기도 한다.

공분산정상성

① $E(Y_t) = \mu$

② $Var(Y_t) = \sigma^2$

③ $E[(Y_t - \mu)(Y_{t+k} - \mu)] = Cov(Y_t, Y_{t+k}) = \gamma_k$

이 조건들은 시계열의 평균이 일정하고, 분산이 존재하고 상수이며, 두 시점 사이의 자기공분산이 시차에만 의존한다는 것이다. 실제로는 k=0인 특별한 경우에는 조건②와 조건③이 동일한 조건이 되기 때문에 조건②가 조건③에 완전히 포함되어 있다. 그런데 만약 시계열모형 $\{Y_t\}$의 분포가 정규분포를 한다면 평균과 분산만으로도 분포의 특성을 모두 설명할 수 있기 때문에 이와 같은 경우에는 절대정상성과 이차정상성은 동일한 조건이 된다.

추세를 갖는 시계열은 정상성의 조건을 만족할 수 없다. 왜냐하면 추세를 갖게 되면 평균이 일정하다는 정상성의 조건①을 만족할 수 없기 때문이다. 또한 시계열값의 변동이 증가하거나 감소하는 경향을 갖는 시계열은 조건②를 만족하지 못하기 때문에 역시 정상시계열이 될 수 없다. 조건③을 만족하지 못하는 시계열의 예로는 시차 1의 자기상관이 양(+)의 부호를 갖다가 음(-)의 부호를 갖는 등의 변화가 존재하는 경우이다.

자기상관함수

5) 자기상관함수(autocorrelation function)

일반적으로 시계열자료는 현재의 상태가 과거 및 미래의 상태와 밀접한 관계를 가지고 있기 때문에 시간의 진행에 따라 독립적이지 않으며 이러한 경우에 시계열자료는 자기상관을 갖는다고 한다. 시간의 진행에 따른 자기상관의 정도를 나타내는 함수로서 자기공분산함수(autocovariance function)와 자기상관함수(autocorrelation function; ACF)가 사용되는데 이들은 각각 시계열자료의 두 시점간 공분산과 상관계수로서 다음과 같이 정의된다.

$$\gamma_{t,s} = cov(Y_t, Y_s) = E(Y_t - Y_s)$$

여기서, t, s=0, 1, 2, . . . , T

$$\rho_{t,s} = corr(Y_t, Y_s) = \frac{\gamma_{t,s}}{\sqrt{\gamma_{t,t}}\sqrt{\gamma_{s,s}}}$$

여기서, t, s=0, 1, 2, . . . , T

이때 자기공분산함수와 자기상관함수는 다음의 성질을 만족한다.

① $\gamma_{t,t} = var(Y_t), \ \rho_{t,t} = 1$

② $\gamma_{t,s} = \gamma_{s,t}, \ \rho_{t,s} = \rho_{s,t}$

③ $|\gamma_{t,s}| \le \sqrt{\gamma_{t,t}} \cdot \sqrt{\gamma_{s,s}}$, 즉 $|\rho_{t,s}| \le 1$

자기상관함수를 그래프로 나타낸 것을 상관도표(correlogram)라고 하는데, 이것은 시계열의 자기상관함수 구조를 일목요연하게 보여 주기 때문에 모형수립 과정에서 자주 사용된다.

시간영역에서의 시계열분석은 자기상관함수를 통하여 시계열의 특성을 파악하게 된다. 그러나 우리가 실제로 관찰한 자료는 모집단의 일부 표본으로부터 얻어진 표본값이기 때문에 모집단의 자기상관함수는 표본으로부터 관찰된 값으로부터 추정해야 하며, 이 추정량(estimator)을 표본자기상관함수(sample autocorrelation function; SACF)라고 한다. 표본자기공분산함수 c_k와 표본자기상관함수 r_k는 다음과 같이 정의된다.

$$c_k = \frac{1}{n}\sum_{t=1}^{n-k}(Y_t - \overline{Y})(Y_{t+k} - \overline{Y})$$

$$r_k = \frac{c_k}{c_0}$$

여기서, t=0, 1, 2, . . . , T

n이 충분히 클 때 r_k는 점근적으로 정규분포를 따르며 $\rho_k = 0$인 경우에는

$$Var(\rho_k) \cong \frac{1}{n}(1+2\sum_{t=1}^{k}\rho_i^2)$$

임이 알려져 있다. 특히 Y_1, Y_2, . . . , Y_n이 서로 독립이고 동일한 분포를 가질 때 (independently and identically distributed; i.i.d) r_k는 점근적으로 정규분포를 따르며 다음과 같은 평균과 표준편차를 갖는 것이 알려져 있다. 이 성질을 이용하여 $\rho_k=0$의 가설이 검정될 수 있다.

$$E(r_k) \cong 0$$

$$Var(r_k) \cong \frac{1}{n}$$

부분자기상관함수

6) 부분자기상관함수(partial autocorrelation fuction)

Y_t와 Y_{t+k}의 관계를 나타내기 위하여 자기상관함수(ACF)와 함께 유용하게 사용되는 통계량으로는 부분자기상관함수(partial autocorrelation function; PACF)가 있다. 우선, 세 개의 변수 X, Y, Z가 있을 때 Z의 효과를 제거한 X와 Y간의 부분상관관계는 다음과 같이 정의된다.

$$\rho_{XY,Z} = \frac{E[(X-E(X \mid Z)) \cdot (Y-E(Y \mid Z))]}{\sqrt{E[(X-E(X \mid Z))^2 \cdot (Y-E(Y \mid Z))^2]}}$$

부분자기상관함수는 자기상관함수와 함께 ARIMA 모형에 의한 시계열분석에서 가장 중요한 함수이다. 자기상관함수는 시계열 Y_t와 Y_{t-k}간의 상관관계를 나타내 주는 반면에 부분자기상관함수는 t와 t-k 사이의 시계열 Y_{t-1}, Y_{t-2}, . . . , Y_{t-k-1}의 상호 상관관계를 제거한 후의 Y_t와 Y_{t-k}간의 상관관계를 나타내 준다. 즉, 부분자기상관함수는 Y_{t-1}, Y_{t-2}, . . . , Y_{t-k-1}을 조건으로 하는 Y_t와 Y_{t-k}간의 상관관계로서 다음과 같이 정의된다.

$$\phi_{kk} = corr(Y_t, Y_{t-k} | Y_{t-1}, \cdot\cdot\cdot, Y_{t-k-1})$$

시계열 Y_1, Y_2, . . . , Y_n이 관측되었을 때 부분자기상관함수는 표본으로부터 얻어진 표본상관계수를 사용하여 추정할 수 있는데 이 추정량을 표본 부분자기상관함수(sample partial autocorrelation function; SPACF)라 하고 $\hat{\phi}_{kk}$로 표시한다. 표본자료로부터 $\hat{\phi}_{kk}$를 계산하는 것은 k가 클 때는 행렬이 커지기 때문에 매우 복잡한데 Durbin(1960)은 초기값을 $\hat{\phi}_{11} = r_1$으로 하여 이를 반복적으로 계산하는 식을 제시하였으며 이를 Durbin-Levinson algorithm이라고 부른다.

7) 백색잡음과정(white noise process)

백색잡음과정

정상적인 확률과정 중에서 서로 독립이고 동일한 분포를 따르는(independently and identically distributed; i.i.d) 확률변수들의 계열로 구성된 확률과정을 백색잡음과정이라 부른다. a_1, a_2, ..., a_t를 평균이 0이고 분산이 σ^2인 동일한 분포로부터 독립적으로 얻어지는 확률변량이라고 할 때 백색잡음과정은

$$y_t = \mu + a_t$$

여기서, t=1, 2, ... , T

로 정의된다. 여기서 μ는 평균을 나타내는 모수이다. 백색잡음과정은 각 시점에서 상호 독립적이기 때문에 이 모형에서 임의의 시차 k(≠0)를 갖는 시계열자료 값들 간의 자기상관계수는 영(zero), 즉, corr(z_t, z_{t-k})=0이 된다. 그러므로 이 과정의 평균과 분산 및 공분산은 모든 t에 대하여 다음과 같다.

$$E(Y_t - \mu) = E(a_t) = 0$$

$$Var(Y_t) = Var(a_t) = E(a_t^2) = \sigma_a^2$$

$$Cov(Y_t, Y_{t+k}) = Cov(a_t, a_{t+k}) = 0$$

백색잡음과정은 시계열분석에서 자주 사용되는 확률과정으로서 $\{a_t\}$가 서로 독립이고 같은 분포를 가지며 평균이 0인 확률변수이기 때문에 절대정상성을 갖는다. 따라서 백색잡음과정의 자기공분산함수와 자기상관함수는 각각

$$r_k = \begin{cases} \sigma^2, & if \quad k = 0 \\ 0, & if \quad k \neq 0 \end{cases}$$

$$\rho_k = \begin{cases} 1, & if \quad k = 0 \\ 0, & if \quad k \neq 0 \end{cases}$$

이며, 부분자기상관함수는

$$\phi_{kk} = \begin{cases} 1, & if \quad k=0 \\ 0, & if \quad k \neq 0 \end{cases}$$

이 된다. 시계열분석의 오차항에 대하여 관례적으로 백색잡음이라는 용어를 사용하는 이유는 스펙트럼분석으로부터 나온 것으로서 백색광선을 프리즘에 통과시키면 여러 색깔의 스펙트럼이 나타나는 것처럼 오차를 스펙트럼 분석하면 여러 가지의 불규칙하고 독립적인 변동으로 분해되기 때문이다.

확률보행과정

8) 확률보행과정(random walk process)

$a_1, a_2, \ldots, a_T$를 앞의 백색잡음과정에서 정의된 바와 같은 확률변량이라고 할 때 확률보행과정은 다음과 같이 정의된다.

$$y_t = y_{t-1} + a_t$$

$$y_0 = \mu$$

여기서, $t=1, 2, \ldots, T$

a_t를 시점 t에서 어떤 사람이 임의의 방향으로 움직이는 보폭이라고 하면 Y_t는 $t=0$일 때 원점을 출발하여 t 시점에서의 위치를 표시하게 된다. 따라서 이를 확률보행과정 혹은 임의보행과정이라고 부른다. 그러므로 t 시점에서의 확률보행과정의 관측값은 다음과 같이 출발점, 즉, 0 시점에서의 관측값에 t 시점까지의 백색잡음과정을 합한 값이 된다.

$$y_t = \mu + a_1 + a_2 + \cdot \cdot \cdot + a_t$$

여기서, $t=1, 2, \ldots, T$

확률보행과정의 특징은 임의의 시차 k(≠0)를 갖는 시계열자료 값들 간의 자기상관계수가 시차 k만의 함수가 아니라 t와 k의 복합함수로 표현된다는 점이며 확률보행과정은 대표적인 비정상(nonstationary) 확률과정이 된다. 이의 분산과 공분산은 다음과 같이 표현될 수 있으며 이러한 확률과정의 예로는 주가(stock price) 등을 들 수 있다.

$$Var(Y_t) = Var(\sum_{i=1}^{t} a_i)$$
$$= t\sigma_a^2$$
$$Cov(Y_t, Y_{t+k}) = E[(\sum_{i=1}^{t} a_i) \cdot (\sum_{i=1}^{t+k} a_i)]$$
$$= E(\sum_{i=1}^{t} a_i^2)$$
$$= t\sigma_a^2$$

5 시계열 회귀분석모형

회귀분석모형을 이용한 시계열자료의 분석과 예측은 종속시계열의 예측에 독립시계열이 사용된다는 점에서 지수평활모형이나 ARIMA 모형과 차이를 갖는다. 시계열 회귀분석모형을 이용한 시계열자료의 분석은 종속시계열에 영향을 미치는 독립시계열(들)을 발굴하고 이 독립시계열(들)이 종속시계열에 영향을 미치는 함수관계를 규명한 후에 이 함수관계의 모수를 추정하는 작업을 통하여 수행된다. 시계열 회귀분석모형에 의한 종속시계열의 분석과 예측은 이 외에도 종속시계열의 예측값 추정을 위하여 독립시계열의 미래값 예측이 선행되어야 한다는 어려움이 있다.

독립시계열

시계열 회귀분석모형은 종속시계열자료의 움직임을 효과적으로 설명하는 독립시계열이 존재할 때 유용하게 사용될 수 있는 방법이다. 해마다 학생수, 교사수 등 교육통계 관련 주요 자료들의 예측을 실시하고 그 결과를 발표하고 있는 미국의 국립교육통계본부(National Center for Education Statistics; NCES)에서는 시계열 회귀분석모형과 ARIMA 모형을 주요 교육통계자료의 예측을 위한 기본 모형으로 사용하고, 시계열 회귀분석모형에 사용되는 독립시계열의 미래값은 지수평활모형을 이용하여 예측하는 방법을 사용하고 있다.

일반 회귀분석(ordinary regression)의 중요한 가정들 중의 하나는 오차항들이 서로 독립이라는 것이다. 그러나 시계열자료의 분석모형에서는 보통 오차항들이 시간의 진행에 따라 서로 상관되어 있는 현상이 나타난다. 따라서 이러한 경우는 일반적인 회귀분석의 가정이 위반되기 때문에 일반 회귀분석 방법을 시계열자료의 분석에 적용하는 것이 적절하지 않게 된다. 오차항들의 상호독립에 대한 가정의 위반은 일반 회귀분석에 대하여 다음과 같은 세 가지의 중요한 영향을 미치게 된다.

① 모수의 유의성에 대한 검정결과와 예측값의 신뢰구간 추정결과가 정확하지 않게 된다.
② 오차항의 자기상관이 감안된 분석방법을 사용하였을 때보다 회귀계수의 추정값이 효율적(efficient)이지 않게 된다.
③ 일반회귀분석에 의한 잔차가 서로 독립적이지 않기 때문에 이들 잔차에는 예측값을 개선시킬 수 있는 정보가 포함되어 있게 된다.

오차의 자기상관을 감안하는 시계열 회귀분석모형은 다음과 같은 모형에서 β와 ϕ_t를 동시에 추정함으로써 오차의 자기상관을 제거하는 방법으로 이러한 문제들을 해결할 수 있게 된다. 이와 같은 회귀분석모형은 자기회귀오차수정(autoregressive error correction) 또는 자기상관수정(serial correlation correction) 회귀분석모형이라 불린다.

$$y_t = \boldsymbol{x}'_t\beta + \nu_t$$

여기서, $\nu_t = -\varphi_1\nu_{t-1} - \varphi_2\nu_{t-2} - \cdot\cdot\cdot - \varphi_m\nu_{t-m} + \epsilon_t$

$\epsilon_t \sim N(0, \sigma^2)$

회귀분석모형의 형태

1) 회귀분석모형의 형태

일반적으로 선형회귀분석모형에서 선형(linear)의 의미는 모형이 모수(parameter)에 대하여 선형의 관계를 가짐을 의미하며 보통 선형회귀분석모형은 간단히 회귀분석모형이라고 불리기도 한다. 일반적으로 많이 사용되는 회귀분석모형들로는 다음과 같은 형태가 있다.

(1) 선형회귀분석모형

한 개의 독립시계열 X_t에 의하여 종속시계열 Y_t가 설명되고 예측되는 모형을 단순(선형) 회귀분석모형(simple linear regression model)이라 하며 이는 다음과 같이 모형화 될 수 있다. 단순(simple)의 의미는 회귀분석모형의 독립시계열이 한 개임을 의미한다.

$$y_t = \beta_0 + \beta_1 x_t + \epsilon_t$$

여기서, $E[\epsilon_t] = 0$

$$Var[\epsilon_t] = \sigma^2$$
$$E[\epsilon_t \epsilon_{t+k}] = 0, \text{ for } k > 0$$

종속시계열이 한 개의 독립시계열에 의하여 설명되면서 독립시계열의 이차항이 회귀모형에 포함되어 있는 형태를 이차선형회귀분석모형이라 하며 이는 일반적으로 다음과 같은 형태를 갖는다.

$$y_t = \beta_0 + \beta_1 x_t + \beta_2 x_t^2 + \epsilon_t$$

(2) (선형)추세모형

선형회귀분석모형의 특수한 형태로서 단순(선형)회귀분석모형에서 독립시계열이 시간의 선형함수일 때 이를 선형 추세모형(linear trend model, 추세모형)이라 한다. 이는 다음과 같이 간단하게 표현될 수 있는데 이 모형에서 종속시계열 $\{Y_t\}$의 평균은 시점 t에서 $\alpha + \beta_t$가 되어 시간의 선형함수가 된다.

$$y_t = \beta_0 + \beta_1 t + \epsilon_t$$

또한 이차선형회귀분석모형에서 독립시계열이 역시 시간의 선형함수가 되면 이는 다음과 같이 곡선형태를 따르는 모형으로 간단히 표현될 수 있으며 이를 이차 추세모형(quadratic trend model)이라 한다.

$$y_t = \beta_0 + \beta_1 t + \beta_2 t^2 + \epsilon_t$$

이보다 고차 추세모형의 일반형은 다음과 같이 p차의 선형 다항 추세모형(linear polynomial trend model, 다항식 추세모형)으로 표현할 수 있으며 이 때 이들 모형에서의 오차항들은 모두 단순선형회귀모형의 가정과 동일하게, 서로 독립이고, 평균이 0, 분산이 σ^2인 정규분포를 따르는 것으로 가정된다. 고차의 다항 추세모형의 추정은 다중회귀모형의 경우와 마찬가지로 행렬을 이용하는 것이 편리하다.

$$y_t = \beta_0 + \beta_1 t + \beta_2 t^2 + \cdot\cdot\cdot + \beta_p t^p + \epsilon_t$$

다항 추세모형의 분석에는 일반적인 회귀분석의 절차를 동일하게 적용한다. 즉, 모형의 식별단계에서 주어진 자료가 모형을 적합시키기 위한 등분산성 등의 가정들을 만족시키는지 점검하고 이러한 가정이 만족되지 못할 경우에는 로그변환 등과 같은 분산안정환 변환을 통하여 자료를 변환한다. 다음으로는 변환된 자료의 시계열도표를 그려보는 절차를 통하여 변환된 자료에 적절한 모형을 잠정적으로 선택한다. 다음으로 모형의 추정단계에서는 잠정적으로 선택된 모형에 포함된 모수를 주어진 자료를 이용하여 추정하며, 마지막으로 모형의 진단단계에서는 잔차분석 등을 통하여 추정된 모형이 주어진 자료에 잘 적합한지를 진단한다.

독립시계열이 시간의 수리적 함수 형태인 경우로는 다음과 같은 형태가 있는데 이와 같은 모형은 시계열이 계절적 요인의 영향을 받는 경우에 흔히 나타나는 형태이다. 계절성분만을 갖는 시계열은 삼각함수(trigonometric function) 또는 지시함수(indicator function)를 이용하여 표현된다.

$$y_t = \beta_0 + \beta_1 t + \beta_2 \sin(wt) + \beta_3 \cos(wt) + \epsilon_t$$

(3) 비선형 추세모형

경제나 경영활동과 관련된 많은 시계열자료들이 선형 추세모형으로 설명이 가능한 반면에 성장이나 학습과 관련된 자료들은 성장이 기하급수적으로 증가하는 양상을 나타내는 경우가 많이 있다. 이와 같은 자료들은 다음과 같은 비선형모형(nonlinear model)에 의해서 설명될 수 있는데 이 비선형모형은 모형에 지수함수가 포함되어 있어서 흔히 지수성장모형이라고 불리기도 한다.

$$y_t = \exp(\beta_0 + \beta_1 x_t)\epsilon_t$$

이 모형은 양변에 자연대수(자연로그)를 취하면 다음과 같이 모수에 관하여 선형인 함수가 되어서 다항 추세모형과 동일한 형태가 되며 이와 같이 선형으로 변환되는 모형은 변형을 실시한 후에 선형회귀모형의 분석법에 의하여 분석이 실시된다.

$$\ln y_t = \beta_0 + \beta_1 x_t + \ln \epsilon_t$$

비선형추세모형으로 많이 이용되는 형태로는 흔히 성장곡선(growth curve)이라고 불리는 S자 형태의 곡선(S-curve)을 들 수 있는데, 성장이나 학습 등의 자료는 이러한 모형에 의해서 설명이 가능한 경우가 많이 있으며 다음과 같은 형태를 갖는다.

$$y_t = \exp(\beta_0 + \frac{\beta_1}{t})\epsilon_t$$

이 식의 양변에 자연대수를 취하면 다음과 같은 다항 추세모형의 형태를 얻을 수 있다.

$$\ln y_t = (\beta_0 + \frac{\beta_1}{t}) + \ln \epsilon_t$$

S-curve는 Ayres(1969) 등의 학자들에 의해서 기술의 발전 속도, 상품의 수명주기 등을 설명하는데 유용하다는 것이 보여졌다. 비선형 추세모형 중에서 많이 사용되는 형태로는 S 곡선 이외에 다음의 곰페르츠 곡선(Gompertz-curve)이 있다. S-curve

$$E(y_t) = K \cdot \exp[-\beta_0 \exp(-\beta_1 t)]$$

또한 이밖에 다음과 같은 Von Bertalantiff 곡선과 로지스틱곡선(logistic curve) 등도 많이 사용된다.

$$E(y_t) = [1 - \beta_0 \exp(-\beta_1 t)]^3$$

$$E(y_t) = \frac{K}{1 + \exp(\beta_0 + \beta_1 t)}$$

2) 시계열을 독립변수로 사용하는 모형

시계열을 독립변수로 사용하는 모형

종속시계열이 다른 독립변수(들)에 의하여 설명되는 모형으로는 다음과 같이 다른 시계열을 종속변수에 대한 설명변수로 사용하는 형태와 자기계열의 시차를 가진 과거값을 설명변수로 사용하는 형태가 있다.

$$y_t = \beta_0 + \beta_1 x_t + \beta_2 z_t + \epsilon_t$$

$$y_t = \beta_0 + \beta_1 y_{t-1} + \beta_2 y_{t-2} + \epsilon_t$$

대다수의 경제예측모형들은 종속시계열 $\{Y_t\}$의 움직임을 설명하기 위하여 다른 시계열들을 독립변수로 하는 중회귀모형을 사용하고 있다. 그런데 이 모형에서는 시점 N에서의 미래계열인 y_{N+1}을 예측하기 위해서는 독립시계열들의 N+1시점의 관측값을 먼저 알아야 예측 하기 때문에 이들을 먼저 예측해야만 하는 문제점이 있다. 또한, 이때 독립시계열들의 예측에서 발생되는 오차가 y_{N+1}의 예측에 부가되기 때문에 y_{N+1}의 예측오차가 커져서 예측의 정확성이 떨어지게 된다. 독립시계열의 예측문제만이 아니라 예측에 사용되는 독립시계열을 선택하는 문제 역시 많은 노력이 요구되는 쉽지 않은 문제이다.

그러나 독립변수(들)이 시계열인 경우 이들이 종속변수의 선행지수(leading indicator)가 되면 회귀분석에 유용하게 이용될 수 있다. 시계열분석을 실시하는 경우에 독립변수의 계열이 종속변수 계열에 대하여 얼마의 시차를 가지고 선행하는가는 경험적으로 알고 있는 경우가 많이 있다. 만약 이러한 정보가 없을 경우에는 교차상관함수(cross correlation function; CCF)를 이용하여 이를 조사할 수 있는데 이 교차상관함수는 두 계열이 모두 정상성을 가질 때만 사용될 수 있다는 제한점이 있다. 정상성을 갖추지 못한 시계열을 정상적인 시계열로 변환시키는 가장 효과적인 방법은 차분을 이용하는 것이다.

보통 시계열을 독립변수로 사용하는 모형의 분석에서는 모형의 오차항에 자기상관(auto-corelation) 또는 계열상관(serial correlation)이 나타난다. 시계열이 시차를 가진 자기계열에 의해서 설명되는 형태를 자기회귀모형이라고 부르는데(자기회귀모형에 대해서는 '4.1 AR모형'에 자세히 설명되어 있다.) 모형의 오차항이 과거 p차의 자료에 의해서 설명되는 다음과 같은 형태를 가지는 모형을 AR(p)모형(autoregressive model of order p; AR(p) model)이라고 한다.

$$\epsilon_t = \phi_1\epsilon_{t-1} + \phi_2\epsilon_{t-2} + \cdot\cdot\cdot + \phi_p\epsilon_{t-p} + \nu_t$$

여기서, $\{\upsilon_t\}$는 평균이 0이고 분산이 σ_υ^2인 백색잡음과정

오차항이 AR(p)모형을 가지게 되면 오차들의 공분산행렬이 대각행렬의 형태를 갖지 못하게 되는데 이와 같은 모형에서 발생되는 문제점은 모수에 대한 최소자승추정량들이 비효율적(inefficient)이 된다는 점이다. 이러한 문제점은 오차항의 모형에 따라 일반화 최소자승추정량(generalized least squares method; GLS method)이나 최우추정법 등으로 비효율성 문제를 해결할 수 있다.

오차항은 AR모형 외에 다음과 같은 형태를 가지기도 하며 이와 같은 모형을 MA(q)모형(moving average model of order q; MA(q) model; 이동평균모형)이라고 한다(이동평균모형에 대해서는 '4.2 MA모형에 자세히 설명되어 있다).

$$\epsilon_t = \nu_t - \theta_1 \nu_{t-1} - \theta_2 \nu_{t-2} - \cdot \cdot \cdot \cdot - \theta_q \nu_{t-q}$$

여기서, $\{\upsilon_t\}$는 평균이 0이고 분산이 σ_υ^2인 백색잡음과정

오차항이 가질 수 있는 확률모형은 AR모형이나 MA모형 이 외에도 여러 가지가 있으나 시계열 회귀분석에서는 AR모형이나 MA모형이 많이 사용되며 그 중에서도 특히 AR(1)모형이 자주 사용된다.

3) 모형의 추정

모형의 추정

앞에 제시된 여러 가지 모형들의 모수추정에는 주로 다음과 같은 추정방법들이 사용된다.

(1) 오차의 상관계수 행렬이 알려져 있는 경우의 추정방법

오차의 시계열 $\varepsilon=(\varepsilon_1, \varepsilon_2, ... , \varepsilon_T)$의 상관계수행렬 Ω를 알고 있는 경우에는 일반화 최소자승추정법(generalized least squares estimation; GLS estimation)이나 최우추정법(maximum likelihood estimation method)을 사용할 수 있다. 오차항이 서로 독립이고 동일한 분산을 갖는다는 Gauss-Markov 조건을 만족하지 않는 회귀모형을 다음과 같이 표현하면

$$y = X\beta + \epsilon$$

여기서, ε는 평균이 0이고 분산이 $\sigma^2\Omega$이다.

이 회귀모형에 대하여 다음이 성립한다.

$$\Omega^{-\frac{1}{2}} y = \Omega^{-\frac{1}{2}} X\beta + \Omega^{-\frac{1}{2}} \epsilon$$

여기서 $\boldsymbol{\Omega^{-1/2}\epsilon}$은 평균이 0이고 분산이 $\sigma^2 I$이다. 이 모형에 최소자승추정법을 적용하면 일반화 최소자승추정량을 얻을 수 있다.

(2) Yule-Walker 추정법

오차항이 AR(1)모형을 만족하는 경우의 상관계수행렬 Ω는 AR(1)모형의 자기회귀계수 ρ로 나타낼 수 있기 때문에 일단계에서 자기회귀계수 ρ의 추정량을 얻고 다음 단계에서는

이 추정량을 사용해서 모수에 대한 일반화 최소자승추정량을 얻을 수 있다. 이 두 번째 단계에서는 두 가지 방법이 사용될 수 있는데 첫 번째 방법은 모든 관찰들을 사용해서 일반화 최소자승추정을 하는 Prais와 Winsten(1954)의 방법이고, 두 번째 방법은 Cochrane과 Orcutt(1949)이 제시한 대로 첫 번째 관찰을 제외하고 나머지 관찰들만 사용해서 일반화 최소자승추정량을 얻는 방법이다. 관찰의 개수가 많지 않은 경우에는 Cochrane-Orcutt 변환을 사용해서 계산한 일반화 최소자승추정량의 분산이 최소자승추정량의 분산보다 클 수도 있다. 특히 관찰의 개수가 작으면서 추세를 나타내는 변수를 설명변수로 택하는 경우에는 첫 번째 관찰을 제외한 Cochrane-Orcutt 변환의 효율성(efficiency)이 떨어지는 경향이 있다.

(3) 비조건부 최소자승추정법

비조건부 최소자승추정법(unconditional least squares estimation method)은 대수우도함수(log likelihood function)의 지수부분을 최소화하는 것이다.

(4) 최우추정법

오차항이 AR모형을 이루며 정규분포를 가질 때에는 최우추정법(maximum likelihood estimation method)을 적용해서 회귀모형을 추정할 수 있다.

모형의 진단

4) 모형의 진단

회귀분석은 일반적으로 오차항이 서로 독립이고 동일한 분산을 갖는다는 Gauss-Markov 조건을 바탕으로 하고 있다. 때때로 오차항에 대하여 정규분포를 가정하기도 한다. 그러나 실제 자료에서는 이와 같은 가정들이 성립되지 않는 경우가 많이 있기 때문에 시계열자료의 분석결과를 가지고 이와 같은 가정들이 만족되고 있는지를 검토해야 한다. 관측값에서 적합값(fitted value)을 뺀 잔차들을 분석해 봄으로써 오차항에 대한 가정들의 성립여부를 검토할 수 있다. 여기에서는 회귀분석모형에서만이 아니라 지수평활모형과 ARIMA 모형을 포함한 일반적인 시계열자료의 분석모형에서 모두 사용될 수 있는 잔차분석 방법들을 소개한다.

(1) 잔차의 산포도(산점도) 검토

잔차분석의 첫 단계는 잔차들의 시계열 산포도(시계열도표, 순차도표)를 그려서 선택된 시계열모형이 주어진 시계열 자료에 적합한가를 직관적으로 판단해 보는 것이다. 선택된 시계열모형이 타당하고 오차항이 등분산성을 갖는다면 시계열 산포도를 그려보았을 때 잔차들은 0을 중심으로 완전한 임의성, 즉 난수성(randomness)을 보여야 할 것이다. 그러나 이 시계열 산포도가 어떤 특정한 유형(pattern)을 보이면 선택한 시계열모형은 주어진 시계열자료에 적합하지 않은 것이 된다.

(2) 정규성 검정(normal score test)

오차의 확률분포가 정규분포에서 많이 벗어나는 경우에는 통계처리의 결과를 해석하는 데에 신중을 기하여야 한다. 그 이유는 추정과 검정에서 사용되는 t분포, F분포 등은 모두 오차가 정규분포를 하는 것을 가정하고 있기 때문이다. 자료의 정규성을 조사하는 가장 기본적인 방법은 자료를 정규확률종이(normal probability plot)에 그려보는 방법이다. 정규확률종이란 누적정규분포가 직선으로 표현되도록 만들어진 모눈종이를 말한다. 정규확률종이에 그림을 그리는 방법은 횡축에 t번째(t=1, 2, . . ., n)의 표준화된 잔차를 크기순으로 나열하고 종축에는 t번째의 정규값을 표시하여 이 그래프가 직선형태를 취하면 잔차는 정규분포에 따른다고 판정한다. 여기서 t번째 정규값은 표준정규분포에서 $\frac{(t-3/8)}{(n+1/4)}$까지의 누적확률값으로 정의된다.

그러나 이 정규확률종이에 의한 방법은 이 그래프가 직선인지 아닌지를 구분하기가 어려운 경우가 많이 있는데, 이와 같은 경우에는 잔차와 정규값간의 표본상관계수를 구하여 이 값이 임계값보다 작으면 정규성을 기각하는 방법이 사용된다. 표본상관계수를 검정하는 방법으로는 관찰의 개수가 2,000개 이하인 경우는 Shapiro-Wilk의 W 통계량을 사용하고, 관찰의 개수가 2,000개 이상인 경우에는 Kolmogorov-Smirnov의 D 통계량을 사용한다.

(3) 독립성(무작위성) 검정

시계열자료에 추세가 없는 모형을 적합하는 경우에는 자료가 추세를 가지고 있지 않은지에 대한 검정이 필요하다. 이를 위한 검정방법으로는 다음과 같은 세 가지의 비모수 검정법(nonparametric test)이 많이 사용된다.

① 연검정(run test, 런 검정)

연(runs)이란 일련의 시계열자료에서 자료의 부호가 바뀔 때까지의 동일한 부호의 연속으로 정의된다. 만약 자료의 평균이 0이 아니라면 각 자료에서 평균값을 뺀 값의 부호가 바뀔 때까지의 동일한 부호의 연속을 한 개의 연으로 정의한다. 시계열이 추세, 즉 양(+)의 자기상관을 가지는 경우에는 작은 수의 연을 갖게 되며 부의 자기상관을 가지는 경우에는 많은 수의 연을 갖게 된다. 시계열자료의 수가 2m개이고 평균보다 크거나 작은 연의 수를 R이라고 하면 잔차가 독립성을 갖는 경우의 R은 무작위로 배열된 양(+)과 음(−)의 값을 갖는 오차들이 우연히 동일한 부호를 갖게 배열된 수가 되며 이는 다음과 같은 평균과 표준편차를 갖는다.

$$\mu_R = m+1$$

$$\sigma_R = \left[\frac{m(m+1)}{2m-1}\right]^{1/2}$$

시계열자료에 추세가 존재하는지의 여부에 대한 검정은 다음과 같이 시계열자료의 잔차로부터 관측된 연의 수 R의 표준화 값에 대하여 실시한다.

$$z = \frac{|R-\mu_R|}{\sigma_R}$$

이 표준화된 통계량에 다음과 같은 기각역을 적용하여 시계열자료에 추세가 존재하지 않는다는 가설을 검정하게 된다.

$$|z| > Z_{\frac{\alpha}{2}}$$

② 전환점 검정

시계열자료가 추세가 없는 모형을 적합시키기에 적당한지를 점검하는 또 다른 방법으로는 앞에 설명된 연검정보다 시계열자료가 가지고 있는 정보를 더 많이 사용하는 방법인 전환점 검정(turning points test) 방법이 있다.

전환점이란 시계열자료가 방향을 바꾸는 정점(peak) 혹은 저점(trough)을 지칭한다. 전환점의 수를 계산하는 편리한 방법은 일차 차분값(y_t-y_{t-1})을 계산하여 이의 부호가 변화하는 숫자를 확인하는 것이다. 시계열이 양(+)의 자기상관을 가지는 경우에는 독립성을 가진 시계열보다 전환점의 수가 적으며, 시계열이 부(-)의 자기상관을 가지는 경우에는 독립성(무작위성)을 가진 시계열보다 전환점의 수가 많아지게 된다. 시계열이 독립성(무작위성)을 가지는 경우에는 전환점의 수가 정규분포를 하게 되기 때문에 전환점의 수를 이용한 독립성 검정은 정규분포의 백분위값을 이용해서 실시할 수 있다.

시계열자료의 수가 n개이고 전환점의 수를 U라고 하면 시계열이 추세를 가지지 않는 경우에는 시계열자료로부터 관측되는 전환점의 수 U는 다음과 같은 평균과 표준편차를 갖는다.

$$\mu_U = \frac{2(n-2)}{3}$$

$$\sigma_U = \left[\frac{16n-29}{90}\right]^{1/2}$$

따라서 시계열자료에 추세가 존재하는지의 여부에 대한 검정은 시계열자료가 추세를 갖지 않는 경우의 U의 평균과 표준편차를 이용하여 시계열자료로부터 관측된 전환점의 수 U를 다음과 같이 표준화하여 실시한다.

$$z = \frac{|U-\mu_U|}{\sigma_U}$$

이 표준화된 통계량에 대하여 위의 연검정과 마찬가지로 다음과 같은 기각역을 적용하여 시계열자료에 추세가 존재하지 않는다는 가설을 검정하게 된다.

$$|z| > Z_{\frac{\alpha}{2}}$$

③ 상관계수에 의한 검정

시계열자료가 추세를 갖는지에 대한 보다 강력한 검정방법은 스피어만(Spearman)의 상관계수나 켄달(Kendall)의 상관계수를 이용하는 방법이다. 스피어만 상관계수 r_s를 이용하여 시계열의 추세를 검정하는 방법은 다니엘(Daniel) 검정법이라고 불리는데 이 검정법에서는 각 시점과 각 시점에서 관찰된 시계열자료 값의 짝인(t, y_t)에 관한 스피어만 상관계수를 계산한다. 이때 시계열자료가 추세를 가지고 있지 않다는 가설에 대한 검정통계량은 다음과 같으며 이 검정통계량의 기각역은 연검정이나 전환점검정과 동일하게 된다.

$$z = \frac{r_s - \mu_{r_s}}{\sigma_{r_s}}$$

여기서, $\mu_{r_s} = 0$, $\sigma_{r_s} = \frac{1}{\sqrt{n-1}}$

한편 시계열자료의 추세에 대한 켄달의 검정은 시계열자료의 관측치의 수가 n개인 경우에 각 관측값들로 $_nC_2 = n(n-1)/2$개의 짝을 구성하여 이들 짝을 구성하는 두 개 관측치의 값을 비교하여 실시하게 된다. 각 짝을 구성하는 두 시점의 관측값 중에서 시간적으로 나중에 관측된 시계열자료의 값이 먼저 관측된 시계열자료의 값보다 큰 경우의 수를 N_U, 나중에 관측된 시계열자료의 값이 먼저 관측된 시계열자료의 값보다 큰 경우를 N_D라고 하면

$$N_U + N_D = \frac{n(n-1)}{2}$$

가 된다. 켄달의 상관계수는 이들 N_U와 N_D를 이용하여

$$\begin{aligned} \tau &= \frac{N_U - N_D}{n(n-1)/2} \\ &= 1 - \frac{4N_D}{n(n-1)} \\ &= \frac{4N_U}{n(n-1)} - 1 \end{aligned}$$

로 정의되며, 시계열자료의 추세에 대한 켄달의 검정통계량은 이 상관계수를 이용하여

$$Z_\tau = \frac{\tau - \mu_\tau}{\sigma_\tau}$$

여기서, $\mu_\tau = 0$, $\sigma_\tau = \left[\frac{2(2n+5)}{9n(n-1)}\right]^{1/2}$

로 정의된다. 이 검정통계량의 기각역은 위에 제시된 검정통계량들과 동일하게 된다.

(4) 자기상관 검정

앞에 제시된 잔차의 산포도 점검에서 잔차들이 0을 중심으로 무작위로 산포되어 있지 않고 체계적인 상관관계가 존재할 경우에는 오차항간의 상관관계에 대한 검토가 실시되어야

한다. 이러한 상관관계 중에서 오차들 사이에 자기상관(first order autocorrelation, first order serial correlation)이 존재하는지를 조사하는 데 사용되는 검정법이 Durbin-Watson 검정이다(Durbin & Watson, 1950, 1951, 1971). 이때 오차항들의 독립성을 검정하기 위한 가설은 다음과 같다.

H_0: $\rho_1 = 0$

H_1: $\rho_1 \neq 0$

회귀모형에서 오차항들이 자기회귀모형인 AR(1)을 만족하는 확률과정일 때 오차항들간의 관계는 다음과 같이 표현된다.

$$\epsilon_t = \rho\epsilon_{t-1} + \delta_t$$

여기서, $|\rho| \le 1$, $\delta t \sim N(0, \sigma^2)$

AR(1)모형은 t 시점에서의 관측값을 종속변수로 하고 t-1 시점에서의 관측값을 설명변수로 갖는 모형으로서 자기 자신의 과거에 회귀시킨다는 의미에서 자기회귀모형이라는 표현을 사용한다. 오차항들간의 1차 자기상관계수는

$$\rho_1 = corr(\epsilon_t, \epsilon_{t-1}) = \frac{cov(\epsilon_t, \epsilon_{t-1})}{\sqrt{var(\epsilon_t)}\sqrt{var(\epsilon_{t-1})}}$$

가 되므로 오차항들간의 1차 표본자기상관계수는

$$\hat{\rho}_1 = \frac{\sum_{t=2}^{n}\epsilon_t\epsilon_{t-1}}{\sum_{t=1}^{n}\epsilon_t^2}$$

가 된다. 따라서 영가설 $\rho_1 = 0$을 검정하기 위한 Durbin-Watson 통계량 D는 다음과 같이 정의된다.

$$D = \frac{\sum_{t=1}^{n} (\epsilon_t - \epsilon_{t-1})^2}{\sum_{t=1}^{n} \epsilon_t^2}$$

$$= \frac{\sum_{t=2}^{n} \epsilon_t^2 + \sum_{t=2}^{n} \epsilon_{t-1}^2 - 2\sum_{t=2}^{n} \epsilon_t \epsilon_{t-1}}{\sum_{t=2}^{n} \epsilon_t^2}$$

$$\cong 2(1 - \hat{\rho}_1)$$

위의 식으로부터 표본자기상관계수가 양의 값을 갖는 $0 < \hat{\rho}_1 \leq 1$의 경우에는 Durbin-Watson 통계량 D가 $0 \leq D < 2$의 값을 갖고 표본자기상관계수가 음의 값을 갖는 $-1 \leq \hat{\rho}_1 < 0$의 경우에는 D가 $2 < D \leq 4$의 값을 가져서 D는 0과 4사이의 값을 갖는다. 만일 오차들이 양의 상관관계를 가지면 Durbin-Watson 통계량 D는 0에 가깝고, 음의 상관을 가지면 4에 가까우며, 상관관계가 없으면 2에 가까운 값을 갖게 된다. D에 대한 의사결정 원칙은 다음 [그림 8.1]에 제시되어 있는 바와 같다. D의 분포는 Durbin과 Watson(1951)에 보고되어 있으며 대부분의 계량경제학 책에 수록되어 있다.

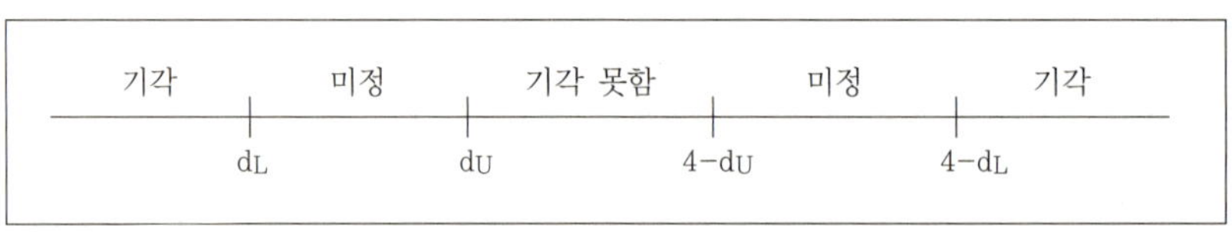

[그림 8.1] Durbin-Watson 통계량의 기각역

예측오차의 계산과 결합예측치의 계산

5) 예측오차의 계산과 결합예측치의 계산

(1) 예측오차

예측모형의 정확성(accuracy) 또는 적합도(goodness-of-fit)를 표현하는 예측결과의 정확성은 모형선정의 최종적 기준이 된다. 이는 예측모형을 비교하기 위한 계량적 방법이 될 뿐만 아니라 예측값의 신뢰구간 추정치 계산에도 유용하게 사용될 수 있다. 예측값의 정확성은 시계열 회귀분석 모형만 아니라 지수평활모형이나 ARIMA 모형 등을 사용하여 구한 모든 예측치의 정확성 검토에도 사용된다.

예측 오차의 계산에는 다음과 같은 여섯 가지 식들이 사용되고 있으며 이들 중에서도 평균절대오차(mean absolute error), 평균자승오차(mean square error), 평균절대백분비오차(mean absolute percentage error) 등 세 가지가 주로 사용된다.

① 평균오차
② 평균절대오차
③ 평균자승오차
④ 평균백분비오차
⑤ 평균절대백분비오차
⑥ Theil의 U통계량

Y_t가 t시점의 실제 관측치이고, $\hat{Y}_t$가 같은 시점의 예측치라고 하면 예측오차(forecast error)는 다음과 같이 표현된다.

$$e_t = Y_t - \hat{Y}_t$$

이때 위의 여섯 가지 오차들의 계산방법은 각각 다음과 같다.

① 평균오차

평균오차(mean error; ME)는 각 시점의 오차의 평균으로

$$ME = \frac{\sum_{t=1}^{N}(Y_t - \hat{Y}_t)}{N} = \frac{\sum_{t=1}^{N} e_t}{N}$$

로 정의된다. 이 식은 모든 시점의 오차합을 시점의 수 N으로 나눈 것인데, 계산하기 간편하다는 장점이 있는 반면에 극단적인 값을 가지는 관찰치의 영향을 많이 받는다는 단점이 있다.

② 평균절대오차

평균절대오차(mean absolute error; MAE)는

$$MAE = \frac{\sum_{t=1}^{N} | Y_t - \widehat{Y}_t |}{N}$$

$$= \frac{\sum_{t=1}^{N} | e_t |}{N}$$

로 정의된다.

③ 평균자승오차

평균자승오차(mean square error; MSE)는

$$MSE = \frac{\sum_{t=1}^{N} (Y_t - \widehat{Y}_t)^2}{N}$$

$$= \frac{\sum_{t=1}^{N} e_t^2}{N}$$

로 정의된다.

④ 평균백분비오차

평균백분비오차(mean percentage error; MPE)는

$$MPE = \frac{\sum_{t=1}^{N} \frac{Y_t - \widehat{Y}_t}{Y_t}}{N} \times 100$$

$$= \frac{\sum_{t=1}^{N} \frac{e_t}{Y_t}}{N} \times 100$$

로 정의된다.

⑤ 평균절대백분비오차

평균절대백분비오차(mean absolute percentage error; MAPE)는

$$MAPE = \frac{\sum_{t=1}^{N} \frac{|Y_t - \widehat{Y}_t|}{Y_t}}{N} \times 100$$

$$= \frac{\sum_{t=1}^{N} \frac{|e_t|}{Y_t}}{N} \times 100$$

로 정의된다.

⑥ Theil의 U-통계량

Theil의 U-통계량은 예측치의 정확성을 측정하는 상대지수인데 이것은 바로 이전 시점의 관측치를 바로 다음 시점의 예측치로 이용한 모형(순수모형)과, 예측모형에 의하여 산출된 예측치를 비교하는 것이다. U-통계량은 다음과 같이 정의된다.

$$U = \frac{\text{예측모형의 표준오차}}{\text{순수모형의 표준오차}}$$

$$= \frac{\sum_{t=2}^{N} (Y_t - \widehat{Y}_t)^2}{\sum_{t=2}^{N} (Y_t - Y_{t-1})^2}$$

U의 값이 1보다 크면 사용한 예측방법이 순수모형보다 나쁘다는 것을 의미하며, 1보다 작으면 사용된 예측방법이 순수모형보다 좋음을 나타낸다. U-통계량의 값이 작으면 작을수록 사용한 예측방법이 순수모형에 비하여 상대적으로 좋은 것이 되고 U값이 0이면 예측모형이 완전하다는 것을 의미한다.

(2) 예측결과의 결합

같은 시계열에 대하여 서로 다른 예측모형을 적용하여 예측값을 산출하면 서로 다른 두 개의 예측값을 얻게 된다. 이러한 경우에는 다른 예측방법으로 산출한 두 개의 예측값을 결합하여서 최종적인 예측값으로 사용하면 결합된 예측값이 단일 예측방법으로 산출한 예측값보다 정확할 수도 있다. 결합 예측값의 가장 단순한 형태는 다른 예측방법으로 얻은 두 예측값의 평균을 취하는 것이며, 또 다른 방법으로는 예측치의 가중평균(weighted average)을 구하는 방법이 있다. 이때 부여되는 가중치는 각 예측방법의 상대적인 정확도를 반영하여 오차가 작은 예측값을 얻은 모형의 예측값은 오차가 큰 예측값을 얻은 모형의 예측값보다 가중치가 더 많이 주어지도록 결정된다. 이러한 방식으로 각 예측값의 가중치를 산출하는 식은 다음과 같다.

오차

$$w(A)_t = \frac{\dfrac{MSE(B)_t}{SD(B)_t}}{\dfrac{MSE(A)_t}{SD(A)_t} + \dfrac{MSE(B)_t}{SD(B)_t}}$$

여기서, $SD = \sqrt{\dfrac{\sum_{t=1}^{N}(Y_t - \hat{Y}_t)^2}{N-1}}$

이때 $w(A)_t$는 t시점의 A모형의 예측값에 부여된 가중치이고 $MSE(A)_t$와 $MSE(B)_t$는 각각 A모형과 B모형의 평균자승오차, $SD(A)_t$와 $SD(B)_t$는 각각 A모형과 B모형의 자승오차항의 표준편차이다. 결합예측치의 가중치 합은 1이 되므로 B모형의 가중치 $1-w(A)_t$가 되고 결합예측값 $\hat{Y}(C)_t$는 개별 예측값에 이들의 가중치를 곱하여

$$\hat{Y}(C)_t = w(A)_t \hat{Y}(A)_t + w(B)_t \hat{Y}(B)_t$$

로 계산된다.

6 지수평활모형

평활모형이란 불규칙한 형태를 가진 시계열 자료에 포함된 오차들을 단순이동평균 또는 가중이동평균 등의 방법을 적용해서 평활(smoothing)한 곡선에 의하여 오차들의 분산을 축소시킴으로써 시계열 자료의 움직임을 표현하는 모형이다. 적절한 평활모형을 사용해서 얻어진 시계열 자료에서는 원래의 시계열 자료에서 볼 수 없었던 특성을 발견할 수 있고 이를 바탕으로 미래의 자료값을 예측할 수 있다. 이 모형에 의한 시계열자료의 분석 및 예측 방법은 현재 널리 사용되고 있는 여러 예측기법들 중에서 가장 경험적인 예측기법이다.

평활모형은 Holt(1957)에 의해 고안된 지수평활법에서 비롯되었으며 그 후에 Brown

(1959), Holt 등(1960)이 일모수(one parameter) 지수평활모형을 제안하였고, Winters(1960)는 계절(seasonal) 지수평활모형을 개발하였다. Brown과 Meyer(1961)가 이들 방법에 대한 이론적 연구를 실시하였으며, Theril과 Wage(1964)는 지수평활모형을 확률모형과 연관시켜서 평균자승 예측오차를 최소화시키는 방법으로 평활계수(smoothing parameter)를 구할 수 있음을 보였다. 지수평활모형은 사용하기에 편리하고, 계산 시간이 아주 적으며, 예측값을 계산하는 데 작은 수의 자료만을 사용한다. 이 모형은 이론전개에 있어 통계적으로나 수학적인 논리구조가 빈약한 면이 있지만 모형의 적용이 아주 간편할 뿐만 아니라 계산의 간단함에 비해 대단히 정확한 예측값을 구할 수 있다는 장점을 갖는다.

지수평활모형은 가중이동평균방법의 한 형태로서 과거의 값들을 지수적으로 가중평균해서 예측값을 구하게 된다. 지수평활모형은 시계열의 모든 구성요소가 시간에 느리게 의존할 때에 유용한 것으로 알려지고 있다. 뒤에서 설명되는 Box-Jenkins의 ARIMA 모형에서는 분산의 안정화를 위해서 변수변환을 실시하고, 추세를 제거하기 위해 차분연산자를 사용하여 정상시계열을 만든 후에 분석을 시도하는 반면에 지수평활모형에서는 변수변환이나 차분연산자를 사용하지 않고 자기상관함수나 부분자기상관함수에 의존해서 시계열도표로부터 모형을 직접 선택하게 된다.

1) 시계열자료에 추세요인이 없는 경우에 사용될 수 있는 모형

시계열자료에 추세요인이 없는 경우에 사용될 수 있는 모형

수평유형(horizontal pattern)을 가진 정상시계열의 예측에 사용되는 평활법으로는 단순이동평균법(simple moving average method)과 단순지수평활모형(simple exponential smoothing method)의 두 가지가 있다.

(1) 단순 이동평균법(simple moving average method)

단순 이동평균법이란 가장 최근에 얻어진 N개의 관측값의 단순평균으로 다음 시점의 관측값을 예측하는 방법이다. 이와 같이 예측값의 시점에 따라 예측 시점으로부터 최근 N개 관측값들을 사용하여 산출하는 평균을 이동평균(moving average)이라 부른다. 일반적으로 이동평균은 예측의 목적보다는 원래의 시계열에서 불규칙성분이나 계절성분을 제거하여 추세성분과 순환성분을 다른 성분들로부터 분리하고자 할 때 많이 사용된다.

이때 N의 값은 시계열자료의 형태나 분석자의 경험을 바탕으로 주관적 판단에 의해서 정해지게 되는데 N의 값이 커지면 평활효과가 커지게 된다. 시계열자료의 변화가 심하면

시계열자료 속의 설명할 수 없는 부분인 확률오차 부분이 커지는데 이 경우에는 큰 N을 사용해서 확률오차부분에 의한 변동을 크게 평활해야 한다. 반면에 시계열 자료의 변화가 크지 않으면 작은 N을 사용해서 이동평균을 구한다.

이동평균법을 이용한 예측방법에는 두 가지 문제점이 있다. 첫째는, 이동평균을 계산하기 위해서는 최근 N개의 시계열 관측값을 필요로 하기 때문에 이동평균의 계산에 많은 수의 자료들이 필요하게 된다는 점이다. 둘째로는, 이동평균법은 최근 N개 관측값들의 비중을 동일하게 놓고 미래값을 예측할 뿐 아니라 N개 관측치 이전 시점의 관측값들이 가진 정보는 미래값의 예측에 전혀 사용되지 않는다는 점이다.

(2) 단순 지수평활모형(simple exponential smoothing model)

일반적으로 최근의 관측값들이 과거의 관측값들보다 미래의 시계열 자료에 대해 더 많은 영향을 미치므로 이동평균에서 최근 관측값에 대한 가중값을 과거 관측값에 대한 가중값과 동일하게 부여하는 것은 미래값 예측에 사용되는 정보의 효과적인 활용이라고 볼 수 없다. 뿐만 아니라 시계열자료는 시간의 진행에 따라 자료가 생성되는 구조에 변화가 생길 수 있기 때문에 과거의 자료에 잘 적합되던 모형도 시간이 흐르면 잘 적합되지 않는 경우가 많이 있다. 이와 같이 변화된 자료생성 구조를 반영하는 최근의 자료에 가중치를 두고 미래 시계열자료를 예측하는 방법이 평활모형이다.

가중치

평활모형 중에서 지수평활모형은 과거 자료보다 최근 자료에 가중치를 적게 주는 방식이 지수적(exponential)인 방법이다. 즉, 지수평활모형에서는 과거로 갈수록 가중값을 지수적으로 감소시켜 나가게 된다. 이 방법은 최근 자료를 주로 사용하여 미래값을 예측하기 때문에 자료생성 구조가 변화하였을 때에 이를 감안한 예측값의 생성이 가능하다는 장점을 갖는다. 뿐만 아니라 모형의 이해가 쉽고 계산이 간단하며, 예측값의 생성을 위하여 필요한 자료수가 많지 않다는 장점을 갖는다. 흔히 사용되는 지수평활모형으로는 단순지수평활모형, 이중지수평활모형, Winters의 계절지수평활모형 등이 있다. 이 중에서 단순지수평활모형은 단순이동평균법의 두 가지 단점들을 감안하여 개발된 예측방법이다.

① 단순 지수평활모형

시계열이 추세를 갖지 않고 일정한 수준을 유지하는 경우에 상수모형인

$$Y_t = \beta_0 + \epsilon_t$$

여기서 오차항 ϵ_t는 서로 독립, 평균은 0, 분산은 σ^2

를 가정해서 시계열 자료를 적합하는 예측모형이 단순평활모형이다. 여기서 오차항들은 서로 독립이고 평균이 0, 분산이 σ^2이며, β_0는 시간에 따라 변화하는 미지의 모수이다. 즉, 이 모형은 국지적(locally)으로는 동일한 평균수준을 갖지만 전체적(globally)으로는 시간대별로 평균수준이 변화한다는 점이 상수평균모형과는 다른 점이다. 이와 같은 자료를 설명하는 모형에는 평균수준 β_0가 고정되어 있지 않고 변화하는 성질이 반영되어야 한다. 단순 지수평활모형은 이들 중에서 미래값을 예측하기 위해 가장 최근의 관찰치에 가장 큰 가중치를 부여하고 과거로 감에 따라 가중치의 비중을 지수적으로 점차 낮추어 부여하는 평활함수(smoothing function)에 의한 예측모형으로

$$\hat{Y}_{t+1} = \alpha Y_t + (1-\alpha)\hat{Y}_t$$

로 표현되는데 이때 $\hat{Y}_{t+1}$은 t+1 시점의 예측치이고 Y_t는 t시점의 실제 관측치, $\hat{Y}_{t-1}$은 t-1 시점의 예측치이다.

앞의 식과 마찬가지로 $\hat{Y}_t$와 $\hat{Y}_{t-1}$도 다음과 같이 표현될 수 있다.

$$\hat{Y}_t = \alpha Y_{t-1} + (1-\alpha)\hat{Y}_t$$
$$\hat{Y}_{t-1} = \alpha Y_{t-2} + (1-\alpha)\hat{Y}_t$$

이들 두 개의 식을 앞의 $\hat{Y}_{t+1}$에 관한 첫 번째 식에 대입하면 다음과 같은 결과를 얻는다.

$$\begin{aligned}\hat{Y}_{t+1} &= \alpha Y_t + (1-\alpha)[\alpha Y_{t-1} + (1-\alpha)\hat{Y}_{t-1}] \\ &= \alpha Y_t + (1-\alpha)\alpha Y_{t-1} + (1-\alpha)^2\hat{Y}_{t-1} \\ &= \alpha Y_t + (1-\alpha)\alpha Y_{t-1} + (1-\alpha)^2\alpha Y_{t-2} + (1-\alpha)^3\hat{Y}_{t-2}\end{aligned}$$

따라서 이를 동일한 방법으로 계속 확장하면 $\hat{Y}_{t+1}$은 다음과 같이 표현될 수 있다.

$$\begin{aligned}\hat{Y}_{t+1} &= \alpha Y_t + \alpha(1-\alpha)Y_{t-1} + \alpha(1-\alpha)^2 Y_{t-2} + \cdot\cdot\cdot + \alpha(1-\alpha)^t Y_1 \\ &= \alpha\sum_{j=0}^{n-1}(1-\alpha)^j Y_{t-j} + (1-\alpha)^n\hat{Y}_{t-(n-1)}\end{aligned}$$

이때 n → ∞가 되면 가중치의 합은

$$\lim_{n\to\infty}\sum_{j=0}^{n-1}\alpha(1-\alpha)^j = \frac{\alpha}{1-(1-\alpha)} = 1$$

이 되고, 위 식 우변의 두 번째 항인 초기값의 가중치는

$$\lim_{n\to\infty}(1-\alpha)^n \hat{Y}_{t-(n-1)} = 0$$

이 되므로, 위의 t+1 시점의 예측치는 위 식 우변의 첫 번째 항에 의하여

$$\hat{Y}_{t+1} = \alpha\sum_{j=0}^{\infty}(1-\alpha)^j Y_{t-j}$$

가 된다. 이 결과는 단순 지수평활모형에서 t+1 시점의 예측치가 시계열 $\{Y_t\}$의 시점별 관측값에 지수적으로 감소하는 가중치를 부여하여 합한 값이 된다는 것을 보여준다.

또한 위에서 $\hat{Y}_{t+1}$을 표현한 첫 번째 식은

$$\begin{aligned}\hat{Y}_{t+1} &= \alpha Y_t + \hat{Y}_t - \alpha\hat{Y}_t \\ &= \hat{Y}_t + \alpha(Y_t - \hat{Y}_t) \\ &= \hat{Y}_t + \alpha\epsilon_t\end{aligned}$$

로도 표현될 수 있으며, 이때 $(Y_t - \hat{Y}_t)$은 t시점의 실제 관측값과 예측값간의 차이인 잔차가 된다. 이 식은 다음 시점의 예측값이 현재시점의 예측값에 가중치 α를 갖는 현재시점의 오차를 더한 것과 같음을 보여준다. 따라서 t+1시점의 예측값은 t시점의 오차가 갖는 부호의 방향으로 수정된다.

단순 지수평활모형의 또 다른 장점은 가장 최근의 관측값 Y_t와 최근 관측값에 대한 예측값 $\hat{Y}_t$를 사용해서 t+1 시점의 값에 대한 예측이 가능하기 때문에 예측값의 최신화(update)가 용이하다는 점이다. 즉, 단순지수평활모형에서는 시계열 회귀분석모형과 같이 새로운 관측값이 추가될 때마다 모든 자료를 이용하여 예측값을 새로 산출하는 것이 아니라 최근 정보 한 개만을 추가하여 새로운 예측치의 산출이 가능하게 된다.

지수평활모형을 수립하기 위해서는 위의 식에 나타난 바와 같이 평활화상수 α와 함께

반드시 초기치 $\hat{Y}_1$이 주어져야 하는데 초기치를 설정하는 방법에는

- Brown(1962)과 Montgomery와 Johnson(1976)이 제안한 분석되는 기간 내 시계열자료의 평균값을 사용하는 방법
- Makridakis와 Wheelwright(1978)가 제안한 최초 시계열자료의 값을 사용하는 방법
- Abraham과 Ledolter(1984)가 제안한 후향예측값(back forecast)을 사용하는 방법

등의 세 가지가 있다. 그러나 대부분의 경우에는 이중 가장 간단한 방법인 최초 자료의 값을 초기치로 설정하는 방법($\hat{Y}_1 = Y_1$)이 많이 사용된다.

② 지수평활모형의 가중치 α값

지수평활모형의 가중치 α는 평활화상수(smooth constant, 평활계수)라 불리며 0과 1 사이의 값을 갖는데 평활화상수 α의 값이 클수록 최근의 관찰값에 더 큰 가중치가 부여된다. 지수평활모형은 자료가 임의성을 보일 때는 작은 값의 α를 갖게 되고, 뚜렷한 유형을 가지거나 임의성이 적을 때는 큰 값의 α를 갖게 된다. 지수평활법의 단점 중 한 가지는 예측 작업을 실제로 수행하기 전에는 가장 좋은 예측값을 생성시키는 평활화상수 α의 값을 미리 알 수가 없다는 것이다. α값은 여러 가지의 α값들을 지수평활모형에 적용시켜 가면서 각 α값에서 구해진 평균자승오차(mean squared error, MSE)를 비교하여 이것을 최소화시키는 값으로 결정된다.

SAS의 PROC FORECAST에서는 선택사양 'WEIGHT='을 사용해서 평활계수를 지정할 수 있다. 만약 평활계수의 값을 지정하지 않으면 default값은 선택사양인 'TREND='에 지정된 차수의 함수로서 다음과 같은 식에 의하여 결정된다.

$$\text{WEIGHT} = 1 - (0.8)^{1/\text{TREND}}$$

위의 식으로부터 각 차수에 따른 WEIGHT의 default값은 다음과 같다.

① TREND=1인 경우의 WEIGHT=0.2
② TREND=2인 경우의 WEIGHT=0.1056
③ TREND=3인 경우의 WEIGHT=0.0717

시간의 진행에 따라 크게 변화하지 않는 시계열자료에 큰 평활계수 값을 가지는 지수평

활모형을 적합하면 평활화된 시계열자료가 오차항들의 영향으로 실제 시계열자료의 체계로부터 이탈할 수 있다. 그러므로 특히 고차 지수평활모형을 사용할 때는 작은 평활계수를 쓰는 것이 좋다. 지수평활모형에서 여러 평활계수를 사용해서 평활을 한 다음 평균자승오차(MSE)를 최소로 하는 평활계수를 택할 때 주의할 점은 최적의 평활계수가 0.3보다 큰 값을 갖게 되면 오차항이 계열상관성(autocorrelation)을 가질 수 있다는 점이다. 이와 같은 경우에는 모형의 타당성에 대한 주의 깊은 검토가 필요하다.

③ 가중치 α의 설정

미래 시계열 예측값의 산출에 사용되는 과거 관측값의 수를 n이라고 할 때 일반적으로 α의 값은 1/n보다 작은 값으로 설정된다. 따라서 예측값 산출에 사용되는 과거 관측값들의 수(n)와 가중치(α)를 설정하는 문제는 상호 관련을 가지고 있다. 미래의 시계열 값 예측에 사용되는 과거 관측값들의 가중치인 α는 그 값이 클수록 미래의 예측값이 과거 관측값으로부터 빠르게 수정되며 이러한 경우에는 예측모형이 임의변동의 영향에 민감하게 반응하는 형태가 된다.

가중치의 수정에는 보통 다음의 식이 이용되며, 이 식에서 α의 값을 0.05, 0.1, 0.15, 0.2, 0.25 등과 같이 순차적으로 변화시켜 가면서 평균자승오차가 가장 작아지는 값을 모형의 가중치로 채택하게 된다. 여기서 α_i'은 가중치 α_i의 수정치이고, k는 α_i값의 수정비율이 되는 가중치상수로 일반적으로 1/n의 값을 가지며 y는 Y의 가장 최근의 n개 값 중 제일 큰 값이다.

$$\alpha'_i = \alpha_i + 2k\left(\frac{Y_t - \hat{Y}_t}{y^2}\right)Y_{t-i}$$

④ 예측값 산출에 사용되는 과거 관측값들의 수 n의 설정

미래 예측값의 산출에 사용되는 과거 관측값들의 수의 결정은 예측값의 산출에 영향을 미치게 되는데, 그 이유는 미래 예측값의 산출에 사용되는 과거 관측값들의 수 n이 클수록 미래값이 과거값으로부터 천천히 수정되기 때문에 확률변동의 영향이 줄어들게 되기 때문이다. 지수평활모형의 단점 중 한 가지는 미래 예측값의 산출에 사용되는 과거 관측값들의 수 n을 결정하는 이론적 근거가 없다는 것이다. 미래 예측값의 산출에 사용되는 과거 관측값들의 수는 n을 변경시켜 가면서 예측오차가 최소가 되는 것을 사용하기도 한다.

한편 순환주기를 갖는 시계열자료의 경우에는 대개 예측값의 계산에 1개 순환주기의 자료가 사용된다. 예를 들면 1년의 순환주기를 갖는 월별 자료의 경우는 12개의 과거값이 사용되며, 7일의 순환주기를 갖는 주간별 자료의 경우는 7개의 과거값이 사용된다. 계열 내에 순환유형이 없는 시계열자료의 예측에서는 대개 과거 2 시점 이전부터 6 시점 이전 사이의 자료를 사용하여 예측값을 산출한다.

2) 시계열자료에 선형 추세요인이 있는 경우에 사용될 수 있는 모형

시계열자료에 선형 추세요인이 있는 경우에 사용될 수 있는 모형

(1) 이중 이동평균법(double moving average method; 선형이동평균법)

추세요인

추세요인을 갖는 시계열자료를 단순이동평균법을 사용해서 분석하고 예측하면 그 예측값은 체계적 오차를 갖게 된다. 따라서 이와 같은 경우에는 이중 이동평균법(double moving average method, 선형 이동평균법; linear moving average method)을 사용하게 된다. 이 방법은 시계열자료에 단순이동평균법을 두 번 적용해서 체계적 오차를 제거하는 방법이다. 그런데 이 이중 이동평균법은 앞에서 언급된 단순 이동평균법이 갖는 단점과 동일한 단점을 가지고 있다. 선형 이동평균법이 가진 단점을 크게 두 가지로 나누면 첫째로 N시점 이중 이동평균을 이용하여 미래 계열을 예측할 경우 2N-1개의 최근 시계열 관측값이 필요하다는 문제가 있다. 둘째로는 2N-1개의 최근 시계열 관측값들이 예측에 동일한 비중으로 영향을 미친다는 문제가 있다. 이와 같은 단점 때문에 이중 이동평균법은 오늘날에는 많이 사용되지 않는다.

(2) 이중 지수평활모형(double exponential smoothing; 선형지수평활모형)

단순 이동평균법이 가지고 있는 단점을 보완하기 위해서 단순 지수평활모형이 제안된 것과 마찬가지로 이중 이동평균법이 가진 단점을 보완하여 선형 추세요인이 포함된 시계열을 예측하기 위하여 선형 지수평활모형이 개발되었다. 단순 지수평활모형은 상수의 평균이나 시간에 걸쳐 점차 완만하게 변화하는 평균을 갖는 시계열에 적절한 방법인 반면에, 이중 지수평활모형은 추세유형을 갖는 비정상계열에 적합한 방법이다. 이 이중 지수평활모형에서는 이웃하는 세 시점의 관측값들과 평활계수 α값만 있으면 예측값을 산출할 수가 있고, 시점이 과거로 갈수록 예측값에 미치는 영향이 지수적으로 감소한다. 이중 지수평활모형의 단점은 단순 지수평활모형의 경우와 마찬가지로 평활계수 α의 값을 사전에 정할 수 없다는 것이다. 최적 예측을 위한 α값은 단순 지수평활모형에서와 같이 평균자승오차

지수적

평활계수

를 최소화시키는 값으로 결정된다.

이중 지수평활모형은 시계열이 직선형태의 추세를 갖는 경우에 다음 모형을 가정해서 적합시키게 된다.

$$Y_t = \beta_0 + \beta_1 t + \epsilon_t$$

여기서 오차항들은 서로 독립이고 평균이 0, 분산이 σ^2이며, β_0와 β_1은 시간에 따라 변화하는 미지의 모수이다. 이와 같은 형태의 모형으로는 Brown(1962)의 1-모수 이중 지수평활모형(one-parameter double exponential smoothing)과 Holt-Winters(1957)의 2-모수 이중 지수평활모형(Hold-Winters' two-parameter exponential smoothing)이 있다. Mckenzie(1984)가 증명한 바와 같이 이중 지수평활모형에 의한 예측 결과는 다음에 소개되는 Box-Jenkins 모형을 이용한 예측 결과와 동일하게 된다.

계절성이 있는 자료의 지수평활모형

3) 계절성이 있는 자료의 지수평활모형

앞에서 논의된 방법들은 시계열이 일정한 주기를 가지지 않을 때 사용되는 방법이며 시계열에 계절성분과 같은 일정한 형태의 주기가 있을 때는 시계열의 예측에 다른 방법들이 사용되어야 한다. 계절성분을 가지고 있는 시계열들도 그 변화의 양상에 따라 두 가지로 구분할 수 있는데 시계열의 평균은 시간의 진행에 따라 변화하지만 그 변동의 폭이 시간의 진행에 관계없이 일정한(homogeneous) 경우에 사용되는 가법계절모형(additive seasonal model)과 분산이 시간의 진행에 따라 변화하는(heterogeneous) 경우에 사용되는 승법계절모형(multiplicative seasonal model)으로 나누어진다.

변동의 폭

시계열을 분석하는 방법 중의 한 가지로는 20세기 초에 경제학자들이 경기변동을 예측하려고 시도한데서 비롯된 분해법(decomposition method)이 있다. 이 방법은 분석되는 시계열을 여러 종류의 구성성분으로 분해하고 분해된 각 성분에 대한 분석을 실시한 후에 이를 합하여 전체 시계열의 성질을 규명하고 미래 예측값을 산출하는 방식이다. 시계열을 분해하는 방법에는 여러 가지가 있을 수 있으나 가장 많이 사용되는 방법은 시계열을 추세성분(trend component, T), 계절성분(seasonal component, S), 순환성분(cyclical component, C), 그리고 불규칙성분(irregular component, I) 등으로 분해하는 방식이다.

추세성분은 시계열이 시간의 진행에 따라 증가하거나 감소하는 추세를 가지고 움직이는 장기적인 변동을 의미하며 장기변동 또는 경향변동이라 불린다. 보통 직선 또는 이차식과 같은 다항식으로 설명되며, 경우에 따라서는 지수함수, S-곡선 등에 의해서 설명되기도 한다. 계절성분은 기온, 강수량, 학교의 난방비 등과 같이 1년이나 1개월 등의 일정한 주기를 가지고 규칙적으로 반복되는 변동성분을 의미하며 삼각함수나 지시함수(indicator function)들의 선형결합에 의하여 설명된다. 한편 순환성분은 계절성분과 유사한 성질을 가지지만 변화의 주기가 길 때의 변동을 의미하며 경기변동(business cycle)이라 불린다. 불규칙변동은 예측할 수 없는 원인에 의하여 발생하는 변동이다.

평활모형은 시계열을 이를 구성하는 각 성분으로 분할하지 않고 평활법에 의하여 불규칙 성분을 제거하여 미래의 값을 예측하는 반면에 분해법은 시계열을 구성하는 각 성분들을 따로 구분한 후에 이를 이용하여 미래의 예측값을 산출한다. 여기서 소개되는 Winters의 모형은 기본적으로는 분해법을 바탕으로 하는 시계열분석법이기는 하지만 분해된 각 성분의 추정에 평활모형이 사용되기 때문에 이 책의 내용에 포함되었다.

(1) 이동평균모형

시계열 $\{Y_t\}$가 시간의 진행(계절, 월, 요일)에 따라 주기적으로 변동한다면 $\{Y_t\}$는 계절성을 갖는다고 한다. 시계열로부터 계절성을 분리하기 위한 가장 보편적인 방법으로는 가법모형에 의한 이동평균법(moving average)과 승법모형에 의한 이동평균비율법(ratio-to-moving average)이 있다. 이동평균법이 보편적으로 사용되는 이유는 주기만큼의 이동평균을 구하면 시계열로부터 계절성이 제거되고 추세와 순환변동만이 남게 되기 때문이다. 가법모형인 경우에는 원래의 시계열로부터 계절성의 주기와 같은 수의 자료에 의한 이동평균을 사용하여 계절성을 제거하고, 승법모형의 경우에는 원래의 시계열을 계절성의 주기와 같은 수의 자료를 사용한 이동평균으로 나눔으로써 시계열에 존재하는 계절성을 제거할 수 있다. 계절성

① 가법모형

시간의 진행에 따라 시계열자료의 분산이 변화하지 않으면 가법모형을 적용한다.

$$Y_t = T_t + S_t + \epsilon_t$$

여기서, t=1, 2, ... , k

T_t는 추세유형

S_t는 계절유형이며 $\sum_{1}^{k} S_t = 0$

② 승법모형

시간의 진행에 따라 시계열자료의 분산이 변화하면 승법모형을 적용한다.

$$Y_t = T_t \cdot S_t \cdot \epsilon_t$$

여기서, t=1, 2, ... , k
T_t는 추세유형
S_t는 계절유형이며 $\sum_{1}^{k} S_t = k$

(2) 지수평활모형

① 가법 계절 지수평활모형(additive seasonal exponential smoothing)

시계열자료의 분산이 시간의 진행에 따라 이질성(heteroscedasticity)을 가지지 않는 경우에는 다음과 같이 시계열이 추세성분과 계절성분 및 불규칙성분의 합으로 구성되어 있다고 보고 각 성분들을 평활법에 의하여 추정한 후 이들을 이용하여 예측값을 구하는 가법 계절 지수평활모형을 사용한다.

$$Y_t = T_t + S_t + I_t$$

여기서, T_t는 추세성분
S_t는 계절성분
I_t는 오차항으로 불규칙성분

주어진 시계열자료에 어떤 지수평활모형을 적용할 것인지를 결정하기 위해서는 우선 시계열자료의 산포도를 그려보는 것이 중요하다. 이 시계열자료의 산포도에서 계절성의 존재여부에 따라 이를 포함한 지수평활모형을 선택하고, 추세요인의 존재여부에 따라서 단순 지수평활모형이나 이중 지수평활모형을 선택하게 된다. 지수평활모형의 차수를 정하는 방법으로는 앞에서 평활계수의 크기를 결정할 때와 마찬가지로 오차의 분산 추정값을 최소로 하는 차수를 선택하는 방법이나 다음의 'ARIMA 모형의 식별'에 설명되어 있는 AIC (Akaike Information Criteria)나 SBC(Schwartz Bayesian Criterion) 등이 사용될 수 있다.

② 승법 계절 지수평활모형(multiplicative seasonal exponential smoothing)

Winters(1960)의 선형 계절 지수평활모형(Winter's linear and seasonal exponential smoothing)은 관측된 시계열이 선형추세와 시간의 경과에 따라 분산이 커지거나 작아지는 이질성을 가지면서 계절변동이 있는 경우에 다음과 같은 승법 계절 지수평활모형을 사용한다. 여기서 S_t는 계절변동을 나타내며 지수평활모형에 의해서 추정된다.

$$Y_t = T_t \cdot S_t \cdot I_t$$

여기서, T_t는 추세성분
S_t는 계절성분
I_t는 오차항으로 불규칙성분

7 ARIMA 모형

분해법은 시계열의 변동요인이 각각 분해될 수 있다는 가정 하에서 시계열을 분석하는 방법으로 이론적으로 많은 약점이 있으며 또한 대부분의 시계열 자료는 변동요인들이 복합적으로 얽혀 있어서 쉽게 분해하는 데에도 어려움이 있다. 지수평활모형은 평활상수의 선택이 임의적이며 예측의 신뢰구간을 구하기 어렵다는 단점이 있다. 이에 따라 Box와 Jenkins(1970)는 시계열 분석에 대한 새로운 접근방법을 제시하였는데 이것은 관찰된 시계열 자료를 하나의 시계열 모집단으로부터 추출된 표본으로 간주하여 이들이 어떤 확률적 성질을 만족하는가를 조사하고 통계적 추정 및 검정을 통하여 적절한 시계열모형을 수립하는 것이다. ARIMA 모형에 의한 분석방법은 모형의 식별(identification), 추정(estimation), 그리고 진단(diagnostic checking)을 한 주기로 하여 시계열자료에 가장 적합한 모형을 수립하게 된다.

시간영역에서의 시계열자료의 분석은 Yule(1926, 1927)이 시계열을 과거 관측값들의 함수형태로 표현하고자 시도한 데서 시작하였다. 그 후에 Walker(1931)가 자기회귀(auto-regressive)의 개념을 제안하였고 Slutzky(1927)는 이동평균(moving average)의 개념을 제안하였으며, 이를 기초로 Walker(1962)가 자기회귀이동평균(Autoregressive moving average; ARMA)모형을 개발하였다. 모형의 추정은 Mann과 Wald(1943)가 자기회귀(autoregressive model; AR)모형에서의 최대우도추정법을 제안하였으며 Durbin(1959, 1960)이 자기회귀모형과 이동평균모형(moving average model; MA model)에서의 모수추정법을 제안하였다. 그러나 ARIMA 모형은 모수추정 계산의 복잡성 문제로 인하여 많이 사용되지 못하고 있다가 Jenkins와 Watts(1968), 그리고 Box와 Jenkins(1970)에 의해 효율적인 계산방법 및 삼 단계 모형적합법이 제안되면서부터 본격적으로 활용되기 시작하였다. 이러한 이유로 ARIMA 모형은 Box-Jenkins의 ARIMA 모형이라고도 불리며, 이들에 의하여 제안된 삼단계 모형적합법은 ARIMA 모형에서만이 아니라 시계열 회귀분석모형이나 지수평활모형에서도 사용되고 있다.

AR모형

1) AR모형

시계열자료의 현재 상태가 과거 상태에 의하여 영향을 받는다면 현재의 관측값은 과거 관측값들의 함수형태로 나타낼 수 있을 것이다. 이러한 모형을 AR모형(autoregressive model; AR model; 자기회귀)이라고 부르며 모형의 이름에서 알 수 있는 바와 같이 이는 시계열자료 자신에 대한 회귀형태를 취하는 모형이다. 오차항이 자기회귀과정을 따르는 경우에 차수가 p인 AR 과정의 수학적 모형은 다음과 같다. 시점 t에서의 시계열 자료값 Y_t는 p개의 가장 가까운 과거 자료들과 이 과거 자료들로는 설명되지 않는 오차항인 백색잡음항 ε_t의 선형결합으로 표현된다.

자기회귀

$$Y_t = \phi_1 Y_{t-1} + \phi_2 Y_{t-2} + \cdot\cdot\cdot + \phi_p Y_{t-p} + \epsilon_t$$

여기서, $\{\varepsilon_t\}$는 평균이 0이고 분산이 σ_ε^2인 백색잡음과정

이 모형은 다중회귀모형과 비슷한 형태를 가지고 있으나, Y_t가 독립변수들의 함수에 의해서 설명되는 것이 아니라 자기 자신의 과거값들의 함수형태로 주어진다는 점이 차이점이다. 이는 연산자(operator)

$$BY_t = Y_{t-1}$$

$$B^2 Y_t = Y_{t-2}$$

$$\cdot\cdot\cdot$$

$$B^j Y_t = Y_{t-j}$$

를 사용하여 다음과 같이 간단하게 표현될 수 있는데, 이때 B는 후향연산자(backward operator, backshift operator; 후진작용소), Φ(B)는 AR 연산자(operator; 작용소)라고 불린다.

$$\Phi(B)\, Y_t = \epsilon_t$$

여기서, $\Phi(B)=1-\phi_1 B-\phi_2 B^2-\cdot\cdot\cdot-\phi_p B^p$

자기회귀모형의 가장 간단한 형태인 AR(1)은 마코프 과정(Markov Process)이라고도 불리는데 이는 다음과 같은 식을 만족한다.

$$Y_t=\phi Y_{t-1}+\epsilon_t$$

이 식은 AR(1) 작용소 $\Phi(B)=1-\phi B$를 사용하여

$$\Phi(B)Y_t=\epsilon_t$$

로도 표현될 수 있으며 다음과 같은 일반선형모형으로 나타낼 수도 있다.

$$\begin{aligned} Y_t &= \phi Y_{t-1}+\epsilon_t \\ &= \phi(\phi Y_{t-2}+\epsilon_{t-1})+\epsilon_t \\ &= \phi^2(\phi Y_{t-3}+\epsilon_{t-2})+\phi\epsilon_{t-1}+\epsilon_t \\ &= \cdot\cdot\cdot \\ &= \phi^k Y_{t-k}+\phi^{k-1}\epsilon_{t-k+1}+\phi^{k-2}\epsilon_{t-k+2}+\cdot\cdot\cdot+\phi\epsilon_{t-1}+\epsilon_t \end{aligned}$$

AR(2)모형은 다음과 같이 두 가지 방식으로 표현된다.

$$\begin{aligned} &Y_t=\phi_1 Y_{t-1}+\phi_2 Y_{t-2}+\epsilon_t \\ &(1-\theta_1 B-\theta_2 B^2)=\epsilon_t \end{aligned}$$

자기상관함수는 시차가 증가함에 따라 지수적으로 감소하는 형태를 취하게 되는데 만일 $0<\phi<1$이라면 모든 자기상관 함수값은 양수이고 $-1<\phi<0$이라면 시차 1의 자기상관 함수값은 음수이며, 시차가 증가함에 따라 자기상관 함수값의 부호는 양수와 음수가 번갈아 나타나면서 크기는 지수적으로 감소한다. A(p)과정의 자기상관함수(ACF)는 지수함수의 형태로 사인함수(sine curve)와 같은 곡선이고 점차 감소하는 형태이며, 부분자기상관함수(PACF)는 AR(p)의 차수인 시차 p까지는 0이 아닌 값을 가지며 시차 p 이후에는 0이 된다.

MA모형

2) MA모형

일반선형과정에서 처음 q개의 유한 가중값들만이 0이 아니고 k〉q인 경우에는 가중값이 0인 선형과정을 이동평균과정(moving average process, MA process)이라 부른다. 이는 다음과 같은 관계를 따르는데 여기서 $\Theta(B)=1-\theta_1 B-\theta_2 B^2-\cdot\cdot\cdot\cdot-\theta_q B^q$인 MA 작용소이다. MA과정은 항상 정상성을 만족한다.

이동평균

$$\begin{aligned} Y_t &= \epsilon_t-\theta_1\epsilon_{t-1}-\theta_2\epsilon_{t-2}-\cdot\cdot\cdot\cdot-\theta_q\epsilon_{t-q} \\ &= \Theta(B)\epsilon_t \end{aligned}$$

이와 같은 시계열모형을 차수가 q인 MA과정이라 부르며 MA(q)과정이라고 표기한다. 이동평균모형의 가장 간단한 형태인 MA(1)과정은 다음과 같은 식을 만족한다.

$$\begin{aligned} Y_t &= \epsilon_t-\theta\epsilon_{t-1} \\ &= (1-\theta B)\epsilon_t \end{aligned}$$

한편 이동평균모형의 공분산은 다음과 같이 구할 수 있다.

$$\begin{aligned} \gamma_k &= Cov(Y_r, Y_{t-k}) \\ &= E[(\epsilon_t-\theta\epsilon_{t-1})(\epsilon_{t-k}-\theta\epsilon_{t-k-1})] \\ &= \begin{cases} (1+\theta^2)\sigma_\epsilon^2, & k=0 \\ -\theta_\epsilon^2, & k=1 \\ 0, & k\geq 2 \end{cases} \end{aligned}$$

따라서 MA(1)과정의 자기상관함수는 시차 1이후에는 0이 되는 다음과 같은 식으로 나타난다.

$$\begin{aligned} \rho_k &= \frac{\gamma_k}{\gamma_0} \\ &= \begin{cases} \dfrac{-\theta}{1+\theta^2}, & if, \quad k=1 \\ 0, & if, \quad k\geq 2 \end{cases} \end{aligned}$$

한편 이 자기상관함수를 이용하면 MA(1)과정의 부분자기상관함수는 다음과 같음을 보일 수 있는데 이는 지수적으로 감소하는 형태가 된다.

$$\phi_{kk} = \frac{-\theta^k(1-\theta^2)}{1-\theta^{2(k+1)}}, \qquad k \ge 1$$

MA(2)과정은 각각 다음과 같이 두 가지 방식으로 표현된다.

$$\begin{aligned} Y_t &= \epsilon_t - \theta_1 \epsilon_{t-1} - \theta_2 \epsilon_{t-2} \\ &= (1 - \theta_1 B - \theta_2 B^2)\epsilon_t \end{aligned}$$

MA(1)과정에서 모수가 θ 대신에 1/θ인 경우의 공분산은 위의 공분산 산출식의 θ 자리에 1/θ를 대입해서 구할 수 있다. 그런데 이 공분산을 사용하여 다시 위와 같은 자기상관함수를 구해보면 두 경우의 자기상관함수가 동일하다는 것을 알 수 있다. 이것은 하나의 자기상관함수를 갖는 서로 다른 두 개의 MA(1)모형이 존재한다는 것을 의미한다. 이러한 현상은 모든 MA과정에 동일하게 발생하며 따라서 MA과정에서는 자기상관함수만으로는 시계열모형을 식별할 수 없게 되고 두 개의 모수 중에서 어느 모수를 사용하는 모형을 적합시키는 것이 자료를 더 잘 설명하는지 구분하는 것이 불가능하게 된다. 따라서 이러한 문제를 해결하고 자기상관함수와 모형사이의 관계를 일대일이 되도록 하기 위해서는 θ에 제약조건을 주어야 하는데 이 조건으로는 MA(1)모형의 특성함수 Θ(B)=1−θB의 근의 절대값이 1보다 클 조건, 즉 |θ| 〈 1이 사용된다. Box와 Jenkins(1970)는 이러한 조건을 가역성조건(invertibility condition)이라고 불렀다.

가역성 조건을 부과하는 또 하나의 이유는 확률오차를 관측값들을 이용하여 표현할 수 있도록 하기 위해서이다. 이를 MA(1)모형을 통해서 보이면 다음과 같다. 우선 MA(1)모형은 다음과 같은 형태를 갖는다.

$$Y_t = \epsilon_t - \theta\epsilon_{t-1}$$

이를 오차항에 대하여 표현하면 다음과 같다.

$$\begin{aligned} \epsilon_t &= Y_t + \theta\epsilon_{t-1} \\ &= Y_t + \theta(Y_{t-1} + \theta\epsilon_{t-2}) \\ &= Y_t + \theta Y_{t-1} + \theta^2(Y_{t-2} + \theta\epsilon_{t-3}) \end{aligned}$$

이때 만일 |θ| 〈 1이면 이상과 같은 과정을 반복함으로써 다음과 같은 AR모형 형태의

식을 얻을 수 있다.

$$Y_t = (-\theta Y_{t-1} - \theta^2 Y_{t-2} - \cdot \cdot \cdot) + \epsilon_t$$

이 모형은 $|\theta| < 1$인 경우에는 수렴하는 값을 갖게 된다. 즉, 가역조건은 MA모형과 AR모형간의 가역관계를 성립시키며, MA(1)모형의 가역조건은 AR(∞)모형의 수렴조건과 동일하고 MA모형의 가역성은 AR모형의 정상성과 그 수학적 의미가 같아진다. 즉, AR모형과 MA모형은 상호관계(dual relationship, 쌍대성)를 가지고 있는데 정상조건을 만족하는 AR(p)모형은 MA(∞)모형으로, 가역조건을 만족하는 MA(q)모형은 AR(∞)으로 나타낼 수 있다는 것이다. 또 이로부터 MA(q)모형의 자기상관함수는 AR(q)모형의 부분자기상관함수와 형태가 동일하며, MA(q)모형의 부분자기상관함수는 AR(q)모형의 자기상관함수와 그 형태가 동일하게 된다.

ARMA모형

3) ARMA모형

시계열자료를 AR형태나 MA형태만으로 표현하려면 p나 q의 값이 너무 커질 수 있으며

효율성

p나 q의 값이 너무 커지면 추정해야 할 모수의 수가 너무 많아지기 때문에 추정의 효율성이 떨어지고 결과의 해석에 어려움이 생긴다. 따라서 좀더 일반적인 시계열모형은 한편으로는 AR형태를 갖고 다른 한편으로는 MA형태를 갖는 수식으로 표현되며 이러한 시계열모형을 ARMA 모형(autoregressive moving average model, ARMA model, 자기회귀이동평균모형)이라고 한다. ARMA(p, q)과정은 앞의 AR(p)과정과 MA(q)과정을 합친 것으로

$$Y_t = \phi_0 + \phi_1 Y_{t-1} + \cdot \cdot \cdot + \phi_p Y_{t-p} + \epsilon_t - \theta_1 \epsilon_{t-1} - \cdot \cdot \cdot - \theta_q \epsilon_{t-q}$$

또는

$$\Phi(B) Y_t = \Theta(B) \epsilon_t$$

와 같이 표현된다. 여기서 Φ(B)와 Θ(B)는 각각 AR(p)과정과 MA(q)과정의 작용소로서 다음과 같이 정의된다.

$$\Phi(B) = 1 - \phi_1 B - \cdot \cdot \cdot - \phi_p B^p$$

$$\Theta(B) = 1 - \theta_1 B - \cdot \cdot \cdot - \theta_q B^q$$

시계열자료 $\{Y_t\}$가

$$Y_t = \phi_1 Y_{t-1} + \epsilon_t - \theta\epsilon_{t-1}$$

또는

$$(1-\phi B)Y_t = (1-\theta B)\epsilon_t$$

를 만족하면 이를 ARMA(1, 1)과정이라고 한다. 이 ARMA(1, 1)과정이 정상성을 가지기 위한 조건은 $\Phi(B)=1-\phi=0$의 근의 절대값이 1보다 클 조건, 즉 $|\Phi| < 1$이고, 가역성을 가지기 위한 조건은 $\Theta(B)=1-\theta B=0$의 근의 절대값이 1보다 클 조건, 즉 $|\theta| < 1$이 된다.

ARMA(1, 1)과정의 분산과 공분산을 구하기 위하여

$$\begin{aligned}
&E(\epsilon_t Y_{t-k}) = 0, \quad k \geq 1 \\
&E(\epsilon_{t-1} Y_{t-k}) = 0, \quad k \geq 2 \\
&E(\epsilon_t Y_t) = E(\epsilon_{t-1} Y_{t-1}) = \sigma_\epsilon^2 \\
&E(\epsilon_{t-1} Y_t) = (\phi-\theta)\sigma_\epsilon^2
\end{aligned}$$

를 이용하면

$$\begin{aligned}
\gamma_k &= Cov(Y_t, Y_{t-k}) \\
&= \phi\gamma_{k-1} + E(\epsilon_t Y_{t-k}) - \theta E(\epsilon_{t-1} Y_{t-k}) \\
&= \begin{cases} \phi\gamma_1 + \sigma_\epsilon^2 - \theta(\phi-\theta)\sigma_\epsilon^2, & \text{if} \quad k=0 \\ \phi\gamma_0 - \theta\sigma_\epsilon^2, & \text{if} \quad k=1 \\ \phi^{k-1}\gamma_1, & \text{if} \quad k \geq 2 \end{cases} \\
&= \begin{cases} \dfrac{(1+\theta^2-2\phi\theta)\sigma_\epsilon^2}{(1-\phi^2)}, & \text{if} \quad k=0 \\ \dfrac{(\phi-\theta)(1-\phi\theta)\sigma_\epsilon^2}{(1-\phi^2)}, & \text{if} \quad k=1 \\ \phi^{k-1}\gamma_1, & \text{if} \, k \geq 2 \end{cases}
\end{aligned}$$

가 된다. 따라서 이 γ_0와 γ_1, γ_k를 이용하면 ARMA(1, 1)과정은 다음과 같은 자기상관함수를 가진다.

$$\rho_k = \frac{\gamma_k}{\gamma_0}$$
$$= \begin{cases} \dfrac{(\phi-\theta)(1-\phi\theta)}{1+\theta^2-2\phi\theta}, & \text{if} \quad k=1 \\ \phi^{k-1}\rho_1, & \text{if} \quad k \geq 2 \end{cases}$$

이 결과에 의하면 ARMA(1, 1)과정의 자기상관함수는 AR(1)의 자기함수와 마찬가지로 지수적으로 감소하나, 감소의 시작값은 AR(1)과정의 시작값이 1이던 것에 반하여 ρ_1이 된다.

일반적으로 ARMA(p, q)과정의 자기상관함수는

$$\rho_k = \phi_1\rho_{k-1} + \cdot \cdot \cdot + \phi_p\rho_{k-1}, \quad k > q$$

의 관계를 만족한다. 따라서 ARMA(p, q)과정의 자기상관함수는 AR(p)과정의 자기상관함수와 유사하나 AR(p)과정의 자기상관함수가 p시점 이후부터 지수적으로 감소하는데 반하여 ARMA(p, q)과정의 자기상관함수는 q−p 시점 이후부터 지수적으로 감소한다는 차이점을 갖는다. 또한 ARMA(p, q)과정의 부분자기상관함수는 MA(q)과정의 부분자기상관함수와 유사하나 MA(q)과정의 자기상관함수가 q시점 이후부터 지수적으로 감소하는데 반하여 ARMA(p, q)과정의 자기상관함수는 p−q시점 이후부터 지수적으로 감소한다는 차이점을 갖는다.

ARIMA 모형

4) ARIMA 모형

시계열자료가 시간의 진행에 따라 추세를 가져서 평균이 다르거나 분산이 다른 경우에는 정상성을 가지지 않는다. 시계열자료가 시간의 진행에 따라 분산이 다른 경우에는 로그변환이나 제곱근변환 등의 분산안정화변환(variance stabilizing transformation)을 실시한다. 또한 시계열자료가 시간의 진행에 추세를 갖는 경우에는 차분을 실시해서 추세에 따른 평균의 차이를 제거한다. 추세를 가지는 시계열자료 $\{y_t\}$의 d차 차분시계열자료 $\{w_t = \nabla^d y_t\}$가 ARMA(p, q)과정이면 시계열자료 $\{Y_t\}$가 차수 p, d, q인 ARIMA 모형(autoregressive integrated moving average model, ARIMA model, 누적자기회귀이동평균모형)을 갖는다고 하고 이러한 시계열자료를 ARIMA(p, d, q)과정이라고 한다. 실제 시계열자료의 d는 0, 1, 2 중의 하나가 되며 일반적으로 차분의 차수는 3 이하로 가정된다.

ARIMA(p, d, q)는 다음과 같이 표현된다.

$$w_t = \phi_1 w_{t-1} + \cdot\cdot\cdot\cdot + \phi_p w_{t-p} + \epsilon_t - \theta_1 \epsilon_{t-1} - \cdot\cdot\cdot\cdot - \theta_q \epsilon_{t-p}$$

이 식은 후향연산자를 이용하여 다음과 같이 간편하게 표현될 수 있다.

$$\phi(B) w_t = \theta(B) \epsilon_t$$

여기서, $w_t = \Delta^d y_t = (1-B)^d y_t$

$\{\varepsilon_t\}$는 평균이 0이고 분산이 $\sigma_\varepsilon{}^2$인 백색잡음과정

$\Phi(B) = 1 - \phi_1 B - \cdot\cdot\cdot\cdot - \phi_p B^p$: AR부분

$\Theta(B) = 1 - \theta_1 B - \theta_2 B^2 - \cdot\cdot\cdot\cdot - \theta_q B^q$: MA부분

d는 차분 차수

또 위의 식은 다음과 같이 쓸 수 있는데 이 ARIMA(p, d, q)모형은 d=0이면 ARMA(p, q)모형, p=0이면 IMA(d, q)모형, q=0이면 ARI(p, d)모형이라고도 부른다.

$$(1 - \phi_1 B - \phi_2 B^2 - \cdot\cdot\cdot\cdot - \phi_p B^p)(1-B)^d y_t$$
$$= (1 - \theta_1 B - \theta_2 B^2 - \cdot\cdot\cdot\cdot - \theta_q B^q) \epsilon_t$$

대부분의 시계열 자료는 정상적이라기보다는 오히려 비정상적이나 1차 또는 2차의 차분을 취하면 대체로 원래의 시계열은 정상시계열로 변환된다. 시계열의 표본자기상관함수가 매우 천천히 감소하고 표본부분자기상관함수가 시차 1 이후에 절단현상을 보이는 경우나, 특성방정식의 해가 1이 되는 경우(정상조건과 비정상조건의 경계가 되는 경우)에는 원래 시계열의 1차 차분이 적절하다. 만일 1차 차분으로도 정상모형을 얻을 수 없는 경우에는 2차 차분을 취하여 정상성을 조사하여야 한다. 즉, 표본부분자기상관함수가 시차 1 이후에 절단현상을 보이지 않으면 2차 이상의 차분을 취하여 이의 정상성을 검토하여야 한다. 대체로 실제 관찰된 시계열 자료는 2차 차분까지 취하면 정상시계열을 얻을 수 있다. 비정상 시계열에 차분을 취하여 정상성을 조사하는 경우에 주의할 점은 가장 낮은 차수의 차분으로 시계열을 식별해야 한다는 것이다. 왜냐하면 정상적인 시계열에 차분을 취하면 이는 또한 정상시계열이 되기 때문이다.

ARIMA 모형에 의한 시계열자료 분석에 있어서 가장 중요한 단계는 추세요인이나 계절요인과 같은 결정적 부분을 제거하거나 변수변환이나 차분 방법을 이용해서 비정상 시계열자료를 정상시계열자료로 변환하는 것이다. 그 다음 단계로는 이와 같이 변환된 정상 시계열자료에 적합한 모형을 선택하게 된다. 시계열자료에 모형을 적합시키는 Box와 Jenkins

의 방법은

① 모형의 식별(model identification)
② 모형의 추정(model estimation)
③ 모형의 진단(model diagnostic checking)

의 세 단계를 거쳐서 진행된다. ARIMA 모형은 오래 전부터 여러 학자들에 의하여 연구되어 왔으나 Box와 Jenkins가 시계열모형의 적합을 위한 삼단계를 제안한 이후로 시계열자료의 분석에 이용되기 시작하였다. 모형적합을 위한 이들 삼단계는 ARIMA 모형의 경우만이 아니라 다른 모형을 사용한 적합에도 동일하게 사용된다. 단지 적합되는 모형의 종류에 따라서 각 단계에서 사용되는 방법에는 약간의 차이가 있다.

(1) 모형의 식별

ARIMA 모형에서 모형의 식별(model identification)은 모형의 차수 p와 q를 정하는 것이다. 모형의 식별단계에서 가장 우선적으로 시도되어야 하는 작업은 시계열도표(time series plot), 표본상관도표(sample correlogram), 표본자기상관함수(sample autocorrelation function), 표본부분자기상관함수(sample partial autocorrelation function) 등의 그림을 그려서 시계열자료의 형태에 대한 대체적인 이해를 얻는 것이다. 모형을 식별할 때에 유의할 점은 p와 q의 값이 커지면 추정해야 할 모수의 수가 증가할 뿐만 아니라 모수 추정의 효율성도 떨어지고 예측모형의 해석에도 어려움이 있다는 것이다. 따라서 모형의 식별단계에서는 가능한 한 간단한 모형이 선호되고 이를 간결의 법칙(principle of parsimony, 모수절약의 원칙)이라고 부른다. 모형의 차수에 따른 모수의 수는 p+q+2가 되는데 AR(p) 모형의 p 값은 보통 2이하가 되며, 만약 p의 값이 3보다 커지게 되면 전체 모수의 수가 작은 ARMA(p, q)모형을 선택하는 것이 좋다.

간결의 법칙

모형의 식별 단계에서는

- 시계열도표에 의한 방법
- 표본 자기상관함수와 표본 부분자기상관함수에 의한 방법
- 통계량에 의한 방법

등의 세 가지 방법이 주로 사용된다.

① 시계열도표(time series plot, 자료의 산점도; scatter plot)에 의한 모형의 식별

이는 시계열의 정상성 가정의 충족 여부를 점검하는 예비단계이다. 이 단계에서는 시계열자료에 평균값의 변화 추세나 분산의 변화 여부, 계절성이나 특이값의 존재 여부가 점검된다. 이의 점검결과로서 추세가 없는 모형을 적합시킬 것인지, 직선모형이나 그 이상 고차의 모형을 적합시킬 것인지, 시계열자료의 차분을 할 것인지, 필요하다면 어떤 차수를 차분을 실시할 것인지를 판단한다. 또한 시간의 경과에 따라 시계열자료의 분산 크기에 변화가 있다면 분산안정화를 위하여 로그변환이나 평방근변환 등의 변수변환을 실시한다.

② 자기상관함수와 부분자기상관함수에 의한 모형의 식별

표본자기상관함수(sample autocorrelation function; SACF), 표본부분자기상관함수(sample partial autocorrelation function; SPACF) 등을 이용해서 AR차수 p, 차분차수 d, MA차수 q를 결정한다. 즉, 관측된 시계열의 정상성 여부를 조사한 후 비정상적인 경우에는 변수 변환이나 차분법을 사용해서 정상시계열을 만든 후에 표본자기상관함수와 표본부분자기상관함수를 통해 p와 q의 값을 결정한다.

AR(p)과정의 자기상관함수는 지수적으로 감소하거나, 지수적으로 감소하는 사인곡선(sine curve)이나 코사인곡선(cosine curve)의 형태를 따른다. 그러나 MA(q)과정의 자기상관함수는 시차 q+1부터의 자기상관함수가 이론상 0의 값을 갖게 되다. 따라서 자기상관함수가 어떤 시차 q 다음부터 거의 0의 값을 갖는다면 시계열자료에 적절한 모형은 MA(q)과정으로 잠정적인 결정을 할 수 있다. 모자기상관(population autocorrelation)이 0일 때 표본자기상관은 평균이 0이고 분산은 근사적으로 다음과 같은 값을 갖는다.

$$Var(\hat{\rho}_k) \cong \frac{1}{n}(1 + 2\rho_1^2 + 2\rho_2^2 + \cdot \cdot \cdot + 2\rho_q^2)$$

여기서, k=1, 2, . . .

한편 이의 값은 근사적으로 1/n으로 계산된다. 그러므로 표본자기상관의 값이 시차 q+1부터 다음과 같은 범위에 속하면 유의수준 0.05에서 시차 q+1의 자기상관이 0이라는 가설을 기각하지 못하게 되며 이를 통하여 MA과정의 차수를 q로 결정할 수 있다.

$$| \hat{\rho}_{q+1} | \le \frac{2}{\sqrt{n}}$$

여기서, n은 차분 후의 자료수

MA(q)과정의 부분자기상관함수는 지수적으로 감소하거나, 지수적으로 감소하는 사인곡선(sine curve)이나 코사인곡선(cosine curve)의 형태를 따른다. 그러나 AR(p)과정의 부분자기상관함수는 시차 p+1부터의 부분자기상관함수가 이론상 0의 값을 갖게 되다. 따라서 부분자기상관함수가 어떤 시차 p 다음부터 거의 0의 값을 갖는다면 시계열자료에 적절한 모형은 AR(p)과정으로 잠정적인 결정을 할 수 있다. 모부분자기상관(population partial autocorrelation)이 0일 때 표본부분자기상관은 평균이 0이고 분산은 근사적으로 1/n의 값을 갖는다. 그러므로 표본부분자기상관의 값이 시차 p+1부터 다음과 같은 범위에 속하면 유의수준 0.05에서 시차 p+1의 부분자기상관이 0이라는 가설을 기각하지 못하게 되며 이를 통하여 AR정의 차수를 p로 결정할 수 있다.

$$| \hat{\phi}_{kk}| \leq \frac{2}{\sqrt{n}}$$

자기상관함수와 부분자기상관함수에 의한 모형식별 방법을 요약하면 다음 〈표 8.1〉과 같다.

〈표 8.1〉 ARIMA모형의 자기상환함수와 부분자기상관함수

모형	표본 자기상관함수	표본 부분자기상관함수
AR(1)	지수적으로 감소	k=1에서 0의 값으로 절단
AR(p)	지수적으로 감소	k=p에서 0의 값으로 절단
MA(1)	k=1에서 0의 값으로 절단	지수적으로 감소
MA(q)	k=q에서 0의 값으로 절단	지수적으로 감소
ARMA(1, 1)	지수적으로 감소	지수적으로 감소
ARMA(p, q)	k=q−p부터 지수적으로 감소	k=p−q부터 지수적으로 감소

자기상관함수와 부분자기상관함수의 이러한 특성 때문에 이들은 모형의 식별뿐만 아니라 시계열자료의 정상성 여부을 판단하는 데에도 유용하게 사용된다. 시계열도표에 의해 잠정적으로 시계열의 정상성을 점검한 후 자기상관함수와 부분자기상관함수에 의해 최종적으로 시계열의 정상성을 점검할 수 있다. 즉, 정상성을 가지는 시계열자료는 자기상관함수와 부분자기상관함수가 절단된 형태이거나 지수적으로 감소하는 형태를 가지고 있어야 한다. 추세를 갖는 비정상 시계열자료의 자기상관함수는 큰 차수까지 양의 값을 갖는 형태가 된다.

SAS나 SPSS, 그리고 일반적인 시계열자료 분석을 위한 통계패키지들은 각 시차에서의 표본자기상관함수와 표본부분자기상관함수의 표본상관도표를 출력하며, 이와 함께 표본자기상관함수와 표본부분자기상관함수의 95% 신뢰구간을 점선으로 제공한다. 따라서 출력된 표본상관도표에서 표본자기상관함수와 부분자기상관함수의 값이 95% 신뢰구간을 표시하는 점선의 안에 포함되면 95%의 신뢰수준에서 자기상관함수와 부분자기상관함수가 0이라는 가설을 기각하지 못하게 되며, 이는 자기상관함수나 부분자기상관함수가 0과 유의하게 다르지 않다는 것을 의미한다.

표본자기상관함수와 표본부분자기상관함수를 이용한 Box-Jenkins의 식별방법은 널리 사용되기는 하지만 또한 여러 가지 약점을 가지고 있다. 이 방법의 약점들을 요약하면 다음과 같다.

- 이들을 통한 모형의 식별은 적합한 모형이 AR(p)나 MA(q)가 아닌 혼합 ARMA(p, q)모형일 때는 식별에 어려움이 있다. ARMA(p, q) 모형은 자기상관함수와 부분자기상관함수 모두가 점차 감소하는 형태를 갖기 때문에 추정함수가 아닌 모수함수들이 주어지는 경우에도 p와 q의 값을 정확하게 판단하기가 어렵다.
- AR(p)모형에서 p보다 큰 시차 k의 표본부분자기상관 함수값 $\hat{\phi}_{kk}$의 유의성 검정은 각각의 시차의 부분자기상관함수에 대한 검정을 실시하는 것이 아니라 p보다 큰 모든 시차에 대해 Φ_{kk}가 0이라는 동시검정을 해야 한다.
- 시계열 자료의 수가 많은 경우에는 표본자기상관 함수값의 분산에 비해서 이웃하는 두 표본자기상관 함수값들 사이의 상관관계가 아주 큰 값을 갖게 된다. 따라서 이와 같은 상관관계가 동시검정에 반영되어야 한다. 또한 시계열 자료의 수가 작은 경우에는 표본자기상관함수와 표본부분자기상관 함수값이 커질 수 있기 때문에 이를 가설검정에서 고려하여야 한다. 표본의 크기가 작은 경우에는 위에 주어진 표본자기상관함수나 표본부분자기상관함수의 분산을 기준으로 한 검정 대신에 표본크기 n에 무관한 절대적인 기준으로 $|\hat{\rho}_{q+1}| \leq 0.2$ 등을 95% 신뢰구간으로 사용할 수 있다.

③ 통계량에 의한 모형의 식별

이제까지 Box-Jenkins 방법론에서는 ARIMA 모형의 식별을 위해 자기상관함수, 부분자기상관함수 등의 패턴을 인지하는 방식을 사용하였다. 앞에 설명된 바와 같이 이 방법의 약점 중 한 가지는 혼합모형인 ARMA(p, q)의 차수를 식별하는 것이 용이하지 않다는 것이다. ARMA(p, q)과정의 식별에 〈표 8.1〉에 주어진 기준이 사용되기는 하지만 ARMA(p, q) 과정의 자기상관함수와 부분자기상관함수는 시차가 커져도 절단현상을 보이지 않기 때문에 여전히 이에 의한 식별이 간단하지가 않다. Box-Jenkins의 두 번째 약점은 MA(q)모형을 식별할 때 q보다 큰 모든 시차 k에 대하여 자기상관계수 ρ_k가 동시에 0이라는 동시검정(simultaneous test)을 해야 하는데 실제로는 이를 위하여 ρ_k 각각에 대한 검정을 함으로써 1종 오류가 커진다는 것이다. 이것은 AR(p) 모형에 대해서도 마찬가지로 p보다 큰 시차 k에 대해서 부분자기상관함수가 동시에 0이라는 검정을 하지 않아서 1종 오류가 커진다는 것을 뜻한다.

이와 같은 Box-Jenkins 식별방법의 약점 때문에 70년대 이후로 여러 가지 새로운 식별방법을 찾는 노력이 계속되고 있다. ARMA(p, q) 모형의 선택에서 평균자승오차는 모수의 수가 많아지면 작은 값을 갖는 경향이 있다. 따라서 평균자승오차가 가장 작은 모형을 최적모형으로 선택하는 것은 모수절약의 원칙에 어긋나게 된다. 이와 같은 문제점을 해결하여 모형식별에 자주 사용되는 통계량으로는 AIC와 SBC, BIC 등이 있으며, 이들 AIC와 SBC, BIC 등을 최소화하는 p와 q를 모형의 차수로 결정한다. 이들 통계량은 평균자승오차의 크기와 함께 모수의 수를 고려하여 모형의 차수를 결정하는 방식을 취한다는 공통점이 있다.

① AIC

모형의 식별을 위한 통계량 중에서 가장 많이 사용되는 것 중의 하나는 AIC(Akaike information criteria; Akaike 정보판단기준)이다. AIC는 일본의 아카이케(H. Akaike)에 의해 개발된 통계량으로 모형식별의 객관적인 기준으로 사용될 수 있다. AIC 절차는 기준 통계량

$$AIC = n \ln \hat{\sigma}_{\epsilon}^{2} + 2(p+q)$$

여기서, n은 시계열자료의 유효 길이
$\hat{\sigma}_{\epsilon}^{2}$는 오차분산의 최대우도추정량

를 최소화하는 것이다. 여기서 AIC는 두 부분으로 되어 있는데, 적합모수의 수가 많아짐에 따라 첫 번째 항의 자연대수우도는 작아지는 경향이 있지만 벌칙함수인 두 번째 항이 점점 커지게 된다. 최적모형은 AIC의 값이 최소가 되는 모형이 된다.

② SBC

Schwartz(1978)는 베이지안 판단기준에 따라 다음의 SBC(Schwartz Bayesian Criterion; Schwarz 베이지안 정보판단기준) 통계량을 사용하여 차수 p, q를 결정하는 방식을 제안하였다. SBC는 다음과 같이 정의된다.

$$SBC = n \ln \hat{\sigma}_{\epsilon}^{2} + (p+q) \cdot \ln n$$

③ BIC

Shibata(1976)는 AIC의 점근분포를 밝혔으며 AIC의 선택기준이 ARMA(p, q)과정의 차수 p를 과대추정하는 경향이 있다는 것을 발견하였다. 그후 Akaike(1978, 1979)는 AIC를 확장시킨 BIC(Bayesian Information Criterion)를 모형선택 통계량으로 제시하였다. BIC는 다음과 같이 정의된다.

$$BIC = n \ln \hat{\sigma}_{\epsilon}^{2} - 2(n-p-q) \cdot \ln\left(1 - \frac{p+q}{n}\right) + (p+q) \cdot \ln n$$
$$+ (p+q) \cdot \ln\left[\left(\frac{\hat{\sigma}_{z}^{2}}{\hat{\sigma}_{\epsilon}^{2}} - 1\right) / (p+q)\right]$$

Akaike(1978)는 모의실험을 통하여 BIC가 자기회귀의 차수 p를 과대추정하지 않는다고 밝혔으나, 최병선(1992)은 AIC는 모형을 과대추정하는 경향이 있으며 BIC는 과소추정하는 경향이 있으므로 AIC 통계량에 의한 추정값을 상한값으로 하고 BIC 통계량에 의한 추정값을 하한값으로 하는 범위 내에서 차수를 선택할 것을 추천하였다.

④ 그 밖의 방법들

ARMA모형을 식별하기 위한 또 다른 방법들로는 자기상관함수를 이용하는 방법으로 Gray, Kelly와 MacIntire(1978)의 R-S 배열방법, Beguin, Gourieroux와 Monfort(1980)의 모퉁이방법(corner method), Tsay와 Tiao(1984)의 확장표본자기상관함수(extended sample autocorrelation function; ESACF)를 이용한 방법 등이 있다. 한편 Parzen(1977)은 모든 ARIMA 모형은 유한차수의 AR모형으로 근사시킬 수 있다고 가정하고 이러한 AR모형의 차수를 자기회귀변동판단기준함수(criterion for autoregressive transfer function; CAT)를 사용하여 결정하는 자기회귀전이함수판정법을 제시하였다.

(2) 모형의 추정

모형의 식별과정을 통하여 최적모형이 선택되면 선택된 모형에 포함된 모수를 가장 효율적인 추정방법으로 추정하여야 한다. 일반적으로 사용되는 모수추정 방법으로는 조건부 최소자승법, 비조건부 최소자승법, 최대우도법, 비선형추정법 등이 있다.

어느 방법이든지 안정적인 ARMA 모형의 적합을 위해서는 자료수가 최소한 30 이상이거나 또는 일반적으로 50 이상인 것이 바람직하다. 자료수가 이보다 작을 경우에는 가급적 AR모형의 적합을 시도하는 것이 좋다. 왜냐하면 대개의 경우 MA모형의 적합이 AR모형의 적합보다 힘들기 때문이다. ARIMA(p, d, q)모형으로부터 추정해야 할 모수의 개수는 시계열의 평균, 오차의 분산을 포함하여 p+q+2개이다.

① 추정방법

일반적으로 많이 쓰이는 모형의 모수 추정방법(model estimation)으로는 조건부 최소자승추정법(conditional least squares estimation method), 비조건부 최소자승추정법(unconditional least squares estimation method), 최대우도추정법(maximum likelihood estimation method), 비선형최소자승추정법(nonlinear least squares estimation method), 적률추정법(method of moment estimation), 베이즈추정법(Bayesian estimation method) 등이 있다. 이 들 중에서 SAS 통계패키지에서 사용되는 방법들을 간략히 설명하면 다음과 같다.

㉠ 조건부 최소자승추정법

오차의 자승의 합이 가장 작게 되도록 하는 값을 모수추정값으로 결정하는 방법인 최소자승추정법(least squares method)에 조건을 부여하는 방법이 조건부 최소자승추정법(conditional least squares estimation method; CLS)이다. n개의 실제 관측된 시계열자료 Y_1, Y_2, ... , Y_n과 모형을 통하여 예측된 시계열값과의 차이는 관측된 시계열의 평균값이 μ인 경우에 다음과 같이 나타낼 수 있다.

$$\begin{aligned}\epsilon_t &= \theta_1\epsilon_{t-1} + \cdot\cdot\cdot\cdot + \theta_q\epsilon_q \\ &\quad -(Y_t-\mu)-\phi_1(Y_{t-1}-\mu)-\cdot\cdot\cdot\cdot-\phi_p(Y_{t-p}-\mu)\end{aligned}$$

이들 오차의 최소자승을 최소화하는 모수를 추정하는 과정에서 위의 식을 계산하기 위하여서는 다음과 같은 관측되지 않은 과거 시계열자료에 대한 초기값들이 필요하게 된다.

$$\boldsymbol{Y}^* = (Y_{1-p}, Y_{1-p+1}, \cdot\cdot\cdot, Y_{-1}, Y_0)'$$

$$\boldsymbol{\epsilon}^* = (\epsilon_{1-p}, \epsilon_{1-p+1}, \cdot\cdot\cdot, \epsilon_{-1}, \epsilon_0)'$$

조건부 최소자승추정법은 위의 두 개 식에 일정한 조건을 부여하여 모형의 모수인 $\hat{\boldsymbol{\phi}} = (\hat{\phi}_1, \cdot\cdot\cdot, \hat{\phi}_p)'$과 $\hat{\boldsymbol{\theta}} = (\hat{\theta}_1, \cdot\cdot\cdot, \hat{\theta}_p)'$, 그리고 $\hat{\mu}$를 산출하는 방법이다. 조건으로는 관측되지 않은 시계열자료인 Y^*에는 $\overline{Y}$값을 사용하고, 관측되지 않은 오차값인 ε^*에는 이의 기댓값인 0을 사용하는 방법이 가장 많이 사용되며, 처음 p개의 관측값을 조건으로 사용하는 방법도 많이 사용된다. 처음 p개의 관측값을 조건으로 사용하는 방법은 계산이 비교적 간단한 반면에 처음 p개의 관측값이 갖는 정보가 효율적으로 이용되지 못한다는 단점이 있다.

㉡ 최대우도추정추정법

앞의 조건부 최소자승추정법은 관찰치의 수가 크지 않은 경우에는 초기값 조건이 추정값에 많은 영향을 미친다. 최대우도추정법(maximum likelihood estimation method; ML)은 초기값 조건을 가정하지 않고 관측된 시계열자료의 결합확률밀도함수인 모수의 우도함수(likelihood function)를 최대화시킴으로써 모수를 추정하는 방법이다. 조건부 최소자승추정법이 주어진 시계열자료 정보의 일부분만을 이용하는데 반하여 최우추정법은 주어진 모든 정보를 이용하는 장점이 있으며, 최우추정량들의 대표본에 관한 정리들이 널리 알려져 있는 장점이 있다. 그러나 최우추정값을 계산하기 위해서는 결합밀도함수에 대한 가정이 추가되어야 한다는 단점이 있다. 이를 위해서는 보통 백색잡음과정인 $\{\varepsilon_t\}$가 평균이 0이고 표준편차가 σ^2인 정규분포를 따른다고 가정한다.

㉢ 비조건부 최소자승추정법

앞에서는 후향연산자(backward operator) B를 사용하여 ARMA(p, q)과정을 표현하는 방식이 소개되었는데, 모든 ARMA(p, q)과정은 후향연산자와 동일한 방법으로 다음과 같이 전진연산자(forward operator, 전진작용소) F를 사용하여서도 표현할 수 있다. 후향연산자의 경우에서처럼 $F^j Y_t = Y_{t+j}$가 된다.

$$(1 - \phi_1 F - \cdot\cdot\cdot\cdot - \phi_p F^p) Y_t = (1 - \theta_1 F - \cdot\cdot\cdot\cdot - \theta_q F^q)\epsilon_t$$

주어진 관측값과 후향연산자가 미래값을 예측하는 데 사용되는 것처럼 전진연산자는 관측되지 않은 과거값을 예측하는 데 사용된다. 비조건부 최소자승추정법(unconditional least squares estimation method; ULS)은 최소자승추정량의 산출을 위하여 조건부 최소자승추정법처럼 초기조건을 주는 대신에 전진연산자를 사용하여서 관측되지 않은 과거값을 후방예측(backcast)한 값을 사용한다. 이 방법은 초기조건이 오차자승합에 미치는 영향을 줄일 수 있어서 조건부 최소자승추정법보다 효율적인 추정방법이 되며 오늘날 시계열자료의 분석에서 모수추정에 가장 많이 사용된다.

(3) 모형의 진단

모형이 식별되고 모수가 추정된 후에는 추정된 모수의 유의성 검정이 실시된다. 추정된 모수들이 모두 유의하면 다음단계에서는 잔차분석을 통해서 잠정적으로 선택된 모형이 주어진 시계열자료에 잘 적합하는가를 확인하는 과정을 거치게 되는데 이를 모형의 진단(model diagnostic checking)단계라고 한다. 추정된 모수 중에 유의하지 않은 모수(들)이 있으면 이(들)을 모형에서 제거하고 모수추정 과정을 다시 거친 후에 모형의 진단을 실시한다.

추정된 모형이 관측된 시계열에 적합하면 추정 후의 잔차가 순수 오차인 백색잡음과정이 되어야 한다. 모형의 진단 단계에서는 주로 잔차분석(residual analysis)과 과대적합진단(overfitting diagnostics) 등을 수행한다. 잔차분석에는 잔차의 시계열도표, 잔차의 자기상관함수와 부분자기상관함수 등에 대한 검토가 이루어지며, 이에는 포트맨토(portmanteau) 통계량이나 포트맨토 통계량을 수정한 Box-Pierce 통계량이 사용된다. 잠정모형이 적합한 것으로 판정되면 이 모형은 예측모형으로 사용되지만 잠정모형이 적합하지 않은 것으로 판정되면 다시 모형의 식별단계로 돌아가서 모형의 진단단계에서 얻어진 정보를 활용하여 새로운 잠정모형을 탐색하게 된다.

① 잔차분석

모형의 진단단계에서 가장 유용한 방법은 잔차를 이용하는 방법이다. 잔차가 백색잡음과정을 나타내는지를 점검하기 위하여 잔차의 정규성검정과 잔차의 표본자기상관함수(residual sample autocorrelation function; RSACF)와 잔차의 표본부분자기상관함수(residual sample partial autocorrelation function)에 대한 유의성 검정이 실시된다.

잔차의 정규성검정에는 회귀분석에 사용되는 일반적인 정규성검정 방법들이 사용될 수 있으며 이에 관하여는 '5. 시계열자료의 분석모형'의 (4) 모형의 진단에 자세히 설명되어 있다. 잔차의 표본자기상관함수와 잔차의 표본부분자기상관함수의 유의성검정은 '모형의 식별'에 소개된 표본자기상관함수와 표본부분자기상관함수의 유의성 검정에 사용된 방법이 동일하게 적용될 수 있다. 또한 모형이 잘 적합되었는지를 확인하기 위하여서는 잔차의 표본자기상관함수를 이용한 적합성검정(goodness of fit test) 방법으로 포트맨토검정이나 Box-Pierce 통계량이 사용될 수 있다.

㉠ 자기상관함수와 부분자기상관함수에 의한 방법

적합된 모형의 잔차들의 자기상관함수와 부분자기상관함수가 모든 시차에서 충분히 0에 가까운가를 확인한다. 이때의 95% 신뢰구간은 앞에 제시된 바와 같이 $\pm 2/\sqrt{n}$ 이 된다. 이때 주의해야 할 점은 이 기준은 5% 유의수준이므로 잔차가 백색잡음과정을 따른다고 하더라도 20개 시차의 자기상관이나 부분자기상관 중에서 각각 1개 정도는 이 신뢰구간 밖의 값을 가질 수 있다는 것이다.

㉡ 포트맨토 검정(portmanteau test; 결합검정)

앞에서 설명된 각 시차별 잔차들의 표본자기상관계수와 표본부분상관계수를 검정하는 방법은 검정의 횟수가 많아지게 되어 일종오류를 지나치게 크게 한다는 단점을 갖는다. 따라서 주어진 유의수준에서 동시검정을 실시하는 방법으로 포트맨토(protmanteau)검정이 제안되었다. 이의 검정통계량은 다음과 같이 정의되며 n이 크고 모형이 적절하게 적합되었다면 Q통계량은 아래의 분포를 가진다.

$$Q = n\sum_{k=1}^{K} r_k^2 \rightarrow \chi^2(K-p-q),$$

여기서, r_k = 시차 k인 잔차의 표본자기상관함수
K = 분석자가 정한 충분히 큰 시차
n = 차분 후 ARMA모형의 적합에 쓰인 자료 수

위의 통계량에서 K값은 자의적으로 결정할 수 있는데 보통은 유효 시계열자료 수의 1/5 정도의 값으로 결정된다. 그러나 k가 클 때 r_k값이 유의한 현상을 보이면 K를 크게 잡는 것이 좋다. K를 크게 잡는 경우에는 Q값이 커지고 자유도도 커지므로 임계값 또한 커지게 된다. 포트맨토 검정통계량은 모형의 식별이 잘못되었을 경우에는 커다란 값을 가지게 되

기 때문에 Q값이 주어진 유의수준의 χ^2분포 임계값보다 크면 모형이 적절하게 적합되었다는 가설은 기각된다.

㉢ Box–Pierce 통계량

Ljung과 Box(1978)는 표본의 수 n이 100보다 작을 때에는 포트맨토 검정통계량 Q의 크기가 작아져서 검정통계량이 χ^2분포에 따르지 않는다는 것을 밝혔다. Q의 크기가 작아지는 경우에는 검정이 너무 보수적이 되어서 실제로는 모형이 적합되지 않은 경우에도 모형이 적합하다는 가설을 기각하지 못하게 된다. 이와 같은 문제점을 반영하여 다음과 같이 수정된 Q를 사용하는 Box–Pierce 통계량이 제안되었다. 이 수정된 Q는 표본이 크지 않더라도 K–p–q의 자유도를 갖는 χ^2분포를 따른다는 것이 증명되었다. $Q^* > \chi^2(K-p-q)$이면 오차항이 백색잡음 과정이라는 영가설은 기각된다. SAS 통계패키지에서는 오차항이 백색잡음 과정을 따르는지에 대한 검정에 이 Box–Pierce 통계량이 사용된다.

$$Q^* = n(n+2)\sum_{k=1}^{K}\frac{r_k}{n-k} \sim \chi^2(K-p-q)$$

② 과다적합 진단

모형진단을 위한 또 하나의 방법으로 과다적합(overfitting) 진단 방법이 사용된다. 과다적합은 잠정모형에 모수를 추가하여 더 많은 모수를 포함하는 모형을 적합하고 이의 결과를 잠정모형의 결과와 비교하는 방법이다. 예를 들면, 만일 어떤 시계열자료에 적합한 모형으로 AR(1)모형이 잠정적으로 선정되었다면 동일한 시계열자료에 잠정모형보다 모수의 수가 많은(과다한) AR(2)모형이나 ARMA(1, 1)을 적합하여 잠정모형의 결과와 과다 적합한 모형의 결과를 비교함으로써 잠정모형의 적절성을 검토하는 것이다. 과다적합 진단은 다음과 같은 요령으로 실시된다.

- 모형선정의 경우 복잡한 모형보다는 간단한 모형으로 선정하여야 한다.
- 과다적합화 분석시 모수과잉(parameter redundancy)을 방지하기 위하여 AR 또는 MA 항을 동시에 추가시키지 않아야 한다.
- 모형을 확장할 경우 잔차분석을 통하여 얻어진 방향으로 모형을 확장하여야 한다.

이와 같은 요령으로 실시된 과다적합의 결과가 다음의 두 조건을 만족하면 잠정모형은 타당하다고 결론지을 수 있다.

- 추가된 모수의 추정값들이 0과 유의하게 다르지 않다.
- 모형들이 공통적으로 가지고 있는 모수의 추정값이 원래의 모형과 과다적합 모형에서 유의하게 다르지 않다.

09 장

비모수 통계[1)]

1 비모수통계의 기초

1) 비모수 통계분석 방법

비모수 통계분석 방법

전통적인 통계방법인 모수 통계분석 방법에서는 표본 특성치를 사용하여 모수(parameter)를 추정하거나 검정할 때 모집단이나 표본의 분포에 대한 가정이 사용된다. 예를 들면 단일모집단의 모수값에 대한 추정이나 검정, 두 모집단 모수값의 동일성에 대한 검정은 표본이 정규분포나 t 분포를 따른다는 것을 가정하고 수행된다. 그러나 이 경우에 모집단이나 수집된 표본이 정규분포나 t 분포를 따르지 않고 이보다 두꺼운 꼬리(긴 꼬리)를 갖는 경우에는 정규분포나 t 분포를 가정한 모수 통계분석 방법은 설정된 명목 유의수준 α보다 더 큰 실질 1종오류(Type I error rate)를 가지게 된다.

비모수 통계분석 방법은 타당하지 않거나 타당성 여부를 확인할 수 없는 모집단의 분포에 대한 가정을 부과하지 않고 통계적 추정과 검정을 실시하는 방법이다. 비모수 통계분석 방법은 모집단 분포에 대하여 연속성이나 대칭성 등의 상대적으로 약한 가정만을 사용하기 때문에 분석대상 자료가 모수 통계분석 방법의 적용에 필요한 가정들을 만족시키지 못하는 경우나, 표본의 숫자가 작은 경우, 또는 표본 자료가 단순히 순위(rank)로만 구성되어 있는 등의 경우에 유용한 분석방법이 된다.

2) 비모수 통계분석 방법의 성질

비모수 통계분석 방법의 성질

모집단의 분포를 가정하지 않고 원자료 대신 주로 순위(rank)나 부호(sign)를 사용하는 비모수 통계분석 방법은 사용되는 자료가 간단한 것에 비하여 통계량의 분포가 복잡하여

1) 김현철(2008). 비모수 통계분석. 교육과학사. 참조

서 p값의 계산을 위하여 점근분포가 사용되는 경우가 있으며, 가정된 모집단의 분포가 모집단의 실제 분포와 일치하는 경우에는 분포를 가정하는 모수 통계방법에 비하여 상대적 효율성이 떨어진다는 단점을 가진다. 그럼에도 불구하고 비모수 통계방법은 다음과 같은 장점들로 인하여 60년대 이후로 지속적으로 발전하고 있다.

- 비모수 통계방법은 자료가 수집된 모집단에 대하여 엄격하지 않은 가정을 요구하며, 특별히 전통적인 모수통계 방법에 필요한 가정인 정규성 가정을 필요로 하지 않는다.
- 모수 통계방법들이 실제의 양적 관측값을 사용하는데 반하여 많은 비모수 통계방법들은 순위나 부호만을 사용하기 때문에 정규분포를 가정할 수 없는 상황에서 사용될 수 있다.
- 비모수 통계방법은 모집단의 정규성 가정에 의존하지 않은 채 검정의 정확한 p값, 정확한 확률의 신뢰구간, 다중비교에서의 정확한 일종오류를 제공한다.
- 비모수 통계방법들은 모집단이 정규분포를 하는 경우에도 모수 통계방법과 거의 같은 효율성(efficiency)을 갖는다.
- 비모수 통계방법들은 특이값에 영향을 많이 받지 않는다.
- 비모수 통계방법들의 사용에서 분포정보가 필요한 경우에는 Quenoulli(1949)와 Tukey(1958, 1962)의 Quenoulli-Tukey 잭나이프(jacknife)나 Efron(1979)의 붓스트랩(bootstrap) 등의 방법이 사용될 수 있다.
- 간편한 컴퓨터 소프트웨어들이 개발되기 전에는 비모수 검정법들의 p값으로 대표본 상황에서 산출된 근사값(large sample approximation)을 사용하였으나 컴퓨터 소프트웨어의 발전으로 여러 비모수 검정법들의 정확한 p값이 신속하게 계산될 수 있게 되었다.
- 비모수 통계방법은 모수 통계방법보다 적용과 이해가 용이한 경우가 많다.

비모수 통계학의 발전과정

3) 비모수 통계학의 발전과정

(1) 초기연구

Savage(1953)는 순위상관에 대한 Hotelling과 Pabst(1936)의 연구를 비모수 통계방법의 기원으로 평가하였으며, Scheffe(1943)는 Pearson(1900, 1911)의 초기 비모수 연구와, 부호검정법을 설명하고 있는 Fisher(1925)의 'Statistical methods for research workers' 초

판을 비모수 통계방법의 기원으로 지목하였다. 1930년대에는 Friedman(1937), Kendall(1938), Smirnov(1939) 등의 비모수 통계방법과 관련된 주요 초기 연구물들이 발표되었으며, 특히 Wilcoxon(1945)은 지금까지도 가장 많이 사용되는 비모수 통계방법들 중 일부인 순위합검정(two-sample rank sum test)과 부호순위검정(paired-sample signed rank test)을 소개하였다. Mann과 Whitney(1947)는 Wilcoxon(1945)을 확장하여 집단간 표본수가 동일하지 않은 경우에 대한 비모수 방법을 제시하였다.

Wilcoxon의 검정법들은 1950년대와 60대에 다변량 분석에서 순위를 사용하는 비모수 검정법 개발의 계기가 되었으며, 그 후에 Pitman(1948), Hodges와 Lehmann(1956), Chernoff와 Savage(1958) 등이 비모수 통계방법들의 효율성이 모수통계방법과 큰 차이가 없다는 것을 보임으로써 비모수 통계이론의 발전에 기여하였다. 이 시기에 발표된 연구들 중에서 비모수 통계방법의 광범위한 적용을 가능하게 한 연구로는 편이를 감소하는 방편으로 잭나이프 방법을 도입한 Quenouille(1949)와 이를 확장하여 근사 유의성 검정(approximate significance test)과 신뢰구간을 제공한 Tukey(1958, 1962)가 있다.

(2) 1960~1970년대의 연구

1960년대에는 비모수 통계방법의 커다란 이론적 진보가 이루어졌는데 이들 중에서 가장 중요한 연구는 Hodges와 Lehmann(1963)으로 이 연구는 순위검정 통계량을 유도하고 이 통계량이 통계적으로 우수한 성질을 가지고 있음을 보였다. 이 연구는 여러 종류 실험설계에서의 비모수 통계량의 유도와, 회귀분석에서 비모수 통계방법을 적용한 추정과 검정의 이론적 발판이 되었다. 1970년대에 발표된 가장 중요한 두 편의 연구는 생존분석 자료의 분석에 관한 Cox(1972)와, 비모수 통계분석에 사전정보(prior information)를 결합시키는 비모수 베이지안(nonparametric Bayesian) 방법을 도입한 Ferguson(1973)이었다.

Cox(1972)는 Fleming과 Harrington(1991), Andersen 외(1993) 등에 의하여 연구가 계승되고 있으며, Susarla와 van Ryzin(1976)은 생존곡선의 비모수 베이지안 통계량 유도에 Ferguson(1973)의 방법을 적용하였다. Dykstra와 Laud(1981)는 사전정보에 감마분포를 이용하는 베이지안 비모수 방법을 개발하였고 Hjort(1990)는 Markov Chain Monte Carlo(MCMC) 방법에 의한 베이지안 모형에 베타분포를 적용하였다. 이들 선행연구에 대한 설명과 요약이 Gelfand와 Smith(1990), Gamerman(1991), West(1992), Smith와 Roberts(993), Arjas와 Gasbarra(1994) 등에 제공되고 있으며, 선행연구들에 대한 문헌연구 결과가 Gilks, Richardson과 Spiegelhalter(1996)에 제공되고 있다. 베이지안 방법의 개발과 적용을 위하여 개발된 주요 알고리듬들로는 Metroolis 외(1953), Hastings(1970), Green(1995) 등에 의한 Metropolis-Hastings-Green 알고리듬과 Tanner-Wong(1987) 알고리듬이 있다.

(3) 1980~1990년대의 연구

최근 비모수 통계분석 분야의 가장 중요한 발전은 붓스트랩(bootstrap) 방법을 도입한 Efron(1979)의 연구이다. 붓스트랩 방법은 모수 통계분석으로는 표준오차나 신뢰구간의 계산이 불가능하거나 아주 어려운 실험설계에서 전산(computer-intensive method)에 의하여 이를 계산하는 방법이다. 붓스트랩 방법은 1980년대와 90년대 그리고 그 이 후에도 지속적인 주목을 받고 있는데 이들 연구에 대해서는 Efron과 Tibshirani(1993), Davison과 Hinkley(1996) 등의 책을 참조할 수 있다.

(4) 연구서적

지난 70년간 비모수 통계학의 지속적인 발전은 이 분야에서 저술된 여러 연구서적들을 통하여 이루어졌다. 순위를 사용하는 방법에 대한 첫 번째 연구서적은 순위상관에 대한 Kendall(1948)이었으며(최근판은 Kendall과 Gibbons(1990) 5판), 그 후에 Siegel(1956)(최근판은 Siegel과 Castellan(1988) 2판)과 Tate와 Clelland(1957) 등이 발간되었고, Fraser (1957)는 비모수 통계방법에 대한 첫 번째 이론서적으로 평가된다. 1960년대에 쓰인 연구서적들로는 Walsh(1962, 1965, 1968), Kraft와 van Eeden(1968) 등의 기초 이론서적, Noether(1967)와 Hájek(1969)의 중급 이론서적, Hajek과 Šidák(1967)의 고급 이론서적 등이 있다.

1970년대의 연구서적으로는 Conover(1971)(최근판은 Conover(1999) 3판), Hollander와 Wolfe(1973), Marascuilo와 McSweeny(1977), Daniel(1978) (최근판은 Daniel(1990) 2판), Leach(1979) 등의 기초 이론서적, Gibbons와 Chakraborti(1971)(최근판은 Gibbons와 Chakraborti(2011) 5판), Lehmann(1975), Randles와 Wolfe(1979)등의 중급 이론서적이 있다. 1980년대의 연구서적으로는 Krauth(1988), Neave와 Worthington(988), Sprent(1989) (최근판은 Sprent와 Smeeton(2007)) 등의 기초 이론서적이 있으며, Maritz(1981), Pratt와 Gibbons(1981), Hettmansperger(1984) 등의 중급 이론서적이 발간되었다.

90년대에는 비모수검정의 점근효율(asymptotic efficiency)에 대한 Nitikin(1995), 강인

비모수 방법(robust nonparametric methods)에 대한 Hettmansperger와 McKean(1998) 등의 연구서적이 있으며, 앞에서 언급된 책들의 Daniel(1990), Kendall과 Gibbons(1990), Gibbons와 Charkraborti(1992), Sprent(1993), Gibbons(1997) 등이 발간되었다. 붓스트랩에 대한 연구서적들로는 붓스트랩과 잭나이프를 비롯한 재표집방법들에 대한 Efron(1982), Hall(1992), Efron과 Tibshirani(1993)의 기초 이론서적, Davison과 Hinkley(1997)의 중급 이론서적, 그리고 Manly(1997)의 생물학에서의 붓스트랩 방법에 대한 연구서적이 있다. 이들 중에서 Efron과 Tibshirani(1993)과 Davison과 Hinkley(1996)는 실제적인 예를 많이 포함하고 있다.

(5) 관련 연구주제

관련 연구주제별로는 회귀분석, 범주형 자료분석, 생존분석 등의 분야에 비모수 통계분석방법을 적용하는 연구들이 수행되어 왔다. 비모수 회귀분석에 관한 연구들로는 Eubank (1988), Müller(1988), Carroll과 Ruppert(1988), Härdle(1990), Wahba(1990), Green과 Silverman (1994), Wand와 Jones(1995), Fan과 Gijbels(1996), Hart(1997), Hettmansperger와 McKean (1998) 등이 수행되었다.

범주형 자료분석 관련 연구들로는 Fleiss(1981)과 Agresti(1984), Agresti(1990), Everitt (1992) 등이 있으며, 생존분석 관련 연구들로는 Kalbfleisch와 Prentice(1980), Miller(1981b), Nelson(1982), Cox와 Oakes(1984), Crowder, Kimber, Smith와 Sweeting(1991), Fleming과 Harrington(1991), Zacks(1992), Andersen, Borgan, Gill과 Keiding(1993), Klein과 Moeschberger(1997) 등이 있다. 또한 부분순위 자료에 대한 Critchlow(1980), 순차 비모수 방법(sequential nonparametric methods)에 대한 Sen(1981), 순위자료에 대한 확률모형과 통계분석에 대한 Fligner와 Verducci(1993) 등의 연구가 수행되었다. 비모수 통계분석 방법들의 이와 같은 발전은 비모수 통계방법이 모수 통계방법과는 달리 때로는 타당하지 않은 정규분포 가정 등의 강한 가정에 의존하지 않는 방법이라는 점과 대부분의 분포에서 모수 통계방법에 대한 비교적 높은 상대효율성(relative efficiency)을 가지기 때문이다.

4) 여러 비모수 통계분석 방법

여러 비모수 통계분석 방법

다음 〈표 9.1〉에는 전통적인 모수 통계분석에서 t검정 방법이 사용되는 단일 모집단, 독립된 두 개의 모집단, 상관된 두 개의 모집단에서의 비모수 통계분석 방법들, 전통적인 모수 통계분석에서는 F검정 방법이 사용되는 일원설계, 이원설계에서의 비모수 통계분석 방법들, 그리고 전통적인 모수 통계분석에서는 Pearson 적률상관계수가 사용되는 상관분석에 대응하는 두 변수의 비모수 상관분석방법과 분할표 형태 자료에서의 변수간 비모수 연관성 분석방법, 그리고 모수 분석방법의 회귀분석에 대응하는 비모수 회귀분석 방법들이 요약되었다. 표에서 굵은 글씨로 표시된 비모수 통계분석 방법은 이 책에서 설명되고 예시되는 분석방법들이다.

〈표 9.1〉 여러 비모수 통계분석 방법

분석상황	데이터 형태	비모수 통계분석 방법
단일 모집단	독립적인 베르누이 시도의 결과	Binomial 검정 Binomial Procedure Clopper-Pearson 신뢰구간
	쌍을 이룬 관측 $(X_1, Y_1), \ldots(X_n, Y_n)$	Wilcoxon 부호순위 검정 Fisher 부호검정 Walsh 평균의 중위수에 근거한 Hodges-Lehmann 추정량 표본 중위수에 근거한 추정량 Tukey 신뢰구간 Thompson, Savur 신뢰구간
	$Z_1, \ldots Z_n$의 단일표본	부호순위검정 부호검정 Randles-Fligner-Policello-Wolfe, Davis-Quade symmetry test
두 모집단	이변수표본 $(X_1, Y_1), \ldots (X_n, Y_n)$ 또는 두 집단 표본 $X_1, \ldots X_m$과 $Y_1, \ldots Y_n$	Wilcoxon, Mann-Whitney 순위합검정 Hollander bivariate symmetry test
	두 집단 표본 $X_1, \ldots X_m$과 $Y_1, \ldots Y_n$	Kolmogorov-Smirnov 검정 Hodges-Lehmann 이표본 추정량 Moses 신뢰구간 Fligner-Policello 검정 Anasari-Bradley 검정 Miller jacknife 검정 Lepage 검정
일원설계	$X_{ij} = \mu + \tau_j + e_{ij}$ $i=1, \ldots n_j$ $j=1, \ldots, k$	Kruskal-Wallis 검정 Johckheere, Terpstra 검정 Mack-Wolfe 검정 Fligner-Wolfe 검정 Dwass, Steel, Critchlow-Fligner 다중비교

분석상황	데이터 형태	비모수 통계분석 방법
		Hayter-Stone 다중비교 Nemenyi, Damico-Wolfe 처치-통제간 다중비교 Spjϕtvoll 대비 추정량 Critchlow-Fligner simultanous confidence interval
이원설계	$X_{ij}=\theta+\beta_i+\tau_j+e_{ijt}$ i=1,…n j=1,…,k t=1,…,c_{ij}	Friedman, Kendall-Babington Smith 검정 Friedman rank sum에 근거한 Wilcosxon, Nemenyi, McDonald-Thompson 다중비교 Wilcoxon sign test에 근거한 Nemenyi 다중비교 Friedman rank sum에 근거한 Nemenyi, Wilcoxon-Wilcox, Miller 처치-통제간 다중비교 Wilcoxon sign test에 근거한 Hollander 처치-통제간 다중비교 Doksum 검정 Page 검정 Hollander 검정 Doksum 추정량 Lehmann 추정량 Durbin, Skillings-Mack 검정 Skillings-Mack 다중비교
상관분석	이변수표본 (X_1, Y_1),…($X6_n$, Y_n)	Kendall 검정 Spearman 검정 Hoeffding 검정 Kendall의 통계치에 근거한 통계량 Samara-Randles, Fligner-Rust, Noether 신뢰구간 Efron bootstrap 신뢰구간
단일 회귀직선	$Y_i=\alpha+\beta x_i+e_i$ i=1,…n	Theil 검정 Theil 추정량 Theil 신뢰구간 절편추정량과 예측값
여러 회귀직선	$Y_{ij}=\alpha_i+\beta_i x_{ij}+e_{ij}$ i=1,…k j=1,…n_j	Sen, Adichie 검정
일반 다중회귀	$x_i'=(x_{i1},\ldots,x_{pi})$ 에서의 관측값 Y_i $Y_i=\xi+\beta_1 x_{1i}+\cdot+\beta_p x_{pi}+e_i$	Jaeckel, Hettmansperger-McKean 검정

2 비모수 자료의 검정

이항분포 자료의 모수추정과 가설검정

1) 이항분포 자료의 모수추정과 가설검정

(1) 이항검정

① 매번의 시도에서 실험결과는 성공과 실패의 두 가지로 나타나며,

② 성공확률 p는 모든 시도에서 동일하고,

③ n번의 실험이 독립적으로 수행되는

등의 세 가지 가정을 만족하는 경우를 모수가 p인 n번의 독립적인 베르누이 시행(Bernoulli trials)이라고 하고 이를 만족하는 변수에 대한 검정을 이항검정(binomial test)이라고 부른다.

베르누이 시행의 세 가지 가정을 만족하는 이항변수의 모수 p의 추정값과 추정값의 분산은 B가 성공의 횟수일 때

$$\hat{p} = \frac{B}{n}$$

$$var(\hat{p}) = \frac{p(1-p)}{n}$$

가 되며, 추정된 표준편차의 추정값은

$$\widehat{sd}(\hat{p}) = \sqrt{\frac{\hat{p}(1-\hat{p})}{n}}$$

가 된다.

베르누이 시행의 모수 p에 대한 가설검정에서 영가설과 일방 대립가설이 각각

$$H_0 : p = p_0$$

$$H_1 : p > p_0$$

이고 $0 < p_0 < 1$, B가 성공의 횟수를 가리킨다면, 유의수준 α에서의 영가설에 대한 검정(one-sided upper-tail test)의 기각역은 $B \geq b_\alpha$가 되며, 이때 상수 b_α는 표본크기가 n,

성공확률이 p_0인 이항분포(binomial distribution)의 상위백분위 α(upper α percentile point)에 해당하는 성공 횟수가 된다. 또

$$H_2 : p < p_0$$

형태의 일방 대립가설에 대한 검정(one-sided lower-tail test)의 기각역은 $B \geq c_\alpha$가 되며, 이때 상수 c_α는 표본크기가 n, 성공확률이 p_0인 이항분포의 하위백분위 α(lower α percentile point)에 해당하는 성공 횟수가 된다. 특별히 가설에서 $p_0 = \frac{1}{2}$인 경우에는 $c_\alpha = n - b_\alpha$가 된다.

또한

$$H_3 : p \neq p_0$$

형태의 양방 대립가설에 대한 검정(two-sided test)에서 유의수준 α에서의 기각역은 $B \geq b_{\alpha_1}$ 또는 $B \leq c_{\alpha_2}$가 되며, 이때 b_{α_1}은 상위백분위 α_1에 해당하는 성공 횟수, c_{α_2}는 하위백분위 α_2에 해당하는 성공 횟수로 $\alpha_1 + \alpha_2 = \alpha$가 된다.

영가설이 참일 때, 즉 모수가 p_0일 때 B의 평균과 분산은 각각

$$E(B) = np_0$$
$$var(B) = np_0(1 - p_0)$$

가 되며, 이항검정에서 B에 대한 대표본 근사(large sample approximation)는

$$\begin{aligned} B^* &= \frac{B - E(B)}{\{var(B)\}^{1/2}} \\ &= \frac{B - np_0}{\{np_0(1 - p_0)\}^{1/2}} \end{aligned}$$

의 표준화에 의하여 수행된다. z_α가 표준정규분포의 상위백분위 α에 해당하는 B^*의 값을 나타낼 때 대립가설이 앞에 제시된 일방 H_1과 H_2에 대한 영가설의 기각역은 각각 $B^* \geq z_\alpha$, $B^* \leq -z_\alpha$가 되며, H_3에 대한 영가설의 기각역은 $|B^*| \geq z_{\alpha/2}$ 가 된다.

이항검정
부호검정

(2) 중위수에 대한 이항검정과 부호검정

이항검정(binomial test)은 모집단의 중위수 θ에 대한 가설검정에 사용된다. X_1, X_2, ・・・, X_n이 분포함수(continuous cumulative distribution function; cdf)가 연속함수 $F(x)$인 모집단으로부터 추출된 무작위표본이라고 할 때, 모집단의 중위수(median) θ에 대하여 $H_o : \theta = \theta_0$의 가설을 검정하고자 한다. 중위수 θ에 대한 검정은 영가설에서 주어진 θ_0보다 큰 값을 갖는 표본 관측값은 +로 표시하고, θ_0보다 작은 값을 갖는 표본 관측값은 −로 표시하여 +값을 갖는 표본의 수 B를 구하여 이를 검정통계량으로 사용한다. 이때 만약 영가설이 참이라면 X_i가 θ_0보다 큰 값을 가질 확률과 작은 값을 가질 확률은 각각 0.5가 되며, 따라서 X_i 중에서 θ_0보다 큰 값을 갖는 경우의 수 B는 $p = 0.5$의 이항분포를 하게 되고, 모집단의 중위수가 θ_0가 아니라면 B는 $p \neq 0.5$의 이항분포를 하게 된다.

그러므로 중위수 θ에 대한 가설검정에서 $H_0 : \theta = \theta_0$의 영가설에 대한 대립가설 $H_1 : \theta \neq \theta_0$의 검정은 $H_0 : p = 0.5$의 영가설에 대하여 대립가설 $H_1 : p \neq 0.5$의 검정을 실시하는 것과 동일한 의미를 가지고, 표본에서 관측된 B값을 B_{obs}라고 하면 검정의 p값은 $p = 0.5$의 이항분포에서 B가 B_{obs}이상의 값을 가질 확률이 된다. 이때 통계량 B를 부호통계량(sign statistic)이라 부르고 이에 의한 검정은 가장 기본적인 비모수 검정방법인 부호검정(sign test)이 된다.

(3) 백분위수의 신뢰구간

순서통계량(order statistic)을 구하기 위하여 관측값을 $X_{(1)} < X_{(2)} < \cdots < X_{(n)}$의 크기 순으로 배열하면 $F(\theta_p) = p$의 값을 갖는 백분위 p의 값 θ_p에 대한 신뢰구간은

$$X_{(a)} < \theta_p < X_{(b)}$$

의 형태를 가지게 된다. 이때 X_i 중에서 θ_p보다 작은 값을 갖는 경우의 수가 a보다는 많고, $b-1$보다는 작을 때 이 부등식은 성립하게 되며, 따라서 a와 b의 값은 100(1−α)% 신뢰구간

$$\sum_{x=a}^{b-1} \binom{n}{x} p^x (1-p)^{n-x} = 1-\alpha$$

을 만족하도록 결정된다.

2) 쌍을 이룬 반복측정 자료의 검정

쌍을 이룬 반복측정 자료의 검정

n명의 표본에 대하여 처치 이전에 사전검사 점수(X_i)가 측정되고 처치 이후에 사후검사 점수(Y_i)가 측정되었을 때 처치가 검사점수를 변화시켰는지에 대한 검정이 필요할 수 있다. 이와 같은 형태의 자료에서 쌍을 이룬 자료간의 차이점수($Z_i = Y_i - X_i,\ i=1,\ 2,\ \cdots,\ n$)를 산출하고 이에 대한 위치검정(paired replicates analyses)을 실시하면, 이는 단일모집단의 모수추정과 가설검정의 문제가 된다. 이때 Z_i들은 연속변수이며, 중위수 θ를 중심으로 대칭분포를 가지는 단일모집단으로부터 추출되었다고 가정된다. 즉, 모든 t와 $i=1,\ 2,\ \cdots,\ n$에 대하여

$$F_i(\theta+t)+F_i(\theta-t)=1$$

이 가정되고 식에서 모수 θ는 처치효과가 된다.

(1) Wilcoxon의 부호순위검정

Wilcoxon의 부호순위검정

처치효과의 유무를 검정하기 위해서는 Wilcoxon의 부호순위검정(singed rank test)이 사용될 수 있으며, Wilcoxon의 부호순위검정의 통계량 T^+는 다음의 절차를 따라 산출된다. 우선 사전검사 점수와 사후검사 점수의 차이점수의 절대값 $|Z_1|, \cdot\cdot\cdot, |Z_n|$을 구하여 작은 값부터 큰 값의 순으로 순위 $R_i(i=1,2,\cdot\cdot\cdot,n)$를 부여하고 여기에 지시함수

$$\psi_i = \begin{cases} 1, & \text{if } Z_i > 0 \\ 0, & \text{if } Z_i < 0 \end{cases}$$

를 곱하여 $R_1\psi_1, \cdot\cdot\cdot, R_n\psi_n$을 생성한다. 이로부터

$$T^+ = \sum_{i=1}^{n} R_i\psi_i$$

의 양의 부호가 할당된 순위의 합을 산출하면 이는 부호순위검정 통계량 T^+가 된다.

Wilcoxon 부호순위검정에서 영가설과 상향 일방가설 형태의 대립가설

$$H_0 : \theta = 0$$
$$H_1 : \theta > 0$$

의 검정은 $T^+ \geq t_\alpha$ 인 경우에 영가설이 기각되는 단측검정(one-sided upper-tail test)이 되고, 영가설과 하향 일방가설 형태의 대립가설

$$H_0 : \theta = 0$$
$$H_2 : \theta < 0$$

의 검정은 $T^+ \leq \frac{n(n+1)}{2} - t_\alpha$ 인 경우에 영가설이 기각되는 단측검정(one-sided lower-tail test)이 된다. 여기서 상수 t_α는 일종오류의 확률이 α가 되는 값이다. 또 영가설과 양방가설 형태의 대립가설

$$H_0 : \theta = 0$$
$$H_3 : \theta \neq 0$$

의 검정은 $T^+ \geq t_{\alpha/2}$이나 $T^+ \leq \frac{n(n+1)}{2} - t_{\alpha/2}$인 경우에 영가설이 기각되는 양측검정(two-sided test)이 된다.

영가설이 참일 때 T^+의 평균과 분산은 각각

$$E_0(T^+) = \frac{n(n+1)}{4}$$
$$var_0(T^+) = \frac{n(n+1)(2n+1)}{24}$$

가 되며, 이에 따라 T^+의 대표본 근사는

$$T^* = \frac{T^+ - E_0(T^+)}{\left\{var_0(T^+)\right\}^{1/2}} = \frac{T^+ - \left\{\frac{n(n+1)}{4}\right\}}{\{n(n+1)(2n+1)/24\}^{1/2}}$$

의 표준화에 의하여 수행된다. z_α가 표준정규분포의 상위백분위 α에 해당하는 T^*의 값을

나타낼 때 앞의 일방 대립가설 H_1과 H_2에 대한 영가설의 기각역은 각각 $T^* \geq z_\alpha$, $T^* \leq -z_\alpha$가 되며, 양방 대립가설 H_3에 대한 영가설의 기각역은 $|T^*| \geq z_{\alpha/2}$ 가 된다.

Wilcoxon 부호순위검정에서 사전점수와 사후점수의 차인 Z가 영의 값을 갖는 경우는 분석에서 제외되며, 이에 따라 표본의 수 n도 Z가 영의 값을 갖는 경우를 제외한 값으로 조정된다. 또 동점의 Z값이 발생한 경우에는 동점을 이룬 값들에 해당하는 순위들을 평균한 값을 동점인 Z값들의 공통적인 순위값으로 부여한다. 즉, 만약 Z값들이 5, 7, 8, 8, 10이라면 Z값들의 순위는 1, 2, 3.5, 3.5, 5가 된다. 동점의 Z값이 발생한 경우에도 T^+의 기댓값은 동점이 발생하지 않은 경우와 동일하나, 이의 분산은

$$var_0(T^+) = (24)^{-1}\left[n(n+1)(2n+1) - \frac{1}{2}\sum_{j=1}^{g} t_j(t_j-1)(t_j+1)\right]$$

이 되기 때문에 이를 사용하여 T^+의 대표본 근사는

$$T^* = \frac{T^+ - \left\{\dfrac{n(n+1)}{4}\right\}}{\left\{(24)^{-1}\left[n(n+1)(2n+1) - \dfrac{1}{2}\displaystyle\sum_{j=1}^{g} t_j(t_j-1)(t_j+1)\right]\right\}^{1/2}}$$

가 된다.

Wilcoxon 부호순위검정에서의 처치효과 모수 θ의 추정에는 $M = n(n+1)/2$개의 두 Z 값들의 평균인 $(Z_i + Z_j)/2$가 사용되며, 이때 처치효과 모수 θ의 추정량 $\hat{\theta}$는

$$\hat{\theta} = median\left\{\frac{Z_i + Z_j}{2}, \quad i \leq j = 1, \cdots, n\right\}$$

이 된다. 즉, $W^{(1)} \leq \cdot \cdot \leq W^{(M)}$이 $(Z_i + Z_j)/2$의 순서값이라고 할 때 만약 M이 홀수로 $M = 2k+1$의 형태를 갖는다면 $k = (M-1)/2$이 되어 처치효과 모수 θ의 추정량 $\hat{\theta}$는

$$\hat{\theta} = W^{(k+1)}$$

이 되며, M이 짝수로 $M = 2k$의 형태를 갖는다면 $k = M/2$이 되어 θ의 추정량 $\hat{\theta}$는

$$\hat{\theta} = \frac{W^{(k)} + W^{(k+1)}}{2}$$

이 된다. $C_\alpha = \frac{n(n+1)}{2} + 1 - t_{\alpha/2}$라 정의하면 θ에 대한 신뢰구간은

$$\theta_L = W^{(C_\alpha)}$$
$$\theta_U = W^{(M+1-C_\alpha)} = W^{(t_{\alpha/2})}$$

로부터 $P_\theta(\theta_L < \theta < \theta_U) = 1 - \alpha$가 된다.

정규분포에 근거한 단일모집단 t검정은 $\overline{Z} = \sum_{i=1}^{n} Z_i / n$, $S_z^2 = \sum_{i=1}^{n} (Z_i - \overline{Z}) / (n-1)$일 때

$$V = \frac{\overline{Z}}{S_z / \sqrt{n}}$$

의 통계량을 사용한다. $F(\cdot)$의 분포함수와 $f(\cdot)$의 확률밀도함수를 갖는 $Z_1, \cdot \cdot \cdot, Z_n$의 분산이 σ_F^2이고, $\int_{-\infty}^{\infty} f^2(u)du$가 확률밀도함수의 제곱인 $f^2(\cdot)$의 면적일 때, 모수검정방법의 통계량 V에 대한 부호순위검정 통계량 T^+의 Pitman 점근 상대효율성(asymptotic relative efficiency; ARE)은

$$e(T^{+}, V) = 12\sigma_F^2 \left\{ \int_{-\infty}^{\infty} f^2(u)du \right\}$$

로 표현된다.

이 식은 Pitman(1948)에서 V에 대한 T^+의 상대적 효율을 나타내기 위해 고안되었으며, Hodges와 Lehmann(1963)은 $\hat{\theta}$의 점추정량의 점근 상대효율로도 사용될 수 있음을 보였고, Lehmann(1963)은 V에 대한 T^+의 신뢰구간의 점근 상대효율로도 사용될 수 있음을 보였다.

Hodges와 Lehmann(1956)은 $e(T^+, V)$이 연속적이고 대칭인 확률분포함수를 갖는 모든 경우에 최소한 0.864의 값을 갖는다는 것을 증명하였으며 따라서 V 대신 T^+를 사용하는 경우의 효율성 손실의 최대값은 14%가 된다. 또한 정규분포인 경우에는 $e(T^+, V) = 0.955$

의 값을 가져서 효율성 손실이 4.5%에 불과하였다. 다음 〈표 9.2〉에는 여러 가지 분포에서의 $e(T^+, V)$값이 정리되었으며, 이 결과는 여러 분포에서 부호순위검정 방법의 높은 효율성을 보여준다.

〈표 9.2〉 여러 분포에서의 $e(T^+, V)$값

확률밀도함수	Normal	Uniform	Logistic	Double Exponential	Cauchy
$e(T^+, V)$	0.955	1.000	1.097	1.500	∞

(2) 부호검정

부호검정

처치에 의한 효과가 없다는 가설은 사전검사 점수와 사후검사 점수의 차이의 중위수가 영(zero)이라는 것과 같은 의미를 갖는다. 따라서 이의 검정을 위한 통계량 B를

$$B = \sum_{i=1}^{n} \psi_i$$

$$\text{여기서, } \psi_i = \begin{cases} 1, & \text{if } Z_i > 0 \\ 0, & \text{if } Z_i < 0 \end{cases}$$

로 정의하면 부호검정 통계량 B는 양의 값을 갖는 Z의 숫자가 된다.

영가설과 상향 일방가설 형태의 대립가설

$$H_0 : \theta = 0$$

$$H_1 : \theta > 0$$

의 검정은 $B \geq b_{\alpha, 1/2}$인 경우에 영가설이 기각되고, 영가설과 하향 일방가설 형태의 대립가설

$$H_0 : \theta = 0$$

$$H_2 : \theta < 0$$

의 검정은 $B \leq n - b_{\alpha, 1/2}$인 경우에 영가설이 기각된다. 여기서 상수 $b_{\alpha, 1/2}$는 표본크기가 n이고 성공확률 p가 $p = \frac{1}{2}$인 이항분포에서 일종오류의 확률이 α가 되는 값이다. 또 영

가설과 양방가설 형태의 대립가설

$$H_0 : \theta = 0$$
$$H_3 : \theta \neq 0$$

의 검정은 $B \geq b_{\alpha/2, 1/2}$ 또는 $B \leq n - b_{\alpha/2, 1/2}$인 경우에 영가설이 기각되는 양측검정이 된다.

영가설이 참일 때 T^+의 평균과 분산은 각각

$$E_0(B) = \frac{n}{2}$$
$$var_0(B) = \frac{n}{4}$$

이 되며, B의 대표본 근사는

$$B^* = \frac{B + - E_0(B)}{\{var_0(B)\}^{1/2}} = \frac{B - (n/2)}{(n/4)^{1/2}}$$

의 표준화에 의하여 수행된다. z_α가 표준정규분포의 상위백분위 α에 해당하는 B^*의 값을 나타낼 때 앞의 일방 대립가설 H_1과 H_2에 대한 영가설의 기각역은 각각 $B^* \geq z_\alpha$, $B^* \leq - z_\alpha$가 되며, 양방 대립가설 H_3에 대한 영가설의 기각역은 $|B^*| \geq z_{\alpha/2}$ 가 된다. 사전점수와 사후점수의 차인 Z가 영의 값을 갖는 경우는 분석에서 제외되며, 이에 따라 표본의 수 n도 Z가 영의 값을 갖는 경우를 제외한 값으로 조정된다.

부호검정에서의 처치효과 모수 θ의 추정값은 $Z^{(1)} \leq \cdot\cdot\cdot \leq Z^{(n)}$이 Z의 순서통계량이라고 할 때

$$\tilde{\theta} = median\{Z_i,\ \ 1 \leq i \leq n\}$$

이 된다. 만약 n이 홀수로 $n = 2k + 1$의 형태를 갖는다면 $k = (n-1)/2$이 되어 처치효과 모수 θ의 추정량 $\hat{\theta}$는

$$\tilde{\theta} = Z^{(k+1)}$$

이 되며, n이 짝수로 $n = 2k$의 형태를 갖는다면 $k = n/2$이 되어 θ의 추정량 $\hat{\theta}$는

$$\tilde{\theta}=\frac{Z^{(k)}+Z^{(k+1)}}{2}$$

이 된다. $C_\alpha=n+1-b_{\alpha/2,1/2}$라 정의하면 θ에 대한 신뢰구간은

$$\theta_L=Z^{(C_\alpha)}$$

$$\theta_U=Z^{(n+1-C_\alpha)}=Z^{(b_{\alpha/2,1/2})}$$

로부터 $P_\theta(\theta_L<\theta<\theta_U)=1-\alpha$이 된다.

Hodges와 Lehmann(1956)에 의하면 모수검정 방법의 통계량 V에 대한 부호검정 통계량 B의 Pitman 점근 상대효율성은

$$e(B,V)=4\sigma_F^2 f^2(0)$$

로 표현된다. Cochran(1937)은 정규분포에서 부호검정 통계량의 상대효율성이 0.637임을 보였으며, Hodges와 Lehmann(1956)은 $e(B,V)$가 1/3부터 무한대의 값을 갖는 것을 증명하였다. 다음 〈표 9.3〉에는 여러 분포에서의 $e(B,V)$값이 정리되었다.

〈표 9.3〉 여러 분포에서의 $e(B,V)$값

확률밀도함수	Normal	Uniform	Logistic	Double Exponential	Cauchy
$e(B,V)$	0.637	0.333	0.822	2.000	∞

3) 독립적인 두 개 모집단 자료의 비모수 통계분석

독립적인 두 개 모집단 자료의 비모수 통계분석

실험집단과 통제집단의 독립적인 두 개 모집단으로부터 추출된 무작위 표본에 대한 비모수 통계분석에서 영가설은 두 표본이 동일한 중위수를 갖는다는 것이고 대립가설은 실험집단과 통제집단의 중위수가 서로 다르다는 것이다. 여기서는 $X_1,\cdot\cdot\cdot,X_m$의 독립적인 표본이 모집단 1로부터 추출되었고 $Y_1,\cdot\cdot\cdot,Y_n$의 독립적인 표본이 모집단 2로부터 추출되었으며, X와 Y는 서로 독립적이고 모집단 1과 2는 연속적이라고 가정된다.

(1) 두 개 모집단의 순열검정

순열검정

① 순열검정

두 개 모집단의 순열검정(permutation test)은 비모수 검정법들의 기본 형태로서 많은 비모수 검정법들이 두 개 모집단에 대한 순열검정의 변형이 된다. $m+n$개의 실험단위 중에서 m개는 처치 1에 무선할당되고, n개는 처치 2에 무선할당된다고 하면 두 가지 처치의 효과간에 차이가 없는 경우에는 $m+n$개의 실험단위 중에서 m개를 무작위로 추출하는 모든 경우에서 두 집단의 위치(location, 평균이나 중위수)에 차이가 없을 것이다. 두 집단의 평균차이를 나타내는 통계량을 T라 하고 관측값의 모든 순열로부터 얻은 T의 분포를 순열분포(permutation distribution)라고 한다. 만약 T_{obs}를 원자료로부터 얻은 T값이라고 하면 T_{obs}의 p값은 순열분포에서 T가 T_{obs} 이상의 값을 가질 확률이 된다.

m개 관측값의 합인 S의 순열 평균(permutation mean)과 분산은 유한 모집단으로부터의 표집이론(Cochran, 1963)에 의하여 얻어지는데 $m+n$개 자료의 평균과 분산을 각각 μ와 σ^2라고 하면, $E(S)=m\mu$, $Var(S)=mn\sigma^2/(m+n-1)$이 되고, 통계량 $Z=(S-E(S))/\sqrt{Var(S)}$는 표준 정규분포와 유사하여 이로부터 p값의 근사값을 계산할 수 있다. 순열검정은 평균차이 외에 중위수 차이, 비율차이 등에 대하여 실시될 수 있다. 두 모집단 차이 검증의 t값이나, t값의 자승인 일원분산분석의 F값 등은 평균을 사용하는 순열검정의 p값과 동일한 p값을 갖는다.

② 순열의 무작위추출에 의한 검정

표본의 수가 작은 경우에도 이들 표본의 순열은 경우의 수가 많기 때문에 통계량 T의 전체 순열분포를 얻는 것은 용이하지 않은 경우가 많다. 이와 같은 경우에는 전체 순열 중에서 무작위로 추출된 일부 순열로부터 T_{obs}이상의 값을 갖는 T의 확률로 근사 p값을 얻을 수 있다. 이때 p값의 99% 신뢰구간은

$$\hat{p}\pm 2.567\sqrt{\frac{\hat{p}(1-\hat{p})}{N}}$$

여기서, $\hat{p}$은 p의 추정값

이 된다.

(2) Wilcoxon 순위합검정

Wilcoxon 순위합검정

① 순위합검정

모집단 1의 분포함수는 F로 표시되고, 모집단 2의 분포함수는 G로 표시될 때 변수 X와 변수 Y가 동일한 분포함수를 갖는다는 영가설

$$H_0 : F(t) = G(t) \text{ for every } t$$

에 대한 대립가설은

$$G(t) = F(t - \triangle) \text{ for every } t$$

의 형태가 되며, 여기서 모수 Δ는 처치효과로 위치이동(location shift) 모수라고 불린다. 이는 Δ가 양의 값을 가질 때는 처치로 인한 변수값의 증가의 정도를 나타내며 Δ가 음의 값을 가질 때는 처치로 인한 변수값의 감소의 정도를 나타낸다. $E(X)$가 모집단 1의 기댓값이고, $E(Y)$가 모집단 2의 기댓값이라면

$$\triangle = E(Y) - E(X)$$

는 모집단간 평균차이를 나타내며, 앞의 영가설은

$$H_0 : \triangle = 0$$

로 표현될 수 있다.

Wilcoxon 두 집단 순위합검정 통계량(two-sample rank sum statisti) W의 계산을 위해서는 우선 $N = m + n$개의 X와 Y의 값들을 작은 값부터 큰 값의 순으로 순위값을 부여하고, S_1을 Y_1의 순위, S_2를 Y_2의 순위, S_n을 Y_n의 순위라고 하면 다음의 W는 Y값들에 배당된 순위의 합이 된다.

$$W = \sum_{j=1}^{n} S_j$$

영가설과 상향 일방가설 형태의 대립가설

$$H_0 : \triangle = 0$$

$$H_1 : \Delta > 0$$

에 대한 Wilcoxon 순위합검정은 $W \geq w_\alpha$인 경우에 영가설이 기각되는 단측검정이 되고, 영가설과 하향 일방가설 형태의 대립가설

$$H_0 : \Delta = 0$$
$$H_2 : \Delta < 0$$

은 $W \leq n(m+n+1) - w_\alpha$인 경우에 영가설이 기각되는 단측검정이 된다. 여기서 상수 w_α는 일종오류의 확률이 α가 되는 값이다.(여러 m, n값에 대한 w_α값은 비모수통계 관련 서적들의 부록을 참조할 수 있다.) 또 영가설과 양방가설 형태의 대립가설

$$H_0 : \Delta = 0$$
$$H_3 : \Delta \neq 0$$

은 $W \geq w_{\alpha/2}$ 또는 $W \leq n(m+n+1) - w_{\alpha/2}$인 경우에 영가설이 기각되는 양측검정이 된다.

영가설이 참일 때 W의 평균과 분산은 각각

$$E_0(W) = \frac{n(m+n+1)}{2}$$
$$var_0(W) = \frac{mn(m+n+1)}{12}$$

가 되며, 이에 따라 W의 대표본 근사는

$$W^* = \frac{W - E_0(W)}{\{var_0(W)\}^{1/2}} = \frac{W - \{n(m+n+1)/2\}}{\{mn(m+n+1)/12\}^{1/2}}$$

의 표준화에 의하여 수행된다. z_α가 표준정규분포의 상위백분위 α에 해당하는 W^*의 값을 나타낼 때 앞의 일방 대립가설 H_1과 H_2에 대한 영가설의 기각역은 각각 $W^* \geq z_\alpha$, $W^* \leq -z_\alpha$가 되며, 양방 대립가설 H_3에 대한 영가설의 기각역은 $|W^*| \geq z_{\alpha/2}$ 가 된다.

동점의 Z값이 발생한 경우에는 동점을 이룬 값들에 해당하는 순위들을 평균한 값을 동

점인 Z값들의 공통적인 순위값으로 부여한다. 동점의 Z값이 발생한 경우에도 W의 기댓값은 동점이 발생하지 않은 경우와 동일하나, 이의 분산은

$$var_0(W) = \frac{mn}{12}\left[m+n+1-\frac{\sum_{j=1}^{g}(t_j-1)t_j(t_j+1)}{(m+n)(m+n-1)}\right]$$
$$= \frac{mn(N+1)}{12} - \left\{\frac{mn}{12N(N-1)} \cdot \sum_{j=1}^{g}(t_j-1)t_j(t_{j+1})\right\}$$

이 되어 이를 사용한 W의 대표본 근사는

$$W^* = \frac{W-[n(m+n+1)/2]}{\left[\frac{mn}{12}\left(m+n+1-\frac{\sum_{j=1}^{g}(t_j-1)t_j(t_j+1)}{(m+n)(m+n-1)}\right)\right]^{1/2}}$$

또는

$$W^* = \frac{W-[n(m+n+1)/2]}{\left[\frac{mn(N+1)}{12} - \left\{\frac{mn}{12N(N-1)} \cdot \sum_{j=1}^{g}(t_j-1)t_j(t_{j+1})\right\}\right]^{1/2}}$$

가 된다.

Wilcoxon 순위합검정에서의 처치효과 모수 θ를 추정하기 위하여 모든 $i=1, \cdots, m$과 $j=1, \cdots, n$에 대하여 mn개의 $Y_j - X_i$를 계산하면, 이때 처치효과 모수 Δ의 추정량 $\hat{\Delta}$는

$$\hat{\Delta} = median\{(Y_j - X_i), \quad i=1,\dots,m;\ j=1,\dots,n\}$$

이 된다. $U^{(1)} \le \cdots \le U^{(mn)}$이 $Y_j - X_i$의 순서값이라고 할 때 만약 mn이 홀수로 $mn=2k+1$의 형태를 갖는다면 $k=(mn-1)/2$이 되어 처치효과 모수 Δ의 추정량 $\hat{\Delta}$는

$$\hat{\Delta} = U^{(k+1)}$$

이 되며, mn이 짝수로 $mn=2k$의 형태를 갖는다면 $k=mn/2$이 되어 Δ의 추정량 $\hat{\Delta}$는

$$\widehat{\Delta} = \frac{U^{(k)} + U^{(k+1)}}{2}$$

이 된다. $C_\alpha = \dfrac{n(2m+n+1)}{2} + 1 - w_{\alpha/2}$로 정의하면 Wilcoxon 순위합검정에서 Δ에 대한 신뢰구간은

$$\Delta_L = U^{(C_\alpha)}$$

$$\Delta_U = U^{(mn+1-C_\alpha)}$$

로부터 $P_\Delta = (\Delta_L < \Delta < \Delta_U) = 1 - \alpha$가 된다.

정규분포에 근거한 두 모집단 t검정은 두 집단의 통합 분산이

$$s_p^2 = \frac{\sum_{i=1}^{m}(X_i - \overline{X})^2 + \sum_{j=1}^{n}(Y_j - \overline{Y})^2}{m+n-2}$$

일 때,

$$t = \frac{\overline{Y} - \overline{X}}{s_p \sqrt{\dfrac{m+n}{mn}}}$$

의 통계량을 사용한다. $F(\cdot)$의 분포함수와 $f(\cdot)$의 확률밀도함수를 갖는 $Z_1, \cdot\cdot\cdot, Z_n$의 분산이 σ_F^2이고, $\int_{-\infty}^{\infty} f^2(u)du$가 확률밀도함수의 제곱인 $f^2(\cdot)$의 면적일 때 W의 t에 대한 Pitman 점근 상대효율성은

$$e(W, t) = 12\sigma_F^2 \left\{ \int_{-\infty}^{\infty} f^2(u)du \right\}^2$$

로 표현된다.

Hodges와 Lehmann(1956)은 $e(W,\ t)$가 모든 분포에서 최소한 0.864의 값을 갖는다는 것을 증명하였으며, 정규분포의 경우에는 $e(W,\ t) = 0.955$의 값을 가져서 정규분포의 경우에도 모수 통계량 t 대신 W를 사용하는 효율성의 손실은 4.5%에 불과하였다. 다음 〈표

9.4〉에는 여러 가지 분포에서의 $e(W, t)$값이 정리되었으며, 이 결과는 여러 분포에서 부호순위검정 방법의 높은 효율성을 보여준다.

〈표 9.4〉 여러 분포에서의 $e(W, t)$값

확률밀도 함수	Normal	Uniform	Logistic	Double Exponential	Cauchy	Exponential
$e(W,t)$	0.955	1.000	1.097	1.500	∞	3.000

② Wilcoxon 순위합검정과 t검정의 비교

두 모집단의 분포함수가 각각 $F_1(x)$와 $F_2(x)$이고 영가설 $H_0 : F_1(x) = F_2(x)$에 대한 대립가설 $H_a : F_1(x) = F_2(x-d)$를 검정할 때 Wilcoxon 순위합검정은 검정이 $F_1(x)$와 $F_2(x)$의 함수형태에 의존하지 않는 반면에 t검정은 분포함수에 대한 가정에 의존하기 때문에 모집단이 정규분포를 하지 않는 경우에는 명목 유의수준과 실질 유의수준이 동일하지 않게 된다. 그러나 다행한 점은 t검정의 명목 유의수준은 모집단이 정규분포를 하지 않는 경우에도 분산이 유한(finite)하다면 실질 유의수준과 크게 차이가 나지 않는 다는 점이다. 따라서 Wilcoxon 순위합검정과 t검정간의 선택은 어느 검정방법의 검정력(power)이 더 큰가에 의해서 결정될 수 있다.

만약 관측값들이 정규분포로부터 추출되었거나 분포가 일양분포(uniform distribution)처럼 꼬리가 짧은 형태인 경우에는 t검정이 Wilcoxon 순위합검정보다 검정력이 크며, 반면에 Laplace 분포나 Cauch 분포처럼 꼬리가 두꺼운 분포인 경우에는 Wilcoxon 순위합검정의 검정력이 더 크다(Blair & Higgins, 1980). 순위를 사용하는 검정법들은 실측자료 대신 순위를 사용하기 때문에 정보의 손실이 생기고 검정력이 낮아질 것이라고 생각할 수 있지만 이는 일반적인 현상은 아니며, Wilcoxon 검정법은 극단적인 관측값들에 대하여 작은 가중값을 부여함으로써 꼬리가 두꺼운 분포에서 t검정보다 오히려 높은 검정력을 갖는다. 또 정규분포의 경우에도 Wilcoxon 검정법은 t검정과 유사한 검정력을 가지는(Pitman, 1937) 것으로 알려져 있다.

(3) 순위 이외의 점수체제를 사용하는 검정

비모수 검정에서는 일반적으로 관측값 대신에 순위가 사용되지만 순위를 기본으로 하여 값을 변형시킨 검정방법들도 개발되어 왔다. [0, n+1]의 일양분포로부터 n개의 무작위 표본을 추출하는 경우에 $U_{(1)} < \cdot \cdot \cdot < U_{(n)}$이 무작위 표본의 순서통계량이라고 하면 이때 비모수 통계분석 방법에서 일반적으로 사용되는 순위는 순서통계량의 기댓값, $E(U_{(i)}) = i$가 된다.

순위를 기반으로 하는 지수점수(exponential score)나 Savage 점수는 i번째로 작은 관측값을 $E(W_{(i)} - 1)$로 대체함으로써 얻어진다. 이때 $W_{(i)}$는 지수분포에서의 i번째 관측값이다. 또 정규점수(normal score)는 표준정규분포에서의 순서관측값의 기댓값이며, 이는 Van der Waerden 점수에 의하여 근사될 수 있다. i번째 Van der Waerden 점수는 표준정규분포의 누적분포 Φ에 의하여 $V_{(i)} = \Phi^{-1}\left(\frac{i}{n+1}\right)$로 정의되고, 동점이 있는 경우에는 동점인 관측값의 평균점수가 사용된다. 비모수 검정법들은 이들 점수에 대한 순열검정 방법을 사용하며, 순위를 기반으로 하는 이들 점수체제는 특별한 환경에서 Wilcoxon 순위합검정보다 높은 검정력을 얻기 위하여 고안된 것이다. 관련 주제에 대하여 Lehmann(1975)를 참조할 수 있다.

(4) 척도모수의 차이검정

지금까지는 두 모집단의 위치모수(location)의 동일성 검정을 위한 비모수 검정법들이 검토되었다. 그런데 이와 마찬가지로 두 모집단의 척도모수(scale parameter)의 동일성도 두 모집단의 분포함수 $F_1(x)$와 $F_2(x)$가 연속이고 동일한 중위수 m을 갖는다는 영가설 $H_0 : F_1(x) = F_2(x)$에 대하여 대립가설 $H_a : F_1(x-m) = F_1(c(x-m))$의 형태로 검정될 수 있다. 또 척도모수의 차이 검정에도 여러 가지 점수체제가 사용될 수 있다.

척도모수의 차이에 대한 여러 검정방법들 중에서 Siegel-Tukey 점수체제는 가장 작은 관측값에 1을 배정하고 가장 큰 관측값에 2를 배정하며, 두 번째로 큰 관측값에 3을, 두 번째로 작은 관측값에 4를 배정하는 방식을 사용한다. Ansari-Bradley 점수체제는 가장 작은 관측값과 가장 큰 관측값에 1을 배정하고, 두 번째 작은 관측값과 두 번째 큰 관측값에 2를 배정하는 방식을 사용한다. Klotz 점수는 Van der Waerden 점수의 제곱이며, Mood 점수는 순위평균으로부터의 편차제곱, 즉 $\left(i - \frac{n+1}{2}\right)^2$을 사용한다. 동점에 대해서는 순위의 평균값이 사용되며 순열검정 방법에 의한 검정이 사용된다.

두 모집단이 같다는 영가설

$$H_0 : [F(t) = G(t),\ \text{for}\ \ every\ \ t]$$

에 대하여 위치모수의 동일성을 전제하지 않는 가장 일반적인 대립가설은

$$F(t) = H\left(\frac{t-\theta_1}{\eta_1}\right)\ \text{and}\ \ G(t) = H\left(\frac{t-\theta_2}{\eta_2}\right),\ -\infty < t < \infty$$

의 형태를 가지며, $F(\theta_1) = G(\theta_2) = \frac{1}{2}$이 된다.

여기에 두 집단의 중위수가 동일하다는 가정을 추가로 부과하면 검정은 두 모집단의 척도모수 $\gamma = \left(\frac{\eta_1}{\eta_2}\right)$의 동일성에 대한 검정이 되며, 만약 모집단 1과 모집단 2에 모두 분산이 존재하고 $\gamma = \left(\frac{\eta_1}{\eta_2}\right)$이 만족된다면

$$\gamma^2 = \left[\frac{Var(X)}{Var(Y)}\right]$$

가 된다. 따라서 위치모수의 동일성 전제 하에서는 척도모수의 동일성에 대한 검정은 영가설 $H_0 : \gamma^2 = 1$에 대한 검정이 된다.

척도모수의 동일성에 대한 비모수 검정방법으로는 Ansari-Bradley 검정이 가장 많이 사용되는데 이 검정방법은 우선 $N = m + n$개의 X와 Y값에 대하여 가장 작은 표본과 가장 큰 표본에 점수 1을 부여하고 두 번째로 작은 표본과 두 번째로 큰 표본에 점수 2를 부여하는 방식으로 N개의 표본에 점수를 부여한다. 따라서 만약 N이 짝수라면 점수분포는 1, 2, 3, ..., N/2, N/2, ..., 3, 2, 1이 되고, N이 홀수라면 점수분포는 1, 2, 3, ...,(N−1)/2,(N+1)/2,(N−1)/2, ..., 3, 2, 1이 된다.

R_j를 이와 같은 방식으로 $Y_j,\ j = 1, \cdot\cdot\cdot, n$에 배당된 점수라고 하면

$$C = \sum_{j=1}^{n} R_j$$

는 Y에 배당된 점수의 합이 된다.

영가설과 상향 일방가설 형태의 대립가설

$$H_0 : \gamma^2 = 1$$
$$H_1 : \gamma^2 > 1$$

의 검정은 $C \geq c_\alpha$인 경우에 영가설이 기각되는 단측검정이 되고, 영가설과 하향 일방가설 형태의 대립가설

$$H_0 : \gamma^2 = 1$$
$$H_2 : \gamma^2 < 1$$

의 검정은 $C \leq [c_{1-\alpha} - 1]$인 경우에 영가설이 기각되는 단측검정이 된다. 여기서 상수 c_α는 일종오류의 확률이 α가 되는 값이다.(여러 m, n값에 대한 w_α값은 비모수통계 관련 서적들의 부록을 참조.) 또 영가설과 양방가설 형태의 대립가설

$$H_0 : \gamma^2 = 1$$
$$H_3 : \gamma^2 \neq 1$$

의 검정은 $C \geq c_{\alpha_1}$ 또는 $C \leq \left[c_{1-\alpha_2} - 1\right]$인 경우에 영가설이 기각되는 양측검정이 되고 $\alpha_1 + \alpha_2 = \alpha$이 된다. $N = m + n$이 짝수일 경우에는 C는 대칭분포를 가지며 이 경우에는 $\alpha_1 = \alpha_2 = \alpha/2$가 된다.

통계량 C의 평균과 분산을 산출하여 C의 근사정규성에 근거한 대표본 근사를 실시할 수 있는데 N이 짝수인지 홀수인지에 따라 표본 X와 Y에 할당되는 순위의 형태가 달라지기 때문에 N이 짝수인지 홀수인지에 따라 C의 평균과 분산을 산출하는 식이 달라진다. 우선 영가설이 참이고 $N = m + n$이 짝수일 때 C의 평균과 분산은 각각

$$E_0(C) = \frac{n(N+2)}{4}$$
$$var_0(C) = \frac{mn(N+2)(N-2)}{48(N-1)}$$

가 되며, 영가설이 참이고 $N = m + n$이 홀수일 때 C의 평균과 분산은 각각

$$E_0(C) = \frac{n(N+1)^2}{4N}$$

$$var_0(C) = \frac{mn(N+1)(3+N^2)}{48N^2}$$

이 된다. C의 대표본 근사는 평균과 분산에 대한 위의 두 식을 사용하여

$$C^* = \frac{C - E_0(C)}{\{var_0(C)\}^{1/2}}$$

의 표준화에 의하여 수행된다. z_α가 표준정규분포의 상위백분위 α에 해당하는 C^*의 값을 나타낼 때 앞의 일방 대립가설 H_1과 H_2에 대한 영가설의 기각역은 각각 $C^* \geq z_\alpha$, $C^* \leq -z_\alpha$가 되며, 양방 대립가설 H_3에 대한 영가설의 기각역은 $|C^*| \geq z_{\alpha/2}$ 가 된다.

동점의 Z값이 발생한 경우에는 동점을 이룬 값들의 순위를 평균한 값을 동점인 Z값들의 공통적인 순위값으로 부여한다. 동점의 Z값이 발생한 경우에도 C의 기댓값은 동점이 발생하지 않은 경우와 동일하나, 이의 분산은 N이 짝수와 홀수인 경우에 따라 각각

$$var_0(C) = \frac{mn\left[16\sum_{j=1}^{g} t_j r_j^2 - (N)(N+2)^2\right]}{16N(N-1)}$$

$$var_0(C) = \frac{mn\left[16N\sum_{j=1}^{g} t_j r_j^2 - (N+1)^4\right]}{16N^2(N-1)}$$

이 된다.

전통적인 정규분포 이론에서는 분산의 동일성에 대해 F 검정의 통계량으로

$$D = \frac{S_x^2}{S_y^2}$$

가 사용된다. 이 식에서 두 집단의 분산 S_x^2와 S_y^2는 각각 $S_x^2 = \sum_{i=1}^{m}(X_i - \overline{X})^2/(m-1)$, $S_y^2 = \sum_{j=1}^{n}(Y_j - \overline{Y})^2/(n-1)$이고, 두 집단의 평균은 각각 $\overline{X} = \sum_{i=1}^{m} X_i/m$, $\overline{Y} = \sum_{j=1}^{n} Y_i/n$이다. Ansari와 Bradley(1960)에 의하면 Ansari–Bradley 검정통계량 C의 D 통계량에 대한 Pitman 점근 상대효율성은

$$e(C,D) = 12(\beta_G - 1)\left[\int_{-\infty}^{0} xg^2(x)dx - \int_{0}^{\infty} xg^2(x)dx\right]^2$$

여기서, $\beta_G = \dfrac{\int_{-\infty}^{\infty}(x-\mu)^4 g(x)dx}{\left\{\int_{-\infty}^{\infty}(x-\mu)^2 g(x)dx\right\}^2}$ 는 첨도

$\mu = \int_{-\infty}^{\infty} xg(x)dx$

$g(\cdot)$은 모집단의 확률밀도함수

로 표현되며, 다음 〈표 9.5〉에는 이로부터 산출한 여러 분포에서의 Ansari-Bradley 검정 통계량 C의 D 통계량에 대한 Pitman 점근 상대효율성이 제시되었다.

〈표 9.5〉 여러 가지 분포에서의 $e(C, D)$값

확률밀도함수	Normal	Uniform	Double Exponential
$e(C,D)$	0.61	0.60	0.94

(5) 동일 척도 모수를 가정하지 않는 위치검정

동일척도를 가정하지 않는 위치검정(일반검정, omnibus test)은 두 분포함수의 일반적인 차이를 검정하며, 이 검정들은 경험분포함수(empirical distribution function, EDF)를 사용한다. $X_1, X_2, \cdot\cdot\cdot, X_n$이 분포함수 $F(x)$로부터의 무작위 표본이고 EDF를

$$\hat{F}(x) = P(X_i{}'s \le x)$$

로 정의할 때 Kolmogorov-Smirnov(KS) 검정은 두 모집단의 EDF간 최대편차인 $\max_x|\hat{F}_1(x) - \hat{F}_2(x)|$를 사용한다. 한편, Cramer-von Mises 검정은 EDF의 거리의 제곱

$$CM = c\sum_{i=1}^{m}(\hat{F}_1(x_i) - \hat{F}_2(x_i))^2 + c\sum_{j=1}^{n}(\hat{F}_1(y_j) - \hat{F}_2(y_j))^2$$

여기서, $c = \dfrac{mn}{(m+n)^2}$

을 사용하고, Kuiper의 검정은

$$\max_x |F_1(x) - F_2(x)| - \min_x |F_1(x) - F_2(x)|$$

를 사용한다.

동일척도를 가정하지 않는 위치검정에 가장 많이 사용되는 Kolmogorov-Smirnov 검정은 독립적인 두 모집단으로부터의 표본 $X_1, \cdot\cdot\cdot, X_m$과 $Y_1, \cdot\cdot\cdot, Y_n$을 사용하여 이들 두 모집단의 연속 확률밀도함수간의 일반적인 차이를 검정하며, 영가설과 대립가설은 각각

$$H_0 : [F(t) = G(t), \text{ for } every \;\; t]$$
$$H_1 : [F(t) \neq G(t) \text{ for at least one } t]$$

가 된다. Kolmogorov-Smirnov 검정의 양측검정 통계량 J의 산출을 위해서는 우선 표본으로부터 다음과 같은 X와 Y의 경험분포를 구한다.

$$F_m(t) = \frac{number\ of\ sample\ X's \le t}{m}$$
$$G_n(t) = \frac{number\ of\ sample\ Y's \le t}{n}$$

이로부터 Kolmogorov-Smirnov 검정의 양측검정 통계량 J는

$$J = \frac{mn}{d} \max\{|F_m(t) - G_n(t)|\}, \; (-\infty < t < \infty)$$

여기서, $d = greatest\ common\ divisor\ of\ m$ and n

로 정의된다. 그런데 실제로 J의 계산은 연속값이 아니라 표본으로부터 수집된 자료를 사용하기 때문에

$$J = \frac{mn}{d} \max\{|F_m(Z_{(i)}) - G_n(Z_{(i)})|\}, \; (i = 1, ..., N)$$

의 형태가 되며, 일종오류가 α인 값이 j_α로 표시될 때 $J \ge j_\alpha$이면 영가설이 기각된다.

통계량 J로부터

$$J^* = \left(\frac{mn}{N}\right)^{1/2} \max\{|F_m(Z_{(i)}) - G_n(Z_{(i)})|\} = \frac{d}{(mnN)^{1/2}} J$$

이때 $i = 1, \ldots, N$

으로 정의하면 J^*는 m과 n이 커짐에 따라

$$P_0(J^* < s) \rightarrow \sum_{k=-\infty}^{\infty} (-1)^k e^{-2k^2 s^2}$$

의 성질을 갖는다. 일반적으로 Kolmogorov-Smirnov 검정통계량을 수록한 서적들의 표에는

$$Q(s) = 1 - \sum_{k=-\infty}^{\infty} (-1)^k e^{-2k^2 s^2}, \ s > 0$$

의 값이 수록되어 있으며, $Q(q_\alpha^*) = \alpha$인 값 q_α^*를 사용하여 $J^* \geq q_\alpha^*$일 때 영가설을 기각한다(Kolmogorov-Smirnov 검정통계량과 q_α^*의 값은 비모수 통계학 서적의 부록을 참조할 수 있다).

붓스트랩

(6) 붓스트랩 방법에 의한 비모수 검정

붓스트랩 재표집방법은 원자료로부터 시뮬레이션 표집에 의하여 표본을 추출하는 방법으로 비모수 방법이나 모수방법에 모두 사용될 수 있다. 두 집단으로부터 추출된 표본 $x_1, x_2, \cdot\cdot\cdot, x_m$과 $y_1, y_2, \cdot\cdot\cdot, y_n$의 평균과의 잔차 e_{ix}와 e_{iy}를 각각 $e_{ix} = x_i - \overline{x}$, $e_{iy} = y_i - \overline{y}$로 나타내고, 두 집단의 잔차를 통합하여 $m+n$개의 잔차를 복원추출하면 이는 잔차에 대한 붓스트랩 재표본방법이 된다. m을 처치 1에 할당하고 n을 처치 2에 할당하여 붓스트랩 표본에 대하여 두 모집단간 차이의 t통계량과 p값을 산출하는 작업을 N번 반복하면 관측된 t값 이상의 붓스트랩 t통계량의 비율이 p값이 된다. 마찬가지로 관측된 p값 이상의 붓스트랩 p값이 p값이 된다.

4) k개 모집단 자료의 비모수 통계분석

k개 모집단 자료의 비모수 통계분석

(1) 순열검정

순열검정

이 절에서는 Wilcoxon 순위합검정이나 Mann-Whitney 검정 등의 방법이 사용되었던 두 개 모집단의 위치문제가 k개 모집단의 문제로 일반화된다. 실험에 k개의 처치 또는 집단이 있으며, 처치 i에는 n_i개의 관측치가 있고, i=1, 2, …, k이고 j=1, 2, …, n_i일 때 Y_{ij}는 처치 i의 j번째 관측값을 나타낸다. $\overline{Y_i}$와 S_i^2가 각각 처치 i의 관측값의 평균과 표본분산을 나타내면 총 자승합, 처치의 자승합, 오차 자승합은 각각

$$SS_{total} = \sum_{i=1}^{k}\sum_{j=1}^{n_i}(Y_{ij} - \overline{Y})^2$$

$$SST = \sum_{i=1}^{k} n_i(\overline{Y}_i - \overline{Y})^2$$

$$SSE = \sum_{i=1}^{k}(n_i - 1)S_i^2$$

가 된다. 분산이 동일한 정규분포로부터 관측값이 추출되었고 $N = \sum_{i=1}^{k} n_i$ 라고하면 동일 모집단 평균에 대한 영가설의 모수 통계방식의 검정통계량은 $F = \frac{SST/(k-1)}{SSE/(N-k)}$이며, 이는 k-1과 N-k의 자유도를 갖는 F분포를 하게 된다.

k개 모집단의 위치검정은 $F_i(x)$가 처치 i의 분포함수를 나타낼 때 영가설과 대립가설이

$$H_0 : F_1(x) = F_2(x) = \cdot \cdot \cdot = F_k(x)$$

$$H_a : F_i(x) \le F_j(x) \text{ 또는 } F_i(x) \ge F_j(x)$$

으로 각 처치가 동일한 분포를 가진다는 영가설에 대한 최소한 한 개의 쌍(i, j)에 대하여 부등의 관계를 가진다는 대립가설의 검정이 된다. 관측값이 정규분포로부터 추출되지 않은 경우에는 순열검정을 사용할 수 있는데, 순열 F검정에서는 각 처치의 관측값에서 F통계량을 산출하여 이로부터 관측된 F값인 F_{obs}이상의 F값의 비율인 p값을 산출한다.

Kruskal–Wallis 검정

(2) Kruskal-Wallis 검정

k개 집단의 처치효과 $\tau_1, \cdot\cdot\cdot, \tau_k$간에 차이가 없다는 영가설

$$H_0 : [\tau_1 = \cdot\cdot\cdot\cdot = \tau_k]$$

은 k개 집단의 분포함수 $F_1, \cdot\cdot\cdot, F_k$가 모두 동일하여 $F_1 \equiv F_2 \equiv \cdot\cdot\cdot\cdot \equiv F_k$임을 의미한다. 이에 대한 대립가설은 k개의 모집단 중에서 최소한 두 개의 처치간에는 서로 다른 효과가 있다는 것이며, 이는

$$H_1 : [\tau_1, \cdot\cdot\cdot \tau_k \text{ not all equal}]$$

로 표현되고 이를 위한 비모수 검정방법으로 Kruskal–Wallis 검정이 사용될 수 있다.

Kruskal–Wallis 검정통계량 H의 산출을 위해서는 우선 k개 집단의 모든 관측값 N개를 최소값부터 최대값의 순으로 순위를 부여한다. r_{ij}가 X_{ij}의 순위이고 $j = 1, \ldots, k$에서

$$R_j = \sum_{i=1}^{n_j} r_{ij}$$

$$R_{.j} = \frac{R_j}{n_j}$$

라고 하면, Kruskal–Wallis 검정통계량은

$$\begin{aligned} H &= \frac{12}{N(N+1)} \sum_{j=1}^{k} n_j \left(R_{.j} - \frac{N+1}{2} \right)^2 \\ &= \left(\frac{12}{N(N+1)} \sum_{j=1}^{k} \frac{R_j^2}{n_j} \right) - 3(N+1) \end{aligned}$$

여기서, $(N+1)/2 = \sum_{j=1}^{k} \sum_{i=1}^{n_j} rij/N$

이 되고, 영가설과 대립가설이 앞에 제시된 바와 같이

$$H_0 : [[\tau_1 = \cdot\cdot\cdot\cdot = \tau_k]$$

$$H_1 : [\tau_1, \cdot\cdot\cdot \tau_k \text{ not all equal}]$$

이라면 영가설은 $H \geq h_\alpha$일 때 기각된다. 여기서 상수 h_α는 일종오류의 확률이 α가 되는 값이다(여러 개의 k값과 각 집단의 표본수별 h_α값은 비모수통계 관련 서적들의 부록을 참조할 수 있다).

영가설이 참일 때 통계량 H는 표본수가 가장 작은 집단의 표본수 $\min(n_1, \cdot\cdot\cdot, n_k)$가 커짐에 따라 자유도 k-1의 카이제곱 분포를 하게 된다. 따라서 대표본 근사에서는 $\chi^2_{k-1,\alpha}$가 자유도 k-1의 카이제곱 분포에서 상위 백분위 α의 값이라면 영가설은 $H \geq \chi^2_{k-1,\alpha}$일 때 기각된다. 집단별로 동점이 있는 경우에는 순위의 평균을 동점 값에 동일하게 부여하게 되며, 검정통계량 H는

$$H' = \frac{H}{1 - \left(\sum_{j=1}^{g}(t_j^3 - t_j)/[N^3 - N]\right)}$$

로 변형된다. 여기서 g는 동점이 포함된 집단의 수를 나타내며, t_j는 동점이 포함된 집단의 표본수를 나타낸다.

Kruskal-Wallis 검정은 순위에 적용한 순열 F검정이 된다. Kruskal-Wallis 검정에서는 원자료의 순위가 사용되며, 동일한 관측값은 순위의 평균값을 가진다. 처치가 두 개인 경우에는 이는 Wilcoxon 순위합 양측검정과 동일한 검정이 된다. Kruskal-Wallis 검정의 검정력은 Wilcoxon 순위합 검정의 검정력과 비슷한 성질을 갖는데 특별히 꼬리가 두꺼운 분포인 경우에 Kruskal-Wallis 검정은 정규분포를 가정하는 F검정보다 높은 검정력을 가지며 F검정과는 달리 특이값에 큰 영향을 받지 않는다.

5) 순서 대립가설(order alternatives)의 비모수 통계분석

순서 대립가설의 비모수 통계분석

많은 연구에서 교육시간의 증가에 따른 학업성취도 차이나 상담의 진행에 따른 상담효과와 같이 처치의 정도를 높임에 따라 처치효과의 순서가 예상되는 경우가 있다. 이와 같은 경우의 대립가설은

$$H_2 : [\tau_1 \leq \tau_2 \leq \ldots \leq \tau_k, \ \ with\ at\ least\ one\ strict\ inequality]$$

의 형태를 가지며, 처치효과에 대한 사전지식(prior knowledge)을 이용하면 사전지식을 사용하지 않는 방법인 Kruskal-Wallis 검정보다 높은 검정력을 가지게 된다. 이와 같이 순서

를 갖는 대립가설의 경우에 Jonckheere-Terpstra 검정이 사용될 수 있다.

우선 $a < b$이면 $\phi(a,b) = 1$, $a \geq b$이면 $\phi(a,b) = 0$의 값을 갖는 $k(k-1)/2$개의 지시함수(indicator function)를 사용하여 다음과 같은 Mann-Whitney counts U_{uv}

$$U_{uv} = \sum_{i=1}^{n_u} \sum_{j=1}^{n_v} \phi(X_{iu}, X_{jv}), \quad 1 \leq u < v \leq k$$

를 계산하면, Jonckheere-Terpstra 검정통계량 J는 $k(k-1)/2$개의 Mann-Whitney counts U_{uv}를 합한

$$J = \sum_{u=1}^{v-1} \sum_{v=2}^{k} U_{uv}$$

로 정의되며, 이때 다음과 같은 영가설과 대립가설

$$H_0 : [\tau_1 = \tau_2 = \ldots = \tau_k]$$

$$H_2 : [\tau_1 \leq \tau_2 \leq \ldots \leq \tau_k, \ \ with\ at\ least\ one\ strict\ inequality]$$

의 검정에서 영가설은 $J \geq j_\alpha$일 때 기각된다. 여기서 상수 j_α는 일종오류의 확률이 α가 되는 값이다(여러 개의 k값과 각 집단의 표본수별 j_α값은 비모수통계 관련 서적들의 부록을 참조할 수 있다).

대표본 근사에서는 영가설 하에서 검정통계량 J의 평균과 분산값

$$E_0(J) = \frac{N^2 - \sum_{j=1}^{k} n_j^2}{4}$$

$$var_0(J) = \frac{N^2(2N+3) - \sum_{j=1}^{k} n_j^2(2n_j+3)}{72}$$

을 사용하여 J의 표준화가

$$J^* = \frac{J - E_0(J)}{\sqrt{var_0(J)}} = \frac{J - \left[\frac{N^2 - \sum_{j=1}^{k} n_j^2}{4}\right]}{\left\{\left[N^2(2N+3) - \sum_{j=1}^{k} n_j^2(2n_j+3)\right]/72\right\}^{1/2}}$$

에 의하여 수행되며, 영가설은 $J^* \geq z_\alpha$일 때 기각된다.

집단내에 동점이 있는 경우에는 Mann-Whitney counts U_{uv}를 $a < b$, $a = b$, $a > b$ 등의 세 가지 경우에 따라 각각 $\phi(a,\ b) = 1,\ \frac{1}{2},\ 0$의 값을 부여한다. 이 때 영가설 하에서 J의 분산값은

$$\begin{aligned} var_0 = \Bigg\{ & \frac{1}{72}\left[N(N-1)(2N+5) - \sum_{i=1}^{k} n_i(n_i-1)(2n_i+5) - \sum_{j=1}^{g} t_j(t_j-1)(2t_j+5)\right] \\ & + \frac{1}{36N(N-1)(N-2)}\left[\sum_{i=1}^{k} n_i(n_i-1)(n_i-2)\right]\left[\sum_{j=1}^{g} t_j(t_j-1)(t_j-2)\right] \\ & + \frac{1}{8N(N-1)}\left[\sum_{i=1}^{k} n_i(n_i-1)\right]\left[\sum_{j=1}^{g} t_j(t_j-1)\right]\Bigg\} \end{aligned}$$

이 되며, 이를 사용한 표준화는

$$J^* = \frac{J - \left[\frac{N^2 - \sum_{j=1}^{k} n_j^2}{4}\right]}{\{\ var_0(J)\}^{1/2}}$$

가 되고 이는 근사 표준정규분포를 따른다.

WRS_{ij}가 처치 i와 처치 j를 비교하기 위한 Wilcoxon 순위합검정 통계량의 값을 나타내고 순위합은 $i < j$인 처치 j의 관측값으로부터 얻었다고 하면 처치 i와 처치 j를 비교하기 위한 Mann-Whitney 통계량 값은 $MW_{ij} = WRS_{ij} - (n_{ij})(n_j+1)/2$가 되는데 Jonckheere-Terpstra 통계량의 값은 모든 두 쌍간의 Mann-Whitney 통계량 값의 합이 된다. 정확 p값을 얻기 위하여 각 표본에서 $JT = \sum_{i<j} MW_{ij}$가 계산되며, 다른 방법으로는 $Z = (JT - E(JT)) / \sqrt{Var(JT)}$의 정규근사에 의하여 근사값이 얻어질 수 있다. Mann-Whitney 통계값에

대한 논의로는 Higgins(2004)를 참조할 수 있으며, JT 통계량의 평균과 분산에 관하여는 Lehmann(1975)를 참조할 수 있다.

다중비교

6) 다중비교

처치의 효과간에 차이가 있는 경우에는 어느 처치간에 효과차이가 존재하는지를 밝혀야 한다. 어떤 일종오류를 통제하느냐에 따라서 서로 다른 검정 절차가 사용될 수 있는데 실제로는 처치간에 차이가 존재하지 않으나 처치간에 차이가 있는 것으로 검정결과가 나타나는 오류인 일종오류를 매 비교(comparison-wise)의 수준에서 통제하는 방법과 실험전체 수준(experiment-wise)에서 통제하는 검정방법들이 있다. SAS에서 PROC NPAR1WAY를 사용하여 실시할 수 있는 가장 간단한 비모수 다중비교 방법으로는 일종오류를 매 비교의 수준에서 통제하고 모든 가능한 쌍간의 비교를 실시하는 방법과 일종오류를 실험전체 수준에서 통제하는 방법인 Bonferroni 검정 방법이 있다. SAS에서의 다중비교에 관해서는 Westfall et al.(1999)를 참조할 수 있다.

우선 모든 가능한 쌍간의 비교를 실시하는 방법은 Kruskal-Wallis 검정과 같은 k개 집단의 차이에 대한 일반검정을 실시한 후에 검정의 결과가 유의하면 일반검정에 사용된 유의수준 α와 동일한 수준의 유의수준을 적용하여 k(k-1)/2번의 두 쌍간의 비교를 실시하게 된다. 그러나 이 방법은 집단의 수가 많은 경우에는 비교의 횟수가 증가함에 따라 우연에 의하여 집단간 차이가 발견되는 일종오류가 점점 커지게 된다. 실험 전체의 일종오류를 α로 유지하는 Bonferroni 검정에서는 매번의 비교를 $\alpha/[k(k-1)/2]$의 유의수준하에서 실시한다. 이 방법은 어떤 비교에서도 유의수준이 α를 넘지 않게 되는 반면에 집단의 수가 많은 경우에는 유의수준이 너무 낮아져서 검정이 보수적(conservative)이 되며 이에 따라 낮은 검정력을 갖는다는 단점이 있다.

이원설계 자료의 비모수 통계분석

7) 이원설계 자료의 비모수 통계분석

θ가 전체 중위수, τ_j가 처치 j의 효과, β_i가 블럭 i의 효과, N개의 ϵ은 중위수가 0인 연속분포함수를 갖는 확률변수일 때 이원설계의 일반적인 표현 방식은

$$X_{ijt} = \theta + \beta_i + \tau_j + \epsilon_{ijt}$$

여기서, $i = 1, \cdot\cdot\cdot, n$

$j = 1, \cdot \cdot \cdot, k$
$t = 1, \cdot \cdot \cdot, c_{ij}$

가 된다. 이원설계의 영가설은 처치의 효과 $\tau_1, \cdot \cdot \cdot \tau_k$간에 차이가 없다는 것으로 이는 블럭 i 내에서 분포함수들이 $F_{i1} \equiv F_{i2} \equiv \cdot \cdot \cdot \equiv F_{ik} \equiv F_i$임을 의미한다.

(1) Friedman 검정

Friedman 검정

Friedman 검정은 처치효과간에 차이가 없다는 영가설과 최소한 두 개 이상의 처치의 효과가 동일하지 않다는 다음의 대립가설을 검정한다.

$$H_0 : [\tau_1 = \cdots = \tau_k]$$
$$H_1 : [\tau_1, \ldots, \tau_k \ \ not \ \ all \ \ equal]$$

Friedman 검정통계량 S의 계산을 위하여 우선 n개 블럭 내의 k개 관측치를 작은 값부터 큰 값의 순으로 순위를 부여한다. i번째 블럭의 관측치 $X_{i1}, \cdot \cdot \cdot, X_{ik}$ 중에서 X_{ij}의 순위를 r_{ij}라고 하고

$$R_j = \sum_{i=1}^{n} r_{ij}$$
$$R_{.j} = \frac{R_j}{n}$$

라고 하면 Frieman 검정통계량은 $(k+1)/2 = \sum_{i=1}^{n}\sum_{j=1}^{k} r_{ij}/nk$가 각 블럭에 배당된 순위의 평균일 때

$$S = \frac{12n}{k(k+1)} \sum_{j=1}^{k} \left(R_{.j} - \frac{k+1}{2} \right)^2$$
$$= \left[\frac{12}{nk(k+1)} \sum_{j=1}^{k} R_j^2 \right] - 3n(k+1)$$

이 되며, 영가설은 $S \geq s_\alpha$일 때 기각되는데 여기서 상수 s_α는 일종오류의 확률이 α가 되는 값이다. 여러 개의 k와 n값별 s_α값은 비모수통계 관련 서적들의 부록을 참조할 수 있다.

영가설이 참일 때 통계량 S는 n이 커짐에 따라 k-1의 자유도를 가지는 카이제곱 분포에 근사한다. 따라서 대표본 근사에서는 S가 자유도 k-1의 카이제곱 분포에서 상위 백분위 α의 값 $\chi^2_{k-1,\alpha}$보다 큰 값을 가지는 $S \geq \chi^2_{k-1,\alpha}$의 경우에 영가설은 기각된다. 블럭 내의 k개 관측치 간에 동점이 있는 경우에는 순위의 평균을 동점 값에 동일하게 부여하게 되며, 이때 검정통계량 S는

$$S' = \frac{12\sum_{j=1}^{k}\left(R_j - \frac{n(k+1)}{2}\right)^2}{nk(k+1) - [1/(k-1)]\sum_{i=1}^{n}\left\{\left(\sum_{j=1}^{g_i} t_{i,j}^3\right) - k\right\}}$$

$$= \frac{12\sum_{j=1}^{k} R_j^2 - 3n^2k(k+1)^2}{nk(k+1) - [1/(k-1)]\sum_{i=1}^{n}\left\{\left(\sum_{j=1}^{g_i} t_{i,j}^3\right) - k\right\}}$$

로 변형된다. 여기서 g_i는 동점이 포함된 블럭의 수를 나타내며, $t_{i,j}$는 동점이 포함된 i번째 블럭 j번째 동점 집단의 표본수를 나타낸다.

두 쌍간의 비교설계(paired-comparison design)를 두 개 이상의 처치와 두 개 이상의 블럭으로 확장한 난괴법(randomized complete block design)에서는 블럭 내의 실험단위들은 블럭 간의 실험단위보다 동질적이라는 성질을 갖는다. k개의 처치들은 각 블럭에서 단 한 번 나타나며, 처치는 블럭내의 실험단위에 무작위 할당된다.

X_{ij}는 $i=1, \cdot\cdot\cdot, n$와 $j=1, \cdot\cdot\cdot, k$인 i번째 블럭의 j번째 관측치를 나타낸다. μ가 전체 효과, β_i가 i번째 블럭의 효과, τ_j가 j번째 처치의 효과, ϵ_{ij}가 중위수 0의 확률변수이고, 각 처치와 블럭의 조건에서 관측치가 1개일 때, 난괴법의 모형은

$$X_{ij} = \mu + \beta_i + \tau_j + \epsilon_{ij}$$

가 된다. 행과 열, 그리고 전체의 평균이 각각

$$\overline{X}_{i\cdot} = \frac{1}{k}\sum_{j=1}^{k} X_{ij},$$

$$\overline{X}_{\cdot j} = \frac{1}{n}\sum_{i=1}^{n} X_{ij},$$

$$\overline{X} = \frac{1}{nk}\sum_{i=1}^{n}\sum_{j=1}^{k} X_{ij}$$

라고 할 때 총자승합은

$$SS_{total} = \sum_{i=1}^{n}\sum_{j=1}^{k}(X_{ij} - \overline{X})^2$$

이 되고, 처치의 자승합, 블럭 자승합, 오차자승합은 각각

$$SST = n\sum_{j=1}^{k}(X_{\cdot j} - \overline{X})^2,$$

$$SSB = k\sum_{i=1}^{n}(X_{i\cdot} - \overline{X})^2,$$

$$SSE = \sum_{i=1}^{n}\sum_{j=1}^{k}(X_{ij} - X_{i\cdot} - X_{\cdot j} + \overline{X})^2$$

이 된다. 만약 ϵ_{ij}가 정규분포를 갖는다면 처치효과에 대한 모수통계 방법의 검정은

$$F = \frac{SST/(n-1)}{SSE/[(n-1)(k-1)]}$$

에 의하여 수행되며, 이는 분자 n-1, 분모(n-1)(k-1)의 자유도를 갖는 F분포를 한다. 만약 정규분포 가정이 성립하지 않는다면 관측값들이 블럭 안에서 조합되는 순열 F검정이 수행되고 블럭 내의 순위에 적용된 순열검정은 Friedman의 검정과 동일한 검정이 된다. 또한 만약 처치가 두 개뿐이라면 Friedman의 검정은 부호검정과 동일한 검정이 된다.

σ_F^2가 공통의 분포함수 $F(\cdot)$와 확률밀도함수 $f(\cdot)$를 갖는 변수들의 분산일 때 각 처치와 블럭의 조건에서 관측값이 한 개인 Friedman 검정의 Pittman 상대효율은

$$e_F = \left[\frac{k}{(k+1)}\right]\left[12\sigma_F^2\left\{\int_{-\infty}^{\infty} f^2(u)du\right\}^2\right]$$

으로 표현된다. 다음 〈표 9.6〉에는 Doksum(1967)에 의하여 계산된 여러 분포와 k값 조건

하에서의 e_F값이 제시되었다. 이 표의 결과에 의하면 일반적으로 Friedman 검정은 블럭의 숫자가 많지 않은 경우에는 블럭의 숫자가 많은 경우보다 낮은 검정력을 갖는다.

〈표 9.6〉 여러 분포와 블럭수(n) 조건하에서의 e_F값

분포 / n	2	3	4	5	10	20	50	∞
Normal	0.637	0.716	0.764	0.796	0.868	0.909	0.936	0.955
Uniform	0.667	0.750	0.800	0.833	0.909	0.952	0.980	1.000
Double exponential	1.000	1.125	1.200	1.250	1.364	1.429	1.471	1.500

(2) 순서대립가설의 검정

많은 연구에서 처치의 효과가 없다는 영가설에 대하여 처치의 수준이 증가함에 따라 처치효과가 증가하거나 감소하는 등의 순서를 가지는 다음과 같은 형태의 대립가설이 적절한 경우가 있다.

$$H_{2:}[\tau_1 \le \tau_2 \le \ldots \le \tau_k, \ with\ at\ least\ one\ strict\ inequality]$$

대립가설이 이와 같은 형태를 가질 때는 Page 검정이 Friedman 검정보다 높은 검정력을 가진다. Page 검정통계량 L의 계산을 위해서 우선 Friedman 검정에서와 마찬가지로 각 블럭 내에서 처치의 효과에 따른 순위 $R_1, \cdot\cdot\cdot, R_k$를 부여하면 Page 검정통계량은 다음과 같은 순위의 가중평균이 된다.

$$L = \sum_{j=1}^{k} jR_j$$
$$= R_1 + 2R_2 + \ldots + kR_k$$

영가설은 $L \ge l_\alpha$일 때 기각되는데 여기서 상수 l_α는 일종오류의 확률이 α가 되는 값이다. 여러 개의 k와 n값별 l_α값은 비모수통계 관련 서적들의 부록을 참조할 수 있다.

대표본 근사에서는 영가설 하에서 검정통계량 L의 평균과 분산값

$$E_0(L) = \frac{nk(k+1)^2}{4}$$

$$var_0(L) = \frac{nk^2(k+1)(k^2-1)}{144}$$

을 사용하여

$$L^* = \frac{L - E_0(L)}{\sqrt{var_0(L)}} = \frac{L - \left[\frac{nk(k+1)^2}{4}\right]}{\left\{\frac{nk^2(k+1)(k^2-1)}{144}\right\}^{1/2}}$$

로 L의 표준화가 수행될 수 있으며, 영가설은 $L^* \geq z_\alpha$일 때 기각된다.

(3) 다중비교

Friedman 검정이 기각된 경우에 처치효과 $(\tau_i,\ \tau_j)$의 차이비교에는 Friedman 검정의 블록내 순위에 근거한 다중비교 방법인 Wilcoxon-Nemenyi-McDonald-Thompson의 양측검정방법이 사용될 수 있다. Wilcoxon-Nemenyi-McDonald-Thompson의 적용을 위하여 우선 Friedman 검정에서와 마찬가지로 블럭내의 순위 $R_1, \cdot\cdot\cdot, R_k$를 부여하고, 처치간의 $k(k-1)/2$개의 절대값 차이 $|R_u - R_v|$를 계산한다. Wilcoxon-Nemenyi-McDonald-Thompson의 양측검정에 의한 다중비교방법은

$$|R_u - R_v| \geq r_\alpha$$

일 때 처치 u와 처치 v의 효과간에 유의한 차이가 있다고 판정한다. 이때 r_α는 영가설하에서

$$P_0(|R_u - R_v| < r_\alpha,\ u = 1, \ldots, k-1;\ v = u+1, \ldots, k) = 1 - \alpha$$

의 조건을 만족하는 값으로 결정되며, 이와 같은 방식을 적용하면 실험의 일종오류(experimentwise Type I error rate) 수준이 α가 된다.

영가설 하에서 n이 무한히 커지면 $k(k-1)/2$차의 벡터 $(R_1, \cdot\cdot\cdot, R_k)$는 다변량 정규분포를 가진다. 이때에는 q_α가 표준정규분포를 하는 k개 독립변수의 백분율 α에 대한 근사일 때 $[nk(k+1)/12]^{1/2} q_\alpha$가 r_α에 대한 근사값으로 사용될 수 있다. 따라서 대표본 근

사에서는

$$|R_u - R_v| \geq q_\alpha \left[\frac{nk(k+1)}{12} \right]^{1/2}$$

의 조건에서 처치 u와 처치 v의 효과간에 유의한 차이가 없다는 가설이 기각된다.

3 비모수 상관분석

Pearson 적률상관계수

1) Pearson 적률상관계수

$(X_i,\ Y_i)$가 n명의 국어점수와 수학점수, 또는 학습시간과 성적 등과 같이 쌍을 이룬 n개의 확률변수들이라고 할 때 X의 값이 증가하거나 감소함에 따라 Y값이 증가하거나 감소하는 경향의 유무나 경향의 강도에 대하여 관심을 가질 수 있다.

Pearson 적률상관계수(product-moment correlation coefficient)는

$$r = \sum_{i=1}^{n}(X_i - \overline{X})(Y_i - \overline{Y}) / \sqrt{\sum_{i=1}^{n}(X_i - \overline{X})^2 \sum_{i=1}^{n}(Y_i - \overline{Y})^2}$$

로 정의되며, 이는 X와 Y간의 선형 관계(linear relationship)의 정도를 측정한다. 이때 만약 X와 Y가 모집단 상관계수가 ρ인 이변수 정규분포(bivariate normal distribution)를 한다면 영가설 $H_0 : \rho = 0$는 자유도 n-2의 t통계량 $t = \sqrt{\frac{n-2}{1-r^2}}\, r$ 에 의하여 검정될 수 있다. 이 검정은 오차가 정규분포를 한다는 가정하의 단순 선형회귀분석에서 기울기가 영인지를 검정하는 것과 동일하다.

정규분포를 가정하지 않는 경우에는 순열검정 방법에 의하여 두 변수간 Pearson 적률상관계수를 산출할 수 있다. Pearson 적률상관계수 r의 순열분포는 관측된 X와 Y값의 모든 가능한 n!개 쌍에 대하여 r을 계산함으로써 얻어진다. 순열분포를 사용한 Pearson 적률상관계수의 산출에서 정확 p값은 관측된 r값보다 더 큰 값이 나타날 확률이 된다. 자료의 수가 너무 많아서 순열분포에서 모든 경우의 수를 고려하는 것이 어렵다면 모든 경우의 수 중에서 일부 무작위 표본을 추출하여 근사 p값을 얻을 수 있다.

2) Spearman 순위상관계수

Spearman
순위상관계수

Spearman 순위상관계수, r_s는 X와 Y의 원자료 대신에 이들의 순위에 대하여 Pearson 적률상관계수를 계산함으로써 얻어진다. 변수 X_i의 관측값들을 작은 값부터 큰 값의 순으로 순위 R_i를 부여하고, 변수 Y_i의 관측값들도 작은 값부터 큰 값의 순으로 순위 S_i를 부여하면 Spearman(1904)의 순위상관계수는

$$r_x = \frac{12\sum_{i=1}^{n}\left[R_i - \frac{n+1}{2}\right]\left[S_i - \frac{n+1}{2}\right]}{n(n^2-1)}$$

$$= 1 - \frac{6\sum_{i=1}^{n} D_i^2}{n(n-1)^2}$$

여기서, $D_i = S_i - R_i$

가 된다. Pearson 적률상관계수의 경우와 마찬가지로 순위에 대해서도 순열검정 방법이 사용될 수 있다.

$F_{X,Y}$를(X,Y)의 결합분포함수(joint distribution function), $F_X(x)$와 $F_Y(y)$를 각각 X와 Y의 주변분포의 분포함수라고 하면 X와 Y가 서로 독립적인가 하는 문제는 영가설과 대립가설

$$H_0 : [F_{X,Y}(x,y) \equiv F_X(x)F_Y(y), \text{ for } all \ \ (x,y) \ \ pairs]$$

$$H_1 : [X\text{와 } Y\text{는 양의 상관을 갖는다}]$$

로 표현될 수 있으며, 영가설은 $r_s \ge r_{s,\alpha}$일 때 기각되는데 여기서 상수 $r_{s,\alpha}$는 일종오류의 확률이 α가 되는 값이다. 여러 n과 α별 $r_{s,\alpha}$값은 비모수통계 관련 서적들의 부록을 참조할 수 있다.

또한 대립가설

$$H_2 : [X\text{와 } Y\text{는 음의 상관을 갖는다}]$$

에 대한 단측검정에서 영가설은 $r_s \le -r_{s,\alpha}$일 때 기각되며, 일반형의 대립가설

$H_3 : [X$와 Y는 독립이 아니다$]$

에 대한 양측검정에서 영가설은 $|r_s| \geq r_{s,\alpha}$일 때 기각된다. 분포가 대칭인 경우에는 $r_s = \alpha/2$가 된다.

대표본 근사에서는 영가설 하에서 검정통계량 r_s의 평균과 분산값

$$E_0(r_s) = 0$$

$$var_0(r_s) = \frac{1}{n-1}$$

을 사용하여 r_s의 표준화가

$$r_s^* = \frac{r_s - E_0(J)}{\sqrt{var_0(r_s)}} = (n-1)^{1/2} r_s$$

에 의하여 수행될 수 있으며, z_α가 표준정규분포의 상위백분위 α에 해당하는 r_s^*의 값을 나타낼 때 앞의 일방 대립가설 H_1과 H_2에 대한 영가설의 기각역은 각각 $r_s^* \geq z_\alpha$, $r_s^* \leq -z_\alpha$가 되며, 양방 대립가설 H_3에 대한 영가설의 기각역은 $|r_s^*| \geq z_{\alpha/2}$ 가 된다.

X 점수들간이나 Y 점수들간에 동점이 존재하는 경우에는 동점인 점수들에게 부여되어야 할 순위의 평균이 동점인 점수들에게 공통으로 부여된다. 또한 동점이 발생하는 경우에는 r_s의 기댓값과 분산의 산출식에 변화가 생겨서 표준화는

$$r_s^* = \frac{n(n^2-1) - 6\sum_{s=1}^{n} D_s^2 - \frac{1}{2}\left(\sum_{i=1}^{g}[t_i(t_i^2-1)] + \sum_{j=1}^{h}[u_i(u_i^2-1)]\right)}{\left([n(n^2-1) - \sum_{i=1}^{g}[t_i(t_i^2-1)][n(n^2-1) - \sum_{j=1}^{h}[u_i(u_i^2-1)]\right)^{1/2}}$$

에 의하여 수행된다. Spearman 순위상관계수의 분포에 대해서는 Higgins(2004)를 참조할 수 있다.

Kendall의 상관계수

3) Kendall의 상관계수

Kendall의 통계량 K를 산출하기 위하여 우선 변수 X와 Y 관측값의 모든 가능한 짝

$n(n-1)/2$에 대한 부호통계량

$$Q((a,b),(c,d)) = \begin{cases} 1, & \text{if } (d-b)(c-a) > 0 \\ -1, & \text{if } (d-b)(c-a) < 0 \end{cases}$$

을 구한다. 이는 $i < j$일 때 $(Y_j - Y_i)(X_j - X_i)$가 양이면 1의 값을 갖고, $(Y_j - Y_i)(X_j - X_i)$가 음이면-1의 값을 갖는데 이로부터 Kendall의 통계량 K는

$$K = \sum_{i=1}^{n-1} \sum_{j=i+1}^{n} Q((X_i, Y_i), (X_j, Y_j))$$

로 정의된다.

두 변수가 독립이라는 영가설과 양의 상관관계를 갖는다는 대립가설

$$H_0 : [F_{X,Y}(x,y) \equiv F_X(x)F_Y(y), \text{ for } all \ (x,y) \ pairs]$$

$$H_1 : \tau > 0$$

에 대한 단측검정은 $K \geq k_\alpha$일 때 영가설이 기각되는데 여기서 상수 k_α는 일종오류의 확률이 α가 되는 값이다. 여러 n과 x에서의 k_α값은 비모수통계 관련 서적들의 부록을 참조할 수 있다.

또한 음의 상관관계를 갖는다는 대립가설

$$H_2 : \tau < 0$$

에 대한 단측검정은 $K \leq -k_\alpha$일 때 영가설이 기각되고, 두 변수가 독립이 아니라는 일반 대립가설

$$H_3 : \tau \neq 0$$

에 대한 양측검정은 $|K| \geq k_{\alpha/2}$ 일 때 영가설이 기각된다.

영가설 하에서 검정통계량 r_s의 평균과 분산값

$$E_0(K) = 0$$

$$var_0(K) = \frac{n(n-1)(2n+5)}{18}$$

를 사용한 표준화에 의하여 대표본 근사는

$$K^* = \frac{K - E_0(K)}{\{var_0(K)\}^{1/2}} = \frac{K}{\{n(n-1)(2n+5)/18\}^{1/2}}$$

에 의하여 수행되며, 앞의 일방 대립가설 H_1과 H_2에 대한 영가설의 기각역은 각각 $K^* \geq z_\alpha$, $K^* \leq -z_\alpha$가 되며, 양방 대립가설 H_3에 대한 영가설의 기각역은 $|K^*| \geq z_{\alpha/2}$가 된다.

X 점수들간이나 Y 점수들간에 동점이 존재하는 경우에는 K를 산출하기 위한 지시함수 Q가

$$Q^*((a,b),(c,d)) = \begin{cases} 1, & \text{if } (d-b)(c-a) > 0 \\ 0, & \text{if } (d-b)(c-a) = 0 \\ -1, & \text{if } (d-b)(c-a) < 0 \end{cases}$$

가 되며, X나 Y에 동점이 발생하는 경우에도 K의 기댓값에는 변화가 없으나 K의 분산은

$$var_0(K) = \frac{\left\{n(n-1)(2n+5) - \sum_{i=1}^{g} t_i(t_i-1)(2t_i+5) - \sum_{j=1}^{h} u_j(u_j-1)(2u_j+5)\right\}}{18} + \frac{\left\{\sum_{i=1}^{g} t_i(t_i-1)(t_i-2)\right\}\left\{\sum_{j=1}^{h} u_j(u_j-1)(u_j-2)\right\}}{9n(n-1)(n-2)} + \frac{\left\{\sum_{i=1}^{g} t_i(t_i-1)\right\}\left\{\sum_{j=1}^{h} u_j(u_j-1)\right\}}{2n(n-1)}$$

가 되어, 대표본 근사는 이를 사용한

$$K^* = \frac{K}{\{var_0(K)\}^{1/2}}$$

가 된다.

Kendall의 상관계수 τ는 K로부터

$$\hat{\tau} = \frac{2K}{n(n-1)}$$

로 정의되며, 이는 대략-1부터 1 사이의 값을 갖는다.

4) 감마와 D

감마와 D

Kendall의 상관계수에서 사용된 지시함수 Q에서 두 변수가 같은 방향으로 변화하는 경우(concordance)의 수, 즉 Q가 1의 값을 갖는 경우의 합을 C라 하고, 두 변수가 다른 방향으로 변화하는 경우(discordance)의 수, 즉 Q가-1의 값을 갖는 경우의 수를 D로 표시하면 감마계수(gamma coefficient)는

$$r_{\gamma} = \frac{C-D}{C+D}$$

로 정의된다. SAS에서는 X나 Y에 동점이 있는 경우를 제외하고 감마계수를 계산한다.

Somer의 D(Somer's D)는 Kendall의 τ와 비슷하나 X값에 동점이 있는 경우를 제외한 r_{s_x}와, Y값에 동점이 있는 경우를 제외한 r_{s_y}의 두 개 값이

$$r_{S_x} = \frac{C-D}{[{}_nC_2 - T_x]}$$

$$r_{S_y} = \frac{C-D}{[{}_nC_2 - T_y]}$$

로 계산된다. 동점이 없는 경우에는 위의 통계량들은 모두 같은 값을 갖게 된다.

4 분할표에서의 연관성 분석

1) 분할표에서의 연관성 검정

분할표에서의 연관성 검정

n_{ij}가 분할표의(i, j) 셀에서의 관측돗수이고, $n_{i.}$ 와 $n_{.j}$가 각각 i번째 행과 j번째 열의 관측돗수의 합, n은 총 관측돗수를 나타낼 때 분할표의 두 요인간 연관성이 없다면 (i, j)

셀의 기대값은 $e_{ij} = \frac{n_i . n . _j}{n}$이 된다. 분할표의 두 요인간 연관성은 Pearson 카이제곱 통계량(X^2)과 이의 변형인 우도비 카이제곱, Mantel-Haenszel 카이제곱 등에 의하여 검정되고, X^2 통계량에 근거한 파이계수(phi coefficient), 분할계수(contingency coefficient), Cramer의 V(Cramer's V) 통계량 등에 의하여 측정된다.

분할표의 Pearson 카이제곱 통계량은

$$X^2 = \sum_{i,j} \frac{(n_{ij} - e_{ij})^2}{e_{ij}}$$

으로 정의되며, L이 $L = \prod_{i,j} \left(\frac{e_{ij}}{n_{ij}} \right)^{n_{ij}}$의 우도비 통계량일 때 우도비 카이제곱 통계량 $LR = -2\log(L)$은(R−1)(C−1)의 자유도를 갖는 근사 카이제곱분포를 갖는다. 분할표의 두 요인이 모두 숫자 값을 갖는다면 r이 Pearson 적률상관계수일 때 Mantel-Haenszel 카이제곱 통계량은 $MH = (n-1)r^2$이 되고, 통계량은 자유도 1의 근사 카이제곱분포를 갖는다. 각 셀의 관측돗수가 작을 때는 카이제곱 근사는 정확하지 않을 수 있으며, 이와 같은 경우에는 순열검정에 의하여 정확 p값을 얻을 수 있다.

X^2 통계량에 근거한 통계량 중에서 일반적인 파이계수와 2×2 표에서의 파이계수는 각각

$$\phi = \frac{\sqrt{\chi^2}}{n}$$

$$\phi = \frac{n_{11}n_{22} - n_{12}n_{21}}{\sqrt{n_1 . n_2 . n . _1 n . _2}}$$

로 표현된다. 또 분할계수와 RxC 표에서의 Cramer의 V는 각각

$$CC = \sqrt{\frac{\chi^2}{\chi^2 + n}}$$

$$V = \sqrt{\frac{\chi^2/n}{\min(R-1, C-1)}}$$

이고, 2×2 표에서는 Cramer의 V와 파이계수가 $V = \phi$의 관계를 갖는다.

다음 〈표 9.7〉에는 분할표에서의 연관성 검정을 위하여 영어회화 수업에서 한국인 교사와 원어민 교사의 수업에 대한 학생 만족도 자료가 제시되었다. 이 표에 의하면 한국인 교사에 대해서는 '만족'(3)의 반응이 가장 많으나, 원어민 교사에 대해서는 '불만'(2)과 '매우 만족'(2)의 양분된 의견이 관찰되었다.

〈표 9.7〉 한국인 교사와 원어민 교사의 수업에 대한 학생 만족도

	불만	만족	매우 만족	계
한국인 교사	0	3	1	4
원어민 교사	2	0	2	4
	2	3	3	

2) 2×2 분할표에 대한 Fisher의 정확검정

Fisher의 정확검정

Fisher의 정확검정은 2x2 분할표에 적용된 순열검정이다. Fisher의 정확검정을 위한 기준 셀로 SAS는 1행 1열을 사용하는데 행과 열의 합이 고정되어 있고 1행 1열의 값이 고정되면 다른 셀의 값도 모두 결정되기 때문에 어느 셀을 기준 셀로 사용하여도 결과는 동일하다. 다음 〈표 9.8〉에는 앞의 〈표 9.7〉의 영어회화 수업에 대한 한국인과 원어민 교사의 수업에 대한 학생 만족도 자료를 '만족(2)'과 '매우 만족(3)'을 합하여 '불만'과 '만족'의 2x2 형태로 변형한 자료가 제시되었다.

〈표 9.8〉 행과 열의 합이 고정된 2x2 분할표

	C_1	C_2	합
R_1	X		4
R_2			4
합	2	6	8

1열(C_1)의 합 2와 2열(C_2)의 합 6, 1행(R_1)의 합 4와 2행(R_2)의 합 4의 조건에서 모든 발생 가능한 결합에 대한 분포에서 $X = x$일 확률은 초기하확률분포(hypergeometric probability)에 의하여

$$P_F(X = x) = \frac{[{}_2C_k][{}_6C_{4-k}]}{[{}_8C_4]}$$

과 같이 계산된다. X_{obs}가 X의 관측값이라면 하향 단측검정의 p값은 $P_F(X \leq X_{obs})$가 되고 상향 단측검정은 부등호 방향이 반대가 된다. 양측검정 p값의 계산을 위하여 SAS는 $P_F(X = X_{obs})$ 이하의 값을 가질 확률을 모두 더한다.

순서범주의 분할표

3) 순서범주(ordered categories)의 분할표

RxC 분할표의 한 쪽 또는 양쪽 요인에 순서가 있는 경우에는 행과 열 요인의 연관성에 대하여 Pearson이나 우도비 카이제곱 검정보다 검정력이 높은 검정방법들이 사용될 수 있다. 행 또는 열 요인의 한쪽에만 순서가 있는 경우를 단일요인 순위 분할표(singly ordered contingency table)라고 하는데 이와 같은 표는 전형적으로 행 요인이 처치 또는 집단변수이고 반응변수가 부정, 중립, 긍정 등과 같이 순서가 있는 경우에 나타난다. 또한 양쪽 요인에 모두 순서가 있는 경우를 이요인 순위 분할표(doubly ordered contingency table)라고 부르는데 이러한 표는 대체로 한쪽 요인이 상담횟수나 처치한 약물의 용량과 같은 양적 변수이고 다른 쪽이 만족도나 약물처치에 의한 진통의 수준 등과 같은 순서값일 때 나타난다.

단일요인 순위 분할표의 검정

4) 단일요인 순위 분할표의 검정

세 개 대학의 학과장들이 자신의 소속대학 학장의 역할을 '매우 미흡, 미흡, 보통, 양호, 매우 양호'의 다섯 개 범주로 평가였으며, 그 결과가 다음 〈표 9.9〉와 같이 수집되었다.

〈표 9.9〉 대학별 학과장의 학장 평정

	매우 미흡	미흡	보통	양호	매우 양호
대학 A	4	3	3	2	0
대학 B	2	2	3	2	3
대학 C	0	2	6	4	0

이 표에 의하면 대학 A의 평가결과는 다수의 의견이 '매우 미흡'(4)과 '미흡'(3)에 치우쳐 있으며, 반면에 대학 B는 '보통'(3)과 '매우 양호'(3)에 다수의 의견이 있고, 대학 C는 '보통'(6)에 의견이 집중되어 있다. 이와 같은 대학별 학장 평정결과에 통계적으로 유의한 차이가 있는지를 검정하는 방법으로 Kruskal-Wallis 검정이 사용될 수 있다.

SAS에서 PROC NPAR1WAY와 PROC FREQ의 두 개 Procedure에서 Kruskal-Wallis 검

정통계량이 산출된다. PROC NPAR1WAY를 사용하여 Kruskal-Wallis 검정을 실시하는 경우에는 정확 p값이 산출된다는 장점이 있으나 PROC NPAR1WAY에서는 자료입력이 개별 관측값의 응답형태로만 허용되기 때문에 자료가 분할표의 형태로 존재하는 경우에는 이를 개별 관측값의 형태로 바꾸어 주어야 한다는 단점이 있다. 한편, PROC FREQ는 분석자료가 개별 관측값의 형태만이 아니라 분할표의 형태이어도 분석이 가능하다는 장점이 있지만 산출물에 정확 p값이 제공되지 않고 근사 p값만이 제공된다는 단점이 있다. p값은 Cochran-Mantel-Haenszel(CMH) 통계량에 대하여 계산된다.

5) 단일요인 순위 분할표의 경향성 검정

단일요인 순위 분할표의 경향성 검정

Rx2 표에서 행은 학습시간과 같은 양적 범주 L_1, L_2, ..., L_R이고, 열은 합격과 불합격의 베르누이 반응이라고 하면 i 번째 표본의 반응(X_i, Y_i)에서 X_i는 i 번째 표본의 양적범주의 값이며, Y_i는 '합격'의 경우에는 1, '불합격'의 경우의 0의 값이 배정된다. 이와 같이 양적 범주가 사용된 Rx2나 2xR의 표에서는 경향성(trend)이 검정될 수 있으며, 이와 같은 목적으로 Cochran-Armitage 검정이 사용된다. n쌍의$(X_i,\ Y_i)$에 대한 최소자승 회귀식의 기울기를 b_i로 표시하면 Cochran-Armitage 통계량은 $b_1/\sqrt{Var(b_1)}$이며, 이때 $Var(b_1)$은 경향이 없다는 영가설하에서의 기울기 추정값의 분산 추정값이다. 분산추정값은 성공 확률이 $\hat{p}$으로 표현될 때 $Var(b_1)=\hat{p}(1-\hat{p})/\sum_{i=1}^{n}(X_i-\overline{X})^2$이 된다.

다음 〈표 9.10〉에는 운전면허 필기시험의 처음 다섯 문제를 해결하기 위해서 소요된 시간과 이에 따른 필기시험의 합격과 불합격 결과가 제시되었다. SAS는 PROC FREQ에서 Cochran-Armitage 검정의 결과를 제공한다.

〈표 9.10〉 처음 다섯 문제에 소요된 시간과 시험 결과

	1분	1.5분	2분	2.5분	3분
합격	5	3	2	2	0
불합격	2	2	3	2	3

6) 이요인 순위 분할표

이요인 순위 분할표

이요인 순위 분할표의 자료 분석에는 앞에서 설명된 Jonckheere-Terpstra 검정이나

Mantel-Haenszel 카이제곱 통계량이 사용될 수 있다. Mantel-Haenszel 통계량은 변수가 수리(numerical)범주를 가질 때는 원자료를 사용하는 Pearson 적률상관계수 r의 함수인 $(n-1)r^2$가 되며, 변수가 수리범주 또는 순서범주일 때는 Spearman 순서상관계수 r_s의 함수인 $(n-1)r_s^2$가 된다. 통계량이 계산될 때 순서범주에서는 알파벳 순서에 따라 값이 부여되며, 동점에 대해서는 순위의 평균값이 사용된다. 요인이 순서는 있지만 수리범주가 아닐 때 SAS는 알파벳트 순서로 가장 빠른 범주에 1을 부여하고 다음 범주에 2를 부여하여 상관을 계산한다.

다층분할표의 분석

7) 다층분할표의 분석

세 개의 학급을 각각 둘로 나누어서 서로 다른 교육방법 A와 B를 사용하고 교육방법과 이에 따른 합격과 불합격의 분할표를 작성하면 세 개 학급이 행과 열이 동일한 분할표를 가지게 된다. 이와 같이 행과 열이 동일한 여러 개의 표(set, 또는 층)가 있는 경우를 다층분할표(stratified contingency table, tables with multiple strata)라 부르며, 다층분할표에서는 여러 표의 자료를 종합하여 행요인과 열요인간에 연관성이 없다는 영가설을 검정하게 된다. 다음 〈표 9.11〉에는 이와 같은 분석의 예시를 위하여 세 학급의 서로 다른 교육방법에 따른 시험결과 자료가 제시되었다.

〈표 9.11〉 교육방법에 따른 시험결과

교육방법	학급1		학급2		학급3		행의 계
	합격	불합격	합격	불합격	합격	불합격	
A	1	7	2	5	1	7	23
B	8	14	10	16	6	18	72
열의 계	9	21	12	21	7	25	95

다층분할표의 분석은 PROC FREQ의 선택사양 CMH에 의하여 실시될 수 있다. 2x2 표에서 CMH 통계량은

$$Z^2 = \left[\sum_{k=1}^{s} (n_{11k} - E(n_{11k}) \right]^2 / \sum_{k=1}^{s} Var(n_{11k})$$

이며, 이때 n_{11k}는 k번째 층의 셀(1, 1)의 관측도수이고 평균과 분산 추정치는 n_{ijk}들의 초

기하분포(hypergeometric distribution)에서 산출된 평균과 분산이다.

다층자료의 분석을 위한 Cochran-Mantel-Haenszel 검정은 PROC FREQ의 TABLES문에서 선택사양 CMH를 사용하여 실시할 수 있다. CMH 통계량은 근사 카이제곱분포를 가지며, 2x2 다층분할표의 경우에는 자유도가 1이 된다. PROC FREQ에서 CMH 통계량에 대한 순열검정 결과는 제공되지 않으나, 개별 표에서의 순열검정은 TABLE문에 선택사양 CHISQ를 사용하거나 EXACT CHISQ문을 사용하여 실시될 수 있다.

행이 처치집단(treatment group)과 통제집단(control group)이고 열이 성공과 실패인 2×2 표에서 P_T가 처치집단에서의 성공확률, P_C가 통제집단에서의 성공확률일 때 오즈비(odds ratio)는 $P_T(1-P_C)/[P_C(1-P_T)]$가 되며, 성공확률의 비 P_T/P_C는 성공의 상대적 위험(relative risk)이라고 불리고, 실패 확률의 비 $(1-P_T)/(1-P_C)$는 실패의 상대적 위험이라고 불린다. SAS는 이들 값이 층별로 동일하다는 가정하에 Mantel-Haenszel 검정 통계량과 로짓 추정값, 그리고 층별 오즈비의 동일성에 대한 Breslow-Day 검정결과를 제공한다. CMH 통계량, 오즈비, 그리고 상대적 위험에 대한 설명은 Agresti(2002)를 참조할 수 있다.

8) McNemar 검정

McNemar 검정

분할표가 사전과 사후(X)와 같이 쌍을 이루는 자료에 대한 이분(binomial)의 반응변수(Y) 형태일 때 두 요인간의 연관성 검정에는 McNemar 검정이 사용될 수 있다. 각 쌍(X_i, Y_i)는 (0, 0),(0, 1),(1, 0),(1, 1)의 네 가지 값을 가지며 $p_1=P(X_i=1)$, $p_2=P(X_i=2)$이면 영가설은 사전과 사후의 반응이 동일하다는 $H_0: p_1=p_2$가 된다. 이에 대한 McNema의 단측검정 또는 양측검정의 검정통계량은

$$Z=\frac{n_{12}-n_{21}}{\sqrt{n_{12}+n21}}$$

이고, 이는 근사 표준정규분포를 갖는다. SAS는 이 통계량의 제곱값을 제공한다.

다음 〈표 9.12〉에는 이와 같이 쌍을 이루는 자료 분석의 예시를 위하여 대통령 선거에서 한 후보의 후보연설을 청취하기 전과 후의 유권자들의 지지여부 자료가 제시되었다. 이 표에 의하면 후보연설 청취 전후에 동일하게 해당 후보를 지지한 경우(찬)는 15명, 동일하게 지지하지 않은 경우(반)는 2명이었으며, 지지에서 지지하지 않음으로 변동된 경우는 3명, 지

지하지 않음에서 지지로 변동된 경우는 9명으로 나타났다.

〈표 9.12〉 후보연설 청취 전후 지지여부

사전 / 사후	찬	반	행의 합
찬	15	3	18
반	9	2	11
열의 합	24	5	29

5 비모수 회귀분석

회귀직선의 추정과 검정

1) 회귀직선의 추정과 검정

비모수 통계분석 방법에 의해서도 모수 통계분석과 같은 회귀분석이 실시될 수 있다. 독립변수 $x_1 < x_2 < \cdot\cdot\cdot < x_n$에 대한 종속변수 $y_1, \cdot\cdot\cdot, y_n$가 선형모형

$$Y_i = \alpha + \beta x_i + \epsilon_i$$

의 관계를 가진다고 가정될 때 기울기에 대한 영가설 $H_0 : \beta = \beta_0$에는 Theil(1950)의 검정통계량 C가 사용된다. Theil(1950)의 검정통계량 C의 산출을 위해서 우선 n개 관측값에 대하여 $D_i = Y_i - \beta_0 x_i$를 계산하고 이로부터 C를

$$C = \sum_{i=1}^{n-1} \sum_{j=i+1}^{n} c(D_j - D_i)$$

$$\text{여기서, } c(a) = \begin{cases} -1, & \text{if } a < 0 \\ 0, & \text{if } a = 0 \\ 1, & \text{if } a > 0 \end{cases}$$

로 정의한다. 즉 C는 $1 \le i < j \le n$의(i, j)에서 $D_j - D_i$가 양의 값을 가지면 1의 값을 가지고, $D_j - D_i$가 음의 값을 가지면-1, $D_j - D_i$가 영이면 0의 값을 가지는 지시함수의 합이 된다.

영가설에 대한 대립가설 $H_1 : \beta > \beta_0$의 상향 일방가설은 $C \ge k_\alpha$일 때 영가설이 기각되며, $H_2 : \beta > \beta_0$의 하향 일방가설은 $C \le -k_\alpha$일 때 영가설이 기각된다. 또 대립가설

$H_3 : \beta \neq \beta_0$의 양방가설은 $|C| \geq k_{\alpha/2}$ 일 때 영가설이 기각된다. 이때 k_α값으로는 Kendall의 확률분포표가 사용된다.

검정통계량 C의 대표본 근사는 영가설 하에서 C가 근사 정규성을 가진다는 성질과 이의 평균과 분산값

$$E_0(C) = 0$$

$$var_0(C) = \frac{n(n-1)(2n+5)}{18}$$

를 사용하여

$$C^* = \frac{C - E_0(C)}{\{var_0(C)\}^{1/2}} = \frac{C}{\{n(n-1)(2n+5)/18\}^{1/2}}$$

에 의하여 수행되며, 앞의 일방 대립가설 H_1과 H_2에 대한 영가설의 기각역은 각각 $C^* \geq z_\alpha$, $C^* \leq -z_\alpha$가 되고, 양방 대립가설 H_3에 대한 영가설의 기각역은 $|C^*| \geq z_{\alpha/2}$가 된다.

회귀선의 기울기 β는 $1 \leq i < j \leq n$의(i, j) 쌍에 대하여 N=n(n−1)/2개의 표본 기울기값 $S_{ij} = (Y_j - Y_i)/(x_j - x_i)$을 계산하여

$$\hat{\beta} = median\ \{S_{ij},\ 1 \leq i < j \leq n\}$$

에 의하여 추정된다. 따라서 $S^{(1)} \leq \cdot \cdot \cdot \leq S^{(N)}$이 표본 기울기 S_{ij}의 순서통계량이라고 할 때 N이 N=2k+1 형태의 홀수이면 k=(N−1)/2이므로

$$\hat{\beta} = S^{(k+1)}$$

가 되고, N이 N=2k 형태의 짝수이면 k=N/2이므로

$$\hat{\beta} = [S^{(k)} + S^{(k+1)}]/2$$

가 된다.

모형의 절편 α의 추정을 위해서

$$A_i = Y_i - \hat{\beta} x_i$$

여기서, $\hat{\beta}$는 앞에서 추정된 기울기

로 정의하면 기울기는

$$\hat{\alpha} = median\ \{A_1, ..., A_n\}$$

에 의하여 추정된다. 따라서 $A^{(1)} \leq \cdot\cdot\cdot \leq A^{(n)}$이 표본 기울기 A_i의 순서통계량이라고 할 때 n이 n=2k+1 형태의 홀수이면 k=(n-1)/2이므로

$$\hat{\alpha} = A^{(k+1)}$$

가 되고, n이 n=2k 형태의 짝수이면 k=n/2이므로

$$\hat{\alpha} = \frac{A^{(k)} + A^{(k+1)}}{2}$$

가 된다.

확률밀도함수의 추정

2) 확률밀도함수의 추정

연속 확률밀도함수 $f(x)$를 갖는 모집단으로부터 추출된 확률표본 $X_1, \cdot\cdot\cdot, X_n$으로부터 확률밀도함수 $f(x)$를 추정하는 방법으로는 kernel 방법이 사용될 수 있다. kernel 방법은 x점에서의 밀도 추정을 위하여 x점 근처 자료의 가중 평균을 사용하는데, 이를 위하여 0을 중심으로 대칭인 가중 확률밀도함수 $w(z)$에 의한 $f(x)$의 kernel 추정값은 다음과 같이 구해진다.

$$\hat{f}(x) = \frac{1}{nh} \sum_{i=1}^{n} w\left(\frac{x - X_i}{h}\right)$$

여기서 가중함수 $w(z)$는 kernel이라고 불리며, h는 가중구간(bandwidth)이라고 불린다. 일반적으로 kernel은 표준정규분포가 사용되지만 다른 밀도함수들을 사용하여도 $f(x)$의 추정값은 대개 유사하게 나타난다. 가중구간은 히스토그램의 급간과 같은 역할로 구간이 넓을수록 확률밀도함수의 추정결과가 매끄럽게 나타난다.

부 록

1. 통계표

2. 용어해설

1. 통계표

A. 표준정규분포표

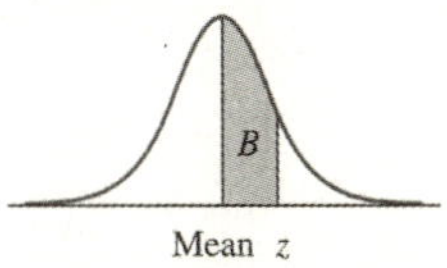

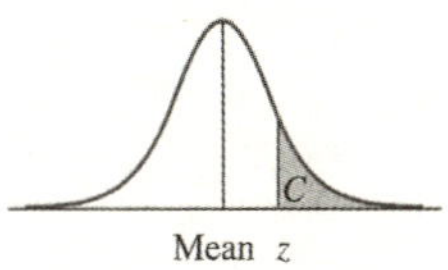

z A	Area Between Mean and z B	Area Beyond z C	z A	Area Between Mean and z B	Area Beyond z C
0.00	.0000	.5000	0.45	.1736	.3264
0.01	.0040	.4960	0.46	.1772	.3228
0.02	.0080	.4920	0.47	.1808	.3192
0.03	.0120	.4880	0.48	.1844	.3156
0.04	.0160	.4840	0.49	.1879	.3121
0.05	.0199	.4801	0.50	.1915	.3085
0.06	.0239	.4761	0.51	.1950	.3050
0.07	.0279	.4721	0.52	.1985	.3015
0.08	.0319	.4681	0.53	.2019	.2981
0.09	.0359	.4641	0.54	.2054	.2946
0.10	.0398	.4602	0.55	.2088	.2912
0.11	.0438	.4562	0.56	.2123	.2877
0.12	.0478	.4522	0.57	.2157	.2843
0.13	.0517	.4483	0.58	.2190	.2810
0.14	.0557	.4443	0.59	.2224	.2776
0.15	.0596	.4404	0.60	.2257	.2743
0.16	.0636	.4364	0.61	.2291	.2709
0.17	.0675	.4325	0.62	.2324	.2676
0.18	.0714	.4286	0.63	.2357	.2643
0.19	.0753	.4247	0.64	.2389	.2611
0.20	.0793	.4207	0.65	.2422	.2578
0.21	.0832	.4168	0.66	.2454	.2546
0.22	.0871	.4129	0.67	.2486	.2514
0.23	.0910	.4090	0.68	.2517	.2483
0.24	.0948	.4052	0.69	.2549	.2451
0.25	.0987	.4013	0.70	.2580	.2420
0.26	.1026	.3974	0.71	.2611	.2389
0.27	.1064	.3936	0.72	.2642	.2358
0.28	.1103	.3897	0.73	.2673	.2327
0.29	.1141	.3859	0.74	.2704	.2296
0.30	.1179	.3821	0.75	.2734	.2266
0.31	.1217	.3783	0.76	.2764	.2236
0.32	.1255	.3745	0.77	.2794	.2206
0.33	.1293	.3707	0.78	.2823	.2177
0.34	.1331	.3669	0.79	.2852	.2148
0.35	.1368	.3632	0.80	.2881	.2119
0.36	.1406	.3594	0.81	.2910	.2090
0.37	.1443	.3557	0.82	.2939	.2061
0.38	.1480	.3520	0.83	.2967	.2033
0.39	.1517	.3483	0.84	.2995	.2005
0.40	.1554	.3446	0.85	.3023	.1977
0.41	.1591	.3409	0.86	.3051	.1949
0.42	.1628	.3372	0.87	.3078	.1922
0.43	.1664	.3336	0.88	.3106	.1894
0.44	.1700	.3300	0.89	.3133	.1867

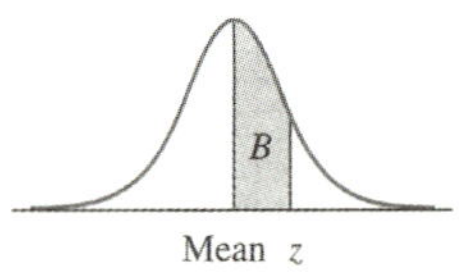

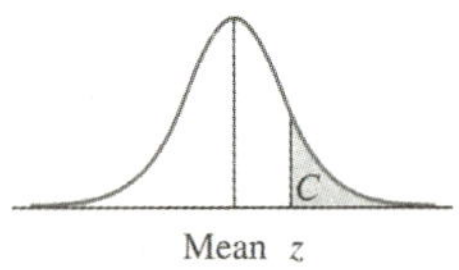

A. 표준정규분포표

z *A*	Area Between Mean and z *B*	Area Beyond z *C*	z *A*	Area Between Mean and z *B*	Area Beyond z *C*
0.90	.3159	.1841	1.35	.4115	.0885
0.91	.3186	.1814	1.36	.4131	.0869
0.92	.3212	.1788	1.37	.4147	.0853
0.93	.3238	.1762	1.38	.4162	.0838
0.94	.3264	.1736	1.39	.4177	.0823
0.95	.3289	.1711	1.40	.4192	.0808
0.96	.3315	.1685	1.41	.4207	.0793
0.97	.3340	.1660	1.42	.4222	.0778
0.98	.3365	.1635	1.43	.4236	.0764
0.99	.3389	.1611	1.44	.4251	.0749
1.00	.3413	.1587	1.45	.4265	.0735
1.01	.3438	.1562	1.46	.4279	.0721
1.02	.3461	.1539	1.47	.4292	.0708
1.03	.3485	.1515	1.48	.4306	.0694
1.04	.3508	.1492	1.49	.4319	.0681
1.05	.3531	.1469	1.50	.4332	.0668
1.06	.3554	.1446	1.51	.4345	.0655
1.07	.3577	.1423	1.52	.4357	.0643
1.08	.3599	.1401	1.53	.4370	.0630
1.09	.3621	.1379	1.54	.4382	.0618
1.10	.3643	.1357	1.55	.4394	.0606
1.11	.3665	.1335	1.56	.4406	.0594
1.12	.3686	.1314	1.57	.4418	.0582
1.13	.3708	.1292	1.58	.4429	.0571
1.14	.3729	.1271	1.59	.4441	.0559
1.15	.3749	.1251	1.60	.4452	.0548
1.16	.3770	.1230	1.61	.4463	.0537
1.17	.3790	.1210	1.62	.4474	.0526
1.18	.3810	.1190	1.63	.4484	.0516
1.19	.3830	.1170	1.64	.4495	.0505
1.20	.3849	.1151	1.65	.4505	.0495
1.21	.3869	.1131	1.66	.4515	.0485
1.22	.3888	.1112	1.67	.4525	.0475
1.23	.3907	.1093	1.68	.4535	.0465
1.24	.3925	.1075	1.69	.4545	.0455
1.25	.3944	.1056	1.70	.4554	.0446
1.26	.3962	.1038	1.71	.4564	.0436
1.27	.3980	.1020	1.72	.4573	.0427
1.28	.3997	.1003	1.73	.4582	.0418
1.29	.4015	.0985	1.74	.4591	.0409
1.30	.4032	.0968	1.75	.4599	.0401
1.31	.4049	.0951	1.76	.4608	.0392
1.32	.4066	.0934	1.77	.4616	.0384
1.33	.4082	.0918	1.78	.4625	.0375
1.34	.4099	.0901	1.79	.4633	.0367

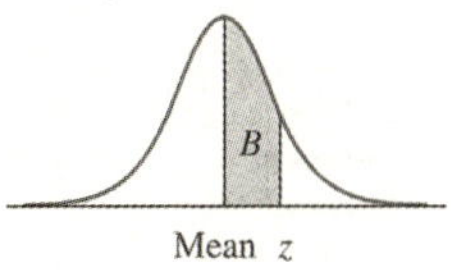

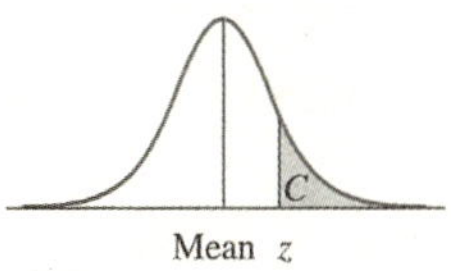

A. 표준정규분포표

z ***A***	**Area Between Mean and *z*** ***B***	**Area Beyond *z*** ***C***	*z* ***A***	**Area Between Mean and *z*** ***B***	**Area Beyond *z*** ***C***
1.80	.4641	.0359	2.25	.4878	.0122
1.81	.4649	.0351	2.26	.4881	.0119
1.82	.4656	.0344	2.27	.4884	.0116
1.83	.4664	.0336	2.28	.4887	.0113
1.84	.4671	.0329	2.29	.4890	.0110
1.85	.4678	.0322	2.30	.4893	.0107
1.86	.4686	.0314	2.31	.4896	.0104
1.87	.4693	.0307	2.32	.4898	.0102
1.88	.4699	.0301	2.33	.4901	.0099
1.89	.4706	.0294	2.34	.4904	.0096
1.90	.4713	.0287	2.35	.4906	.0094
1.91	.4719	.0281	2.36	.4909	.0091
1.92	.4726	.0274	2.37	.4911	.0089
1.93	.4732	.0268	2.38	.4913	.0087
1.94	.4738	.0262	2.39	.4916	.0084
1.95	.4744	.0256	2.40	.4918	.0082
1.96	.4750	.0250	2.41	.4920	.0080
1.97	.4756	.0244	2.42	.4922	.0078
1.98	.4761	.0239	2.43	.4925	.0075
1.99	.4767	.0233	2.44	.4927	.0073
2.00	.4772	.0228	2.45	.4929	.0071
2.01	.4778	.0222	2.46	.4931	.0069
2.02	.4783	.0217	2.47	.4932	.0068
2.03	.4788	.0212	2.48	.4934	.0066
2.04	.4793	.0207	2.49	.4936	.0064
2.05	.4798	.0202	2.50	.4938	.0062
2.06	.4803	.0197	2.51	.4940	.0060
2.07	.4808	.0192	2.52	.4941	.0059
2.08	.4812	.0188	2.53	.4943	.0057
2.09	.4817	.0183	2.54	.4945	.0055
2.10	.4821	.0179	2.55	.4946	.0054
2.11	.4826	.0174	2.56	.4948	.0052
2.12	.4830	.0170	2.57	.4949	.0051
2.13	.4834	.0166	2.58	.4951	.0049
2.14	.4838	.0162	2.59	.4952	.0048
2.15	.4842	.0158	2.60	.4953	.0047
2.16	.4846	.0154	2.61	.4955	.0045
2.17	.4850	.0150	2.62	.4956	.0044
2.18	.4854	.0146	2.63	.4957	.0043
2.19	.4857	.0143	2.64	.4959	.0041
2.20	.4861	.0139	2.65	.4960	.0040
2.21	.4864	.0136	2.66	.4961	.0039
2.22	.4868	.0132	2.67	.4962	.0038
2.23	.4871	.0129	2.68	.4963	.0037
2.24	.4875	.0125	2.69	.4964	.0036

(*continued*)

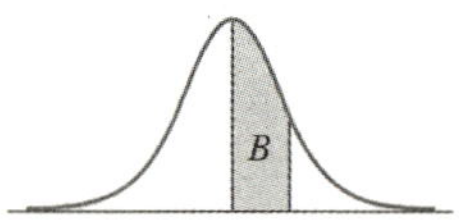

Mean z

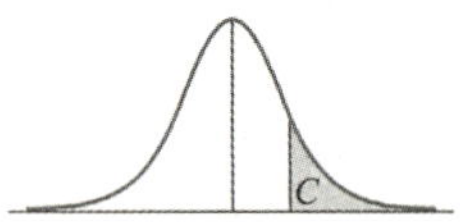

Mean z

A. 표준정규분포표

z ***A***	Area Between Mean and *z* ***B***	Area Beyond *z* ***C***	*z* ***A***	Area Between Mean and *z* ***B***	Area Beyond *z* ***C***
2.70	.4965	.0035	3.00	.4987	.0013
2.71	.4966	.0034	3.01	.4987	.0013
2.72	.4967	.0033	3.02	.4987	.0013
2.73	.4968	.0032	3.03	.4988	.0012
2.74	.4969	.0031	3.04	.4988	.0012
2.75	.4970	.0030	3.05	.4989	.0011
2.76	.4971	.0029	3.06	.4989	.0011
2.77	.4972	.0028	3.07	.4989	.0011
2.78	.4973	.0027	3.08	.4990	.0010
2.79	.4974	.0026	3.09	.4990	.0010
2.80	.4974	.0026	3.10	.4990	.0010
2.81	.4975	.0025	3.11	.4991	.0009
2.82	.4976	.0024	3.12	.4991	.0009
2.83	.4977	.0023	3.13	.4991	.0009
2.84	.4977	.0023	3.14	.4992	.0008
2.85	.4978	.0022	3.15	.4992	.0008
2.86	.4979	.0021	3.16	.4992	.0008
2.87	.4979	.0021	3.17	.4992	.0008
2.88	.4980	.0020	3.18	.4993	.0007
2.89	.4981	.0019	3.19	.4993	.0007
2.90	.4981	.0019	3.20	.4993	.0007
2.91	.4982	.0018	3.21	.4993	.0007
2.92	.4982	.0018	3.22	.4994	.0006
2.93	.4983	.0017	3.23	.4994	.0006
2.94	.4984	.0016	3.24	.4994	.0006
2.95	.4984	.0016	3.30	.4995	.0005
2.96	.4985	.0015	3.40	.4997	.0003
2.97	.4985	.0015	3.50	.4998	.0002
2.98	.4986	.0014	3.60	.4998	.0002
2.99	.4986	.0014	3.70	.4999	.0001

B. 이항분포표

N	No. of P or Q Events	.05	.10	.15	.20	.25	.30	.35	.40	.45	.50
						P or Q					
1	0	.9500	.9000	.8500	.8000	.7500	.7000	.6500	.6000	.5500	.5000
	1	.0500	.1000	.1500	.2000	.2500	.3000	.3500	.4000	.4500	.5000
2	0	.9025	.8100	.7225	.6400	.5625	.4900	.4225	.3600	.3025	.2500
	1	.0950	.1800	.2550	.3200	.3750	.4200	.4550	.4800	.4950	.5000
	2	.0025	.0100	.0225	.0400	.0625	.0900	.1225	.1600	.2025	.2500
3	0	.8574	.7290	.6141	.5120	.4219	.3430	.2746	.2160	.1664	.1250
	1	.1354	.2430	.3251	.3840	.4219	.4410	.4436	.4320	.4084	.3750
	2	.0071	.0270	.0574	.0960	.1406	.1890	.2389	.2880	.3341	.3750
	3	.0001	.0010	.0034	.0080	.0156	.0270	.0429	.0640	.0911	.1250
4	0	.8145	.6561	.5220	.4096	.3164	.2401	.1785	.1296	.0915	.0625
	1	.1715	.2916	.3685	.4096	.4219	.4116	.3845	.3456	.2995	.2500
	2	.0135	.0486	.0975	.1536	.2109	.2646	.3105	.3456	.3675	.3750
	3	.0005	.0036	.0115	.0256	.0469	.0756	.1115	.1536	.2005	.2500
	4	.0000	.0001	.0005	.0016	.0039	.0081	.0150	.0256	.0410	.0625
5	0	.7738	.5905	.4437	.3277	.2373	.1681	.1160	.0778	.0503	.0312
	1	.2036	.3280	.3915	.4096	.3955	.3602	.3124	.2592	.2059	.1562
	2	.0214	.0729	.1382	.2048	.2637	.3087	.3364	.3456	.3369	.3125
	3	.0011	.0081	.0244	.0512	.0879	.1323	.1811	.2304	.2757	.3125
	4	.0000	.0004	.0022	.0064	.0146	.0284	.0488	.0768	.1128	.1562
	5	.0000	.0000	.0001	.0003	.0010	.0024	.0053	.0102	.0185	.0312
6	0	.7351	.5314	.3771	.2621	.1780	.1176	.0754	.0467	.0277	.0156
	1	.2321	.3543	.3993	.3932	.3560	.3025	.2437	.1866	.1359	.0938
	2	.0305	.0984	.1762	.2458	.2966	.3241	.3280	.3110	.2780	.2344
	3	.0021	.0146	.0415	.0819	.1318	.1852	.2355	.2765	.3032	.3125
	4	.0001	.0012	.0055	.0154	.0330	.0595	.0951	.1382	.1861	.2344
	5	.0000	.0001	.0004	.0015	.0044	.0102	.0205	.0369	.0609	.0938
	6	.0000	.0000	.0000	.0001	.0002	.0007	.0018	.0041	.0083	.0156
7	0	.6983	.4783	.3206	.2097	.1335	.0824	.0490	.0280	.0152	.0078
	1	.2573	.3720	.3960	.3670	.3115	.2471	.1848	.1306	.0872	.0547
	2	.0406	.1240	.2097	.2753	.3115	.3177	.2985	.2613	.2140	.1641
	3	.0036	.0230	.0617	.1147	.1730	.2269	.2679	.2903	.2918	.2734
	4	.0002	.0026	.0109	.0287	.0577	.0972	.1442	.1935	.2388	.2734
	5	.0000	.0002	.0012	.0043	.0115	.0250	.0466	.0774	.1172	.1641
	6	.0000	.0000	.0001	.0004	.0013	.0036	.0084	.0172	.0320	.0547
	7	.0000	.0000	.0000	.0000	.0001	.0002	.0006	.0016	.0037	.0078
8	0	.6634	.4305	.2725	.1678	.1001	.0576	.0319	.0168	.0084	.0039
	1	.2793	.3826	.3847	.3355	.2670	.1977	.1373	.0896	.0548	.0312
	2	.0515	.1488	.2376	.2936	.3115	.2965	.2587	.2090	.1569	.1094
	3	.0054	.0331	.0839	.1468	.2076	.2541	.2786	.2787	.2568	.2188
	4	.0004	.0046	.0185	.0459	.0865	.1361	.1875	.2322	.2627	.2734
	5	.0000	.0004	.0026	.0092	.0231	.0467	.0808	.1239	.1719	.2188
	6	.0000	.0000	.0002	.0011	.0038	.0100	.0217	.0413	.0703	.1094
	7	.0000	.0000	.0000	.0001	.0004	.0012	.0033	.0079	.0164	.0312
	8	.0000	.0000	.0000	.0000	.0000	.0001	.0002	.0007	.0017	.0039

B. 이항분포표

N	No. of *P* or *Q* Events	.05	.10	.15	.20	.25	.30	.35	.40	.45	.50
		P or *Q*									
9	0	.6302	.3874	.2316	.1342	.0751	.0404	.0277	.0101	.0046	.0020
	1	.2985	.3874	.3679	.3020	.2253	.1556	.1004	.0605	.0339	.0176
	2	.0629	.1722	.2597	.3020	.3003	.2668	.2162	.1612	.1110	.0703
	3	.0077	.0446	.1069	.1762	.2336	.2668	.2716	.2508	.2119	.1641
	4	.0006	.0074	.0283	.0661	.1168	.1715	.2194	.2508	.2600	.2461
	5	.0000	.0008	.0050	.0165	.0389	.0735	.1181	.1672	.2128	.2461
	6	.0000	.0001	.0006	.0028	.0087	.0210	.0424	.0743	.1160	.1641
	7	.0000	.0000	.0000	.0003	.0012	.0039	.0098	.0212	.0407	.0703
	8	.0000	.0000	.0000	.0000	.0001	.0004	.0013	.0035	.0083	.0176
	9	.0000	.0000	.0000	.0000	.0000	.0000	.0001	.0003	.0008	.0020
10	0	.5987	.3487	.1969	.1074	.0563	.0282	.0135	.0060	.0025	.0010
	1	.3151	.3874	.3474	.2684	.1877	.1211	.0725	.0403	.0207	.0098
	2	.0746	.1937	.2759	.3020	.2816	.2335	.1757	.1209	.0763	.0439
	3	.0105	.0574	.1298	.2013	.2503	.2668	.2522	.2150	.1665	.1172
	4	.0010	.0112	.0401	.0881	.1460	.2001	.2377	.2508	.2384	.2051
	5	.0001	.0015	.0085	.0264	.0584	.1029	.1536	.2007	.2340	.2461
	6	.0000	.0001	.0012	.0055	.0162	.0368	.0689	.1115	.1596	.2051
	7	.0000	.0000	.0001	.0008	.0031	.0090	.0212	.0425	.0746	.1172
	8	.0000	.0000	.0000	.0001	.0004	.0014	.0043	.0106	.0229	.0439
	9	.0000	.0000	.0000	.0000	.0000	.0001	.0005	.0016	.0042	.0098
	10	.0000	.0000	.0000	.0000	.0000	.0000	.0000	.0001	.0003	.0010
11	0	.5688	.3138	.1673	.0859	.0422	.0198	.0088	.0036	.0014	.0005
	1	.3293	.3835	.3248	.2362	.1549	.0932	.0518	.0266	.0125	.0054
	2	.0867	.2131	.2866	.2953	.2581	.1998	.1395	.0887	.0513	.0269
	3	.0137	.0710	.1517	.2215	.2581	.2568	.2254	.1774	.1259	.0806
	4	.0014	.0158	.0536	.1107	.1721	.2201	.2428	.2365	.2060	.1611
	5	.0001	.0025	.0132	.0388	.0803	.1231	.1830	.2207	.2360	.2256
	6	.0000	.0003	.0023	.0097	.0268	.0566	.0985	.1471	.1931	.2256
	7	.0000	.0000	.0003	.0017	.0064	.0173	.0379	.0701	.1128	.1611
	8	.0000	.0000	.0000	.0002	.0011	.0037	.0102	.0234	.0462	.0806
	9	.0000	.0000	.0000	.0000	.0001	.0005	.0018	.0052	.0126	.0269
	10	.0000	.0000	.0000	.0000	.0000	.0000	.0002	.0007	.0021	.0054
	11	.0000	.0000	.0000	.0000	.0000	.0000	.0000	.0000	.0002	.0005
12	0	.5404	.2824	.1422	.0687	.0317	.0138	.0057	.0022	.0008	.0002
	1	.3413	.3766	.3012	.2062	.1267	.0712	.0368	.0174	.0075	.0029
	2	.0988	.2301	.2924	.2835	.2323	.1678	.1088	.0639	.0339	.0161
	3	.0173	.0852	.1720	.2362	.2581	.2397	.1954	.1419	.0923	.0537
	4	.0021	.0213	.0683	.1329	.1936	.2311	.2367	.2128	.1700	.1208
	5	.0002	.0038	.0193	.0532	.1032	.1585	.2039	.2270	.2225	.1934
	6	.0000	.0005	.0040	.0155	.0401	.0792	.1281	.1766	.2124	.2256
	7	.0000	.0000	.0006	.0033	.0115	.0291	.0591	.1009	.1489	.1934
	8	.0000	.0000	.0001	.0005	.0024	.0078	.0199	.0420	.0762	.1208
	9	.0000	.0000	.0000	.0001	.0004	.0015	.0048	.0125	.0277	.0537
	10	.0000	.0000	.0000	.0000	.0000	.0002	.0008	.0025	.0068	.0161
	11	.0000	.0000	.0000	.0000	.0000	.0000	.0001	.0003	.0010	.0029
	12	.0000	.0000	.0000	.0000	.0000	.0000	.0000	.0000	.0001	.0002

B. 이항분포표

N	No. of *P* or *Q* Events	.05	.10	.15	.20	.25	.30	.35	.40	.45	.50
		P* or *Q									
13	0	.5133	.2542	.1209	.0550	.0238	.0097	.0037	.0013	.0004	.0001
	1	.3512	.3672	.2774	.1787	.1029	.0540	.0259	.0113	.0045	.0016
	2	.1109	.2448	.2937	.2680	.2059	.1388	.0836	.0453	.0220	.0095
	3	.0214	.0997	.1900	.2457	.2517	.2181	.1651	.1107	.0660	.0349
	4	.0028	.0277	.0838	.1535	.2097	.2337	.2222	.1845	.1350	.0873
	5	.0003	.0055	.0266	.0691	.1258	.1803	.2154	.2214	.1989	.1571
	6	.0000	.0008	.0063	.0230	.0559	.1030	.1546	.1968	.2169	.2095
	7	.0000	.0001	.0011	.0058	.0186	.0442	.0833	.1312	.1775	.2095
	8	.0000	.0000	.0001	.0011	.0047	.0142	.0336	.0656	.1089	.1571
	9	.0000	.0000	.0000	.0001	.0009	.0034	.0101	.0243	.0495	.0873
	10	.0000	.0000	.0000	.0000	.0001	.0006	.0022	.0065	.0162	.0349
	11	.0000	.0000	.0000	.0000	.0000	.0001	.0003	.0012	.0036	.0095
	12	.0000	.0000	.0000	.0000	.0000	.0000	.0000	.0001	.0005	.0016
	13	.0000	.0000	.0000	.0000	.0000	.0000	.0000	.0000	.0000	.0001
14	0	.4877	.2288	.1028	.0440	.0178	.0068	.0024	.0008	.0002	.0001
	1	.3593	.3559	.2539	.1539	.0832	.0407	.0181	.0073	.0027	.0009
	2	.1229	.2570	.2912	.2501	.1802	.1134	.0634	.0317	.0141	.0056
	3	.0259	.1142	.2056	.2501	.2402	.1943	.1366	.0845	.0462	.0222
	4	.0037	.0349	.0998	.1720	.2202	.2290	.2022	.1549	.1040	.0611
	5	.0004	.0078	.0352	.0860	.1468	.1963	.2178	.2066	.1701	.1222
	6	.0000	.0013	.0093	.0322	.0734	.1262	.1759	.2066	.2088	.1833
	7	.0000	.0002	.0019	.0092	.0280	.0618	.1082	.1574	.1952	.2095
	8	.0000	.0000	.0003	.0020	.0082	.0232	.0510	.0918	.1398	.1833
	9	.0000	.0000	.0000	.0003	.0018	.0066	.0183	.0408	.0762	.1222
	10	.0000	.0000	.0000	.0000	.0003	.0014	.0049	.0136	.0312	.0611
	11	.0000	.0000	.0000	.0000	.0000	.0002	.0010	.0033	.0093	.0222
	12	.0000	.0000	.0000	.0000	.0000	.0000	.0001	.0005	.0019	.0056
	13	.0000	.0000	.0000	.0000	.0000	.0000	.0000	.0001	.0002	.0009
	14	.0000	.0000	.0000	.0000	.0000	.0000	.0000	.0000	.0000	.0001
15	0	.4633	.2059	.0874	.0352	.0134	.0047	.0016	.0005	.0001	.0000
	1	.3658	.3432	.2312	.1319	.0668	.0305	.0126	.0047	.0016	.0005
	2	.1348	.2669	.2856	.2309	.1559	.0916	.0476	.0219	.0090	.0032
	3	.0307	.1285	.2184	.2501	.2252	.1700	.1110	.0634	.0318	.0139
	4	.0049	.0428	.1156	.1876	.2252	.2186	.1792	.1268	.0780	.0417
	5	.0006	.0105	.0449	.1032	.1651	.2061	.2123	.1859	.1404	.0916
	6	.0000	.0019	.0132	.0430	.0917	.1472	.1906	.2066	.1914	.1527
	7	.0000	.0003	.0030	.0138	.0393	.0811	.1319	.1771	.2013	.1964
	8	.0000	.0000	.0005	.0035	.0131	.0348	.0710	.1181	.1647	.1964
	9	.0000	.0000	.0001	.0007	.0034	.0116	.0298	.0612	.1048	.1527
	10	.0000	.0000	.0000	.0001	.0007	.0030	.0096	.0245	.0515	.0916
	11	.0000	.0000	.0000	.0000	.0001	.0006	.0024	.0074	.0191	.0417
	12	.0000	.0000	.0000	.0000	.0000	.0001	.0004	.0016	.0052	.0139
	13	.0000	.0000	.0000	.0000	.0000	.0000	.0001	.0003	.0010	.0032
	14	.0000	.0000	.0000	.0000	.0000	.0000	.0000	.0000	.0001	.0005
	15	.0000	.0000	.0000	.0000	.0000	.0000	.0000	.0000	.0000	.0000

B. 이항분포표

N	No. of *P* or *Q* Events	*P* or *Q* .05	.10	.15	.20	.25	.30	.35	.40	.45	.50
16	0	.4401	.1853	.0743	.0281	.0100	.0033	.0010	.0003	.0001	.0000
	1	.3706	.3294	.2097	.1126	.0535	.0228	.0087	.0030	.0009	.0002
	2	.1463	.2745	.2775	.2111	.1336	.0732	.0353	.0150	.0056	.0018
	3	.0359	.1423	.2285	.2463	.2079	.1465	.0888	.0468	.0215	.0085
	4	.0061	.0514	.1311	.2001	.2252	.2040	.1553	.1014	.0572	.0278
	5	.0008	.0137	.0555	.1201	.1802	.2099	.2008	.1623	.1123	.0667
	6	.0001	.0028	.0180	.0550	.1101	.1649	.1982	.1983	.1684	.1222
	7	.0000	.0004	.0045	.0197	.0524	.1010	.1524	.1889	.1969	.1746
	8	.0000	.0001	.0009	.0055	.0197	.0487	.0923	.1417	.1812	.1964
	9	.0000	.0000	.0001	.0012	.0058	.0185	.0442	.0840	.1318	.1746
	10	.0000	.0000	.0000	.0002	.0014	.0056	.0167	.0392	.0755	.1222
	11	.0000	.0000	.0000	.0000	.0002	.0013	.0049	.0142	.0337	.0667
	12	.0000	.0000	.0000	.0000	.0000	.0002	.0011	.0040	.0115	.0278
	13	.0000	.0000	.0000	.0000	.0000	.0000	.0002	.0008	.0029	.0085
	14	.0000	.0000	.0000	.0000	.0000	.0000	.0000	.0001	.0005	.0018
	15	.0000	.0000	.0000	.0000	.0000	.0000	.0000	.0000	.0001	.0002
	16	.0000	.0000	.0000	.0000	.0000	.0000	.0000	.0000	.0000	.0000
17	0	.4181	.1668	.0631	.0225	.0075	.0023	.0007	.0002	.0000	.0000
	1	.3741	.3150	.1893	.0957	.0426	.0169	.0060	.0019	.0005	.0001
	2	.1575	.2800	.2673	.1914	.1136	.0581	.0260	.0102	.0035	.0010
	3	.0415	.1556	.2359	.2393	.1893	.1245	.0701	.0341	.0144	.0052
	4	.0076	.0605	.1457	.2093	.2209	.1868	.1320	.0796	.0411	.0182
	5	.0010	.0175	.0668	.1361	.1914	.2081	.1849	.1379	.0875	.0472
	6	.0001	.0039	.0236	.0680	.1276	.1784	.1991	.1839	.1432	.0944
	7	.0000	.0007	.0065	.0267	.0668	.1201	.1685	.1927	.1841	.1484
	8	.0000	.0001	.0014	.0084	.0279	.0644	.1143	.1606	.1883	.1855
	9	.0000	.0000	.0003	.0021	.0093	.0276	.0611	.1070	.1540	.1855
	10	.0000	.0000	.0000	.0004	.0025	.0095	.0263	.0571	.1008	.1484
	11	.0000	.0000	.0000	.0001	.0005	.0026	.0090	.0242	.0525	.0944
	12	.0000	.0000	.0000	.0000	.0001	.0006	.0024	.0081	.0215	.0472
	13	.0000	.0000	.0000	.0000	.0000	.0001	.0005	.0021	.0068	.0182
	14	.0000	.0000	.0000	.0000	.0000	.0000	.0001	.0004	.0016	.0052
	15	.0000	.0000	.0000	.0000	.0000	.0000	.0000	.0001	.0003	.0010
	16	.0000	.0000	.0000	.0000	.0000	.0000	.0000	.0000	.0000	.0001
	17	.0000	.0000	.0000	.0000	.0000	.0000	.0000	.0000	.0000	.0000
18	0	.3972	.1501	.0536	.0180	.0056	.0016	.0004	.0001	.0000	.0000
	1	.3763	.3002	.1704	.0811	.0338	.0126	.0042	.0012	.0003	.0001
	2	.1683	.2835	.2556	.1723	.0958	.0458	.0190	.0069	.0022	.0006
	3	.0473	.1680	.2406	.2297	.1704	.1046	.0547	.0246	.0095	.0031
	4	.0093	.0070	.1592	.2153	.2130	.1681	.1104	.0614	.0291	.0117
	5	.0014	.0218	.0787	.1507	.1988	.2017	.1664	.1146	.0666	.0327
	6	.0002	.0052	.0310	.0816	.1436	.1873	.1941	.1655	.1181	.0708
	7	.0000	.0010	.0091	.0350	.0820	.1376	.1792	.1892	.1657	.1214
	8	.0000	.0002	.0022	.0120	.0376	.0811	.1327	.1734	.1864	.1669
	9	.0000	.0000	.0004	.0033	.0139	.0386	.0794	.1284	.1694	.1855
	10	.0000	.0000	.0001	.0008	.0042	.0149	.0385	.0771	.1248	.1669
	11	.0000	.0000	.0000	.0001	.0010	.0046	.0151	.0374	.0742	.1214

B. 이항분포표

N	No. of *P* or *Q* Events	.05	.10	.15	.20	.25	.30	.35	.40	.45	.50
18	12	.0000	.0000	.0000	.0000	.0002	.0012	.0047	.0145	.0354	.0708
	13	.0000	.0000	.0000	.0000	.0000	.0002	.0012	.0045	.0134	.0327
	14	.0000	.0000	.0000	.0000	.0000	.0000	.0002	.0011	.0039	.0117
	15	.0000	.0000	.0000	.0000	.0000	.0000	.0000	.0002	.0009	.0031
	16	.0000	.0000	.0000	.0000	.0000	.0000	.0000	.0000	.0001	.0006
	17	.0000	.0000	.0000	.0000	.0000	.0000	.0000	.0000	.0000	.0001
	18	.0000	.0000	.0000	.0000	.0000	.0000	.0000	.0000	.0000	.0000
19	0	.3774	.1351	.0456	.0144	.0042	.0011	.0003	.0001	.0000	.0000
	1	.3774	.2852	.1529	.0685	.0268	.0093	.0029	.0008	.0002	.0000
	2	.1787	.2852	.2428	.1540	.0803	.0358	.0138	.0046	.0013	.0003
	3	.0533	.1796	.2428	.2182	.1517	.0869	.0422	.0175	.0062	.0018
	4	.0112	.0798	.1714	.2182	.2023	.1491	.0909	.0467	.0203	.0074
	5	.0018	.0266	.0907	.1636	.2023	.1916	.1468	.0933	.0497	.0222
	6	.0002	.0069	.0374	.0955	.1574	.1916	.1844	.1451	.0949	.0518
	7	.0000	.0014	.0122	.0443	.0974	.1525	.1844	.1797	.1443	.0961
	8	.0000	.0002	.0032	.0166	.0487	.0981	.1489	.1797	.1771	.1442
	9	.0000	.0000	.0007	.0051	.0198	.0514	.0980	.1464	.1771	.1762
	10	.0000	.0000	.0001	.0013	.0066	.0220	.0528	.0976	.1449	.1762
	11	.0000	.0000	.0000	.0003	.0018	.0077	.0233	.0532	.0970	.1442
	12	.0000	.0000	.0000	.0000	.0004	.0022	.0083	.0237	.0529	.0961
	13	.0000	.0000	.0000	.0000	.0001	.0005	.0024	.0085	.0233	.0518
	14	.0000	.0000	.0000	.0000	.0000	.0001	.0006	.0024	.0082	.0222
	15	.0000	.0000	.0000	.0000	.0000	.0000	.0001	.0005	.0022	.0074
	16	.0000	.0000	.0000	.0000	.0000	.0000	.0000	.0001	.0005	.0018
	17	.0000	.0000	.0000	.0000	.0000	.0000	.0000	.0000	.0001	.0003
	18	.0000	.0000	.0000	.0000	.0000	.0000	.0000	.0000	.0000	.0000
	19	.0000	.0000	.0000	.0000	.0000	.0000	.0000	.0000	.0000	.0000
20	0	.3585	.1216	.0388	.0115	.0032	.0008	.0002	.0000	.0000	.0000
	1	.3774	.2702	.1368	.0576	.0211	.0068	.0020	.0005	.0001	.0000
	2	.1887	.2852	.2293	.1369	.0669	.0278	.0100	.0031	.0008	.0002
	3	.0596	.1901	.2428	.2054	.1339	.0716	.0323	.0123	.0040	.0011
	4	.0133	.0898	.1821	.2182	.1897	.1304	.0738	.0350	.0139	.0046
	5	.0022	.0319	.1028	.1746	.2023	.1789	.1272	.0746	.0365	.0148
	6	.0003	.0089	.0454	.1091	.1686	.1916	.1712	.1244	.0746	.0370
	7	.0000	.0020	.0160	.0545	.1124	.1643	.1844	.1659	.1221	.0739
	8	.0000	.0004	.0046	.0222	.0609	.1144	.1614	.1797	.1623	.1201
	9	.0000	.0001	.0011	.0074	.0271	.0654	.1158	.1597	.1771	.1602
	10	.0000	.0000	.0002	.0020	.0099	.0308	.0686	.1171	.1593	.1762
	11	.0000	.0000	.0000	.0005	.0030	.0120	.0336	.0710	.1185	.1602
	12	.0000	.0000	.0000	.0001	.0008	.0039	.0136	.0355	.0727	.1201
	13	.0000	.0000	.0000	.0000	.0002	.0010	.0045	.0146	.0366	.0739
	14	.0000	.0000	.0000	.0000	.0000	.0002	.0012	.0049	.0150	.0370
	15	.0000	.0000	.0000	.0000	.0000	.0000	.0003	.0013	.0049	.0148
	16	.0000	.0000	.0000	.0000	.0000	.0000	.0000	.0003	.0013	.0046
	17	.0000	.0000	.0000	.0000	.0000	.0000	.0000	.0000	.0002	.0011
	18	.0000	.0000	.0000	.0000	.0000	.0000	.0000	.0000	.0000	.0002
	19	.0000	.0000	.0000	.0000	.0000	.0000	.0000	.0000	.0000	.0000
	20	.0000	.0000	.0000	.0000	.0000	.0000	.0000	.0000	.0000	.0000

C. t 분포표

df	Level of Significance for One-Tailed Test					
	.10	.05	.025	.01	.005	.0005
	Level of Significance for Two-Tailed Test					
	.20	.10	.05	.02	.01	.001
1	3.078	6.314	12.706	31.821	63.657	636.619
2	1.886	2.920	4.303	6.965	9.925	31.598
3	1.638	2.353	3.182	4.541	5.841	12.941
4	1.533	2.132	2.776	3.747	4.604	8.610
5	1.476	2.015	2.571	3.365	4.032	6.859
6	1.440	1.943	2.447	3.143	3.707	5.959
7	1.415	1.895	2.365	2.998	3.499	5.405
8	1.397	1.860	2.306	2.986	3.355	5.041
9	1.383	1.833	2.262	2.821	3.250	4.781
10	1.372	1.812	2.228	2.764	3.169	4.587
11	1.363	1.796	2.201	2.718	3.106	4.437
12	1.356	1.782	2.179	2.681	3.055	4.318
13	1.350	1.771	2.160	2.650	3.012	4.221
14	1.345	1.761	2.145	2.624	2.977	4.140
15	1.341	1.753	2.131	2.602	2.947	4.073
16	1.337	1.746	2.120	2.583	2.921	4.015
17	1.333	1.740	2.110	2.567	2.898	3.965
18	1.330	1.734	2.101	2.552	2.878	3.922
19	1.328	1.729	2.093	2.539	2.861	3.883
20	1.325	1.725	2.086	2.528	2.845	3.850
21	1.323	1.721	2.080	2.518	2.831	3.819
22	1.321	1.717	2.074	2.508	2.819	3.792
23	1.319	1.714	2.069	2.500	2.807	3.767
24	1.318	1.711	2.064	2.492	2.797	3.745
25	1.316	1.708	2.060	2.485	2.787	3.725
26	1.315	1.706	2.056	2.479	2.779	3.707
27	1.314	1.703	2.052	2.473	2.771	3.690
28	1.313	1.701	2.048	2.467	2.763	3.674
29	1.311	1.699	2.045	2.462	2.756	3.659
30	1.310	1.697	2.042	2.457	2.750	3.646
40	1.303	1.684	2.021	2.423	2.704	3.551
60	1.296	1.671	2.000	2.390	2.660	3.460
120	1.289	1.658	1.980	2.358	2.617	3.373
∞	1.282	1.645	1.960	2.326	2.576	3.291

D. Pearson r 분포표

df = N − 2	Level of Significance for One-Tailed Test				
	.05	.025	.01	.005	.0005
	Level of Significance for Two-Tailed Test				
	.10	.05	.02	.01	.001
1	.9877	.9969	.9995	.9999	1.0000
2	.9000	.9500	.9800	.9900	.9990
3	.8054	.8783	.9343	.9587	.9912
4	.7293	.8114	.8822	.9172	.9741
5	.6694	.7545	.8329	.8745	.9507
6	.6215	.7067	.7887	.8343	.9249
7	.5822	.6664	.7498	.7977	.8982
8	.5494	.6319	.7155	.7646	.8721
9	.5214	.6021	.6851	.7348	.8471
10	.4973	.5760	.6581	.7079	.8233
11	.4762	.5529	.6339	.6835	.8010
12	.4575	.5324	.6120	.6614	.7800
13	.4409	.5139	.5923	.6411	.7603
14	.4259	.4973	.5742	.6226	.7420
15	.4124	.4821	.5577	.6055	.7246
16	.4000	.4683	.5425	.5897	.7084
17	.3887	.4555	.5285	.5751	.6932
18	.3783	.4438	.5155	.5614	.6787
19	.3687	.4329	.5034	.5487	.6652
20	.3598	.4227	.4921	.5368	.6524
25	.3233	.3809	.4451	.4869	.5974
30	.2960	.3494	.4093	.4487	.5541
35	.2746	.3246	.3810	.4182	.5189
40	.2573	.3044	.3578	.3932	.4896
45	.2428	.2875	.3384	.3721	.4648
50	.2306	.2732	.3218	.3541	.4433
60	.2108	.2500	.2948	.3248	.4078
70	.1954	.2319	.2737	.3017	.3799
80	.1829	.2172	.2565	.2830	.3568
90	.1726	.2050	.2422	.2673	.3375
100	.1638	.1946	.2301	.2540	.3211

E. F 분포표

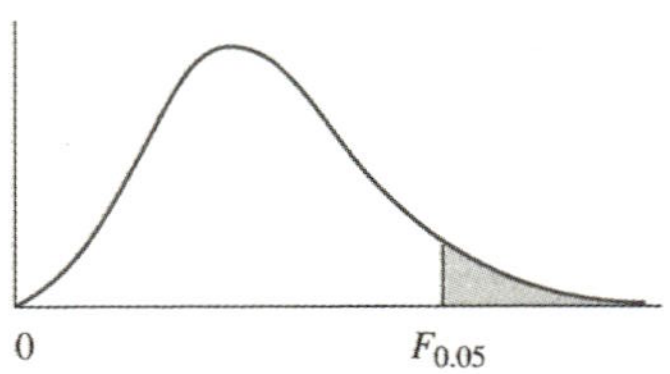

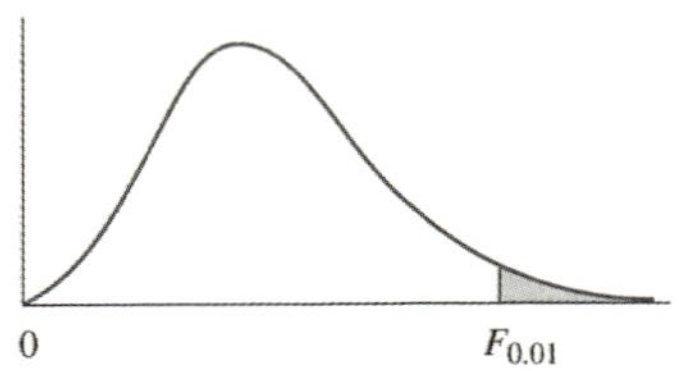

Degrees of Freedom: Denominator	Degrees of Freedom: Numerator 1	2	3	4	5	6	7	8	9	10	11	12	14	16	20	24	30	40	50	75	100	200	500	∞
1	161	200	216	225	230	234	237	239	241	242	243	244	245	246	248	249	250	251	252	253	253	254	254	254
	4,052	**4,999**	**5,403**	**5,625**	**5,764**	**5,859**	**5,928**	**5,981**	**6,022**	**6,056**	**6,082**	**6,106**	**6,142**	**6,169**	**6,208**	**6,234**	**6,258**	**6,286**	**6,302**	**6,323**	**6,334**	**6,352**	**6,361**	**6,366**
2	18.51	19.00	19.16	19.25	19.30	19.33	19.36	19.37	19.38	19.39	19.40	19.41	19.42	19.43	19.44	19.45	19.46	19.47	19.47	19.48	19.49	19.49	19.50	19.50
	98.49	**99.00**	**99.17**	**99.25**	**99.30**	**99.33**	**99.34**	**99.36**	**99.38**	**99.40**	**99.41**	**99.42**	**99.43**	**99.44**	**99.45**	**99.46**	**99.47**	**99.48**	**99.48**	**99.49**	**99.49**	**99.49**	**99.50**	**99.50**
3	10.13	9.55	9.28	9.12	9.01	8.94	8.88	8.84	8.81	8.78	8.76	8.74	8.71	8.69	8.66	8.64	8.62	8.60	8.58	8.57	8.56	8.54	8.54	8.53
	34.12	**30.82**	**29.46**	**28.71**	**28.24**	**27.91**	**27.67**	**27.49**	**27.34**	**27.23**	**27.13**	**27.05**	**26.92**	**26.83**	**26.69**	**26.60**	**26.50**	**26.41**	**26.35**	**26.27**	**26.23**	**26.18**	**26.14**	**26.12**
4	7.71	6.94	6.59	6.39	6.26	6.16	6.09	6.04	6.00	5.96	5.93	5.91	5.87	5.84	5.80	5.77	5.74	5.71	5.70	5.68	5.66	5.65	5.64	5.63
	21.20	**18.00**	**16.69**	**15.98**	**15.52**	**15.21**	**14.98**	**14.80**	**14.66**	**14.54**	**14.45**	**14.37**	**14.24**	**14.15**	**14.02**	**13.93**	**13.83**	**13.74**	**13.69**	**13.61**	**13.57**	**13.52**	**13.48**	**13.46**
5	6.61	5.79	5.41	5.19	5.05	4.95	4.88	4.82	4.78	4.74	4.70	4.68	4.64	4.60	4.56	4.53	4.50	4.46	4.44	4.42	4.40	4.38	4.37	4.36
	16.26	**13.27**	**12.06**	**11.39**	**10.97**	**10.67**	**10.45**	**10.27**	**10.15**	**10.05**	**9.96**	**9.89**	**9.77**	**9.68**	**9.55**	**9.47**	**9.38**	**9.29**	**9.24**	**9.17**	**9.13**	**9.07**	**9.04**	**9.02**
6	5.99	5.14	4.76	4.53	4.39	4.28	4.21	4.15	4.10	4.06	4.03	4.00	3.96	3.92	3.87	3.84	3.81	3.77	3.75	3.72	3.71	3.69	3.68	3.67
	13.74	**10.92**	**9.78**	**9.15**	**8.75**	**8.47**	**8.26**	**8.10**	**7.98**	**7.87**	**7.79**	**7.72**	**7.60**	**7.52**	**7.39**	**7.31**	**7.23**	**7.14**	**7.09**	**7.02**	**6.99**	**6.94**	**6.90**	**6.88**
7	5.59	4.47	4.35	4.12	3.97	3.87	3.79	3.73	3.68	3.63	3.60	3.57	3.52	3.49	3.44	3.41	3.38	3.34	3.32	3.29	3.28	3.25	3.24	3.23
	12.25	**9.55**	**8.45**	**7.85**	**7.46**	**7.19**	**7.00**	**6.84**	**6.71**	**6.62**	**6.54**	**6.47**	**6.35**	**6.27**	**6.15**	**6.07**	**5.98**	**5.90**	**5.85**	**5.78**	**5.75**	**5.70**	**5.67**	**5.65**
8	5.32	4.46	4.07	3.84	3.69	3.58	3.50	3.44	3.39	3.34	3.31	3.28	3.23	3.20	3.15	3.12	3.08	3.05	3.03	3.00	2.98	2.96	2.94	2.93
	11.26	**8.65**	**7.59**	**7.01**	**6.63**	**6.37**	**6.19**	**6.03**	**5.91**	**5.82**	**5.74**	**5.67**	**5.56**	**5.48**	**5.36**	**5.28**	**5.20**	**5.11**	**5.06**	**5.00**	**4.96**	**4.91**	**4.88**	**4.86**
9	5.12	4.26	3.86	3.63	3.48	3.37	3.29	3.23	3.18	3.13	3.10	3.07	3.02	2.98	2.93	2.90	2.86	2.82	2.80	2.77	2.76	2.73	2.72	2.71
	10.56	**8.02**	**6.99**	**6.42**	**6.06**	**5.80**	**5.62**	**5.47**	**5.35**	**5.26**	**5.18**	**5.11**	**5.00**	**4.92**	**4.80**	**4.73**	**4.64**	**4.56**	**4.51**	**4.45**	**4.41**	**4.36**	**4.33**	**4.31**
10	4.96	4.10	3.71	3.48	3.33	3.22	3.14	3.07	3.02	2.97	2.94	2.91	2.86	2.82	2.77	2.74	2.70	2.67	2.64	2.61	2.59	2.56	2.55	2.54
	10.04	**7.56**	**6.55**	**5.99**	**5.64**	**5.39**	**5.21**	**5.06**	**4.95**	**4.85**	**4.78**	**4.71**	**4.60**	**4.52**	**4.41**	**4.33**	**4.25**	**4.17**	**4.12**	**4.05**	**4.01**	**3.96**	**3.93**	**3.91**
11	4.84	3.98	3.59	3.36	3.20	3.09	3.01	2.95	2.90	2.86	2.82	2.79	2.74	2.70	2.65	2.61	2.57	2.53	2.50	2.47	2.45	2.42	2.41	2.40
	9.65	**7.20**	**6.22**	**5.67**	**5.32**	**5.07**	**4.88**	**4.74**	**4.63**	**4.54**	**4.46**	**4.40**	**4.29**	**4.21**	**4.10**	**4.02**	**3.94**	**3.86**	**3.80**	**3.74**	**3.70**	**3.66**	**3.62**	**3.60**
12	4.75	3.88	3.49	3.26	3.11	3.00	2.92	2.85	2.80	2.76	2.72	2.69	2.64	2.60	2.54	2.50	2.46	2.42	2.40	2.36	2.35	2.32	2.31	2.30
	9.33	**6.93**	**5.95**	**5.41**	**5.06**	**4.82**	**4.65**	**4.50**	**4.39**	**4.30**	**4.22**	**4.16**	**4.05**	**3.98**	**3.86**	**3.78**	**3.70**	**3.61**	**3.56**	**3.49**	**3.46**	**3.41**	**3.38**	**3.36**
13	4.67	3.80	3.41	3.18	3.02	2.92	2.84	2.77	2.72	2.67	2.63	2.60	2.55	2.51	2.46	2.42	2.38	2.34	2.32	2.28	2.26	2.24	2.22	2.21
	9.07	**6.70**	**5.74**	**5.20**	**4.86**	**4.62**	**4.44**	**4.30**	**4.19**	**4.10**	**4.02**	**3.96**	**3.85**	**3.78**	**3.67**	**3.59**	**3.51**	**3.42**	**3.37**	**3.30**	**3.27**	**3.21**	**3.18**	**3.16**
14	4.60	3.74	3.34	3.11	2.96	2.85	2.77	2.70	2.65	2.60	2.56	2.53	2.48	2.44	2.39	2.35	2.31	2.27	2.24	2.21	2.19	2.16	2.14	2.13
	8.86	**6.51**	**5.56**	**5.03**	**4.69**	**4.46**	**4.28**	**4.14**	**4.03**	**3.94**	**3.86**	**3.80**	**3.70**	**3.62**	**3.51**	**3.43**	**3.34**	**3.26**	**3.21**	**3.14**	**3.11**	**3.06**	**3.02**	**3.00**

E. F 분포표

Degrees of Freedom: Denominator	Degrees of Freedom: Numerator 1	2	3	4	5	6	7	8	9	10	11	12	14	16	20	24	30	40	50	75	100	200	500	∞
15	4.54	3.68	3.29	3.06	2.90	2.79	2.70	2.64	2.59	2.55	2.51	2.48	2.43	2.39	2.33	2.29	2.25	2.21	2.18	2.15	2.12	2.10	2.08	2.07
	8.68	**6.36**	**5.42**	**4.89**	**4.56**	**4.32**	**4.14**	**4.00**	**3.89**	**3.80**	**3.73**	**3.67**	**3.56**	**3.48**	**3.36**	**3.29**	**3.20**	**3.12**	**3.07**	**3.00**	**2.97**	**2.92**	**2.89**	**2.87**
16	4.49	3.63	3.24	3.01	2.85	2.74	2.66	2.59	2.54	2.49	2.45	2.42	2.37	2.33	2.28	2.24	2.20	2.16	2.13	2.09	2.07	2.04	2.02	2.01
	8.53	**6.23**	**5.29**	**4.77**	**4.44**	**4.20**	**4.03**	**3.89**	**3.78**	**3.69**	**3.61**	**3.55**	**3.45**	**3.37**	**3.25**	**3.18**	**3.10**	**3.01**	**2.96**	**2.89**	**2.86**	**2.80**	**2.77**	**2.75**
17	4.45	3.59	3.20	2.96	2.81	2.70	2.62	2.55	2.50	2.45	2.41	2.38	2.33	2.29	2.23	2.19	2.15	2.11	2.08	2.04	2.02	1.99	1.97	1.96
	8.40	**6.11**	**5.18**	**4.67**	**4.34**	**4.10**	**3.93**	**3.79**	**3.68**	**3.59**	**3.52**	**3.45**	**3.35**	**3.27**	**3.16**	**3.08**	**3.00**	**2.92**	**2.86**	**2.79**	**2.76**	**2.70**	**2.67**	**2.65**
18	4.41	3.55	3.16	2.93	2.77	2.66	2.58	2.51	2.46	2.41	2.37	2.34	2.29	2.25	2.19	2.15	2.11	2.07	2.04	2.00	1.98	1.95	1.93	1.92
	8.28	**6.01**	**5.09**	**4.58**	**4.25**	**4.01**	**3.85**	**3.71**	**3.60**	**3.51**	**3.44**	**3.37**	**3.27**	**3.19**	**3.07**	**3.00**	**2.91**	**2.83**	**2.78**	**2.71**	**2.68**	**2.62**	**2.59**	**2.57**
19	4.38	3.52	3.13	2.90	2.74	2.63	2.55	2.48	2.43	2.38	2.34	2.31	2.26	2.21	2.15	2.11	2.07	2.02	2.00	1.96	1.94	1.91	1.90	1.88
	8.18	**5.93**	**5.01**	**4.50**	**4.17**	**3.94**	**3.77**	**3.63**	**3.52**	**3.43**	**3.36**	**3.30**	**3.19**	**3.12**	**3.00**	**2.92**	**2.84**	**2.76**	**2.70**	**2.63**	**2.60**	**2.54**	**2.51**	**2.49**
20	4.35	3.49	3.10	2.87	2.71	2.60	2.52	2.45	2.40	2.35	2.31	2.28	2.23	2.18	2.12	2.08	2.04	1.99	1.96	1.92	1.90	1.87	1.85	1.84
	8.10	**5.85**	**4.94**	**4.43**	**4.10**	**3.87**	**3.71**	**3.56**	**3.45**	**3.37**	**3.30**	**3.23**	**3.13**	**3.05**	**2.94**	**2.86**	**2.77**	**2.69**	**2.63**	**2.56**	**2.53**	**2.47**	**2.44**	**2.42**
21	4.32	3.47	3.07	2.84	2.68	2.57	2.49	2.42	2.37	2.32	2.28	2.25	2.20	2.15	2.09	2.05	2.00	1.96	1.93	1.89	1.87	1.84	1.82	1.81
	8.02	**5.78**	**4.87**	**4.37**	**4.04**	**3.81**	**3.65**	**3.51**	**3.40**	**3.31**	**3.24**	**3.17**	**3.07**	**2.99**	**2.88**	**2.80**	**2.72**	**2.63**	**2.58**	**2.51**	**2.47**	**2.42**	**2.38**	**2.36**
22	4.30	3.44	3.05	2.82	2.66	2.55	2.47	2.40	2.35	2.30	2.26	2.23	2.18	2.13	2.07	2.03	1.98	1.93	1.91	1.87	1.84	1.81	1.80	1.78
	7.94	**5.72**	**4.82**	**4.31**	**3.99**	**3.76**	**3.59**	**3.45**	**3.35**	**3.26**	**3.18**	**3.12**	**3.02**	**2.94**	**2.83**	**2.75**	**2.67**	**2.58**	**2.53**	**2.46**	**2.42**	**2.37**	**2.33**	**2.31**
23	4.28	3.42	3.03	2.80	2.64	2.53	2.45	2.38	2.32	2.28	2.24	2.20	2.14	2.10	2.04	2.00	1.96	1.91	1.88	1.84	1.82	1.79	1.77	1.76
	7.88	**5.66**	**4.76**	**4.26**	**3.94**	**3.71**	**3.54**	**3.41**	**3.30**	**3.21**	**3.14**	**3.07**	**2.97**	**2.89**	**2.78**	**2.70**	**2.62**	**2.53**	**2.48**	**2.41**	**2.37**	**2.32**	**2.28**	**2.26**
24	4.26	3.40	3.01	2.78	2.62	2.51	2.43	2.36	2.30	2.26	2.22	2.18	2.13	2.09	2.02	1.98	1.94	1.89	1.86	1.82	1.80	1.76	1.74	1.73
	7.82	**5.61**	**4.72**	**4.22**	**3.90**	**3.67**	**3.50**	**3.36**	**3.25**	**3.17**	**3.09**	**3.03**	**2.93**	**2.85**	**2.74**	**2.66**	**2.58**	**2.49**	**2.44**	**2.36**	**2.33**	**2.27**	**2.23**	**2.21**
25	4.24	3.38	2.99	2.76	2.60	2.49	2.41	2.34	2.28	2.24	2.20	2.16	2.11	2.06	2.00	1.96	1.92	1.87	1.84	1.80	1.77	1.74	1.72	1.71
	7.77	**5.57**	**4.68**	**4.18**	**3.86**	**3.63**	**3.46**	**3.32**	**3.21**	**3.13**	**3.05**	**2.99**	**2.89**	**2.81**	**2.70**	**2.62**	**2.54**	**2.45**	**2.40**	**2.32**	**2.29**	**2.23**	**2.19**	**2.17**
26	4.22	3.37	2.98	2.74	2.59	2.47	2.39	2.32	2.27	2.22	2.18	2.15	2.10	2.05	1.99	1.95	1.90	1.85	1.82	1.78	1.76	1.72	1.70	1.69
	7.72	**5.53**	**4.64**	**4.14**	**3.82**	**3.59**	**3.42**	**3.29**	**3.17**	**3.09**	**3.02**	**2.96**	**2.86**	**2.77**	**2.66**	**2.58**	**2.50**	**2.41**	**2.36**	**2.28**	**2.25**	**2.19**	**2.15**	**2.13**
27	4.21	3.35	2.96	2.73	2.57	2.46	2.37	2.30	2.25	2.20	2.16	2.13	2.08	2.03	1.97	1.93	1.88	1.84	1.80	1.76	1.74	1.71	1.68	1.67
	7.68	**5.49**	**4.60**	**4.11**	**3.79**	**3.56**	**3.39**	**3.26**	**3.14**	**3.06**	**2.98**	**2.93**	**2.83**	**2.74**	**2.63**	**2.55**	**2.47**	**2.38**	**2.33**	**2.25**	**2.21**	**2.16**	**2.12**	**2.10**
28	4.20	3.34	2.95	2.71	2.56	2.44	2.36	2.29	2.24	2.19	2.15	2.12	2.06	2.02	1.96	1.91	1.87	1.81	1.78	1.75	1.72	1.69	1.67	1.65
	7.64	**5.45**	**4.57**	**4.07**	**3.76**	**3.53**	**3.36**	**3.23**	**3.11**	**3.03**	**2.95**	**2.90**	**2.80**	**2.71**	**2.60**	**2.52**	**2.44**	**2.35**	**2.30**	**2.22**	**2.18**	**2.13**	**2.09**	**2.06**
29	4.18	3.33	2.93	2.70	2.54	2.43	2.35	2.28	2.22	2.18	2.14	2.10	2.05	2.00	1.94	1.90	1.85	1.80	1.77	1.73	1.71	1.68	1.65	1.64
	7.60	**5.42**	**4.54**	**4.04**	**3.73**	**3.50**	**3.33**	**3.20**	**3.08**	**3.00**	**2.92**	**2.87**	**2.77**	**2.68**	**2.57**	**2.49**	**2.41**	**2.32**	**2.27**	**2.19**	**2.15**	**2.10**	**2.06**	**2.03**
30	4.17	3.32	2.92	2.69	2.53	2.42	2.34	2.27	2.21	2.16	2.12	2.09	2.04	1.99	1.93	1.89	1.84	1.79	1.76	1.72	1.69	1.66	1.64	1.62
	7.56	**5.39**	**4.51**	**4.02**	**3.70**	**3.47**	**3.30**	**3.17**	**3.06**	**2.98**	**2.90**	**2.84**	**2.74**	**2.66**	**2.55**	**2.47**	**2.38**	**2.29**	**2.24**	**2.16**	**2.13**	**2.07**	**2.03**	**2.01**
32	4.15	3.30	2.90	2.67	2.51	2.40	2.32	2.25	2.19	2.14	2.10	2.07	2.02	1.97	1.91	1.86	1.82	1.76	1.74	1.69	1.67	1.64	1.61	1.59
	7.50	**5.34**	**4.46**	**3.97**	**3.66**	**3.42**	**3.25**	**3.12**	**3.01**	**2.94**	**2.86**	**2.80**	**2.70**	**2.62**	**2.51**	**2.42**	**2.34**	**2.25**	**2.20**	**2.12**	**2.08**	**2.02**	**1.98**	**1.96**
34	4.13	3.28	2.88	2.65	2.49	2.38	2.30	2.23	2.17	2.12	2.08	2.05	2.00	1.95	1.89	1.84	1.80	1.74	1.71	1.67	1.64	1.61	1.59	1.57
	7.44	**5.29**	**4.42**	**3.93**	**3.61**	**3.38**	**3.21**	**3.08**	**2.97**	**2.89**	**2.82**	**2.76**	**2.66**	**2.58**	**2.47**	**2.38**	**2.30**	**2.21**	**2.15**	**2.08**	**2.04**	**1.98**	**1.94**	**1.91**
36	4.11	3.26	2.86	2.63	2.48	2.36	2.28	2.21	2.15	2.10	2.06	2.03	1.98	1.93	1.87	1.82	1.78	1.72	1.69	1.65	1.62	1.59	1.56	1.55
	7.39	**5.25**	**4.38**	**3.89**	**3.58**	**3.35**	**3.18**	**3.04**	**2.94**	**2.86**	**2.78**	**2.72**	**2.62**	**2.54**	**2.43**	**2.35**	**2.26**	**2.17**	**2.12**	**2.04**	**2.00**	**1.94**	**1.90**	**1.87**

E. F 분포표

Degrees of Freedom: Denominator	Degrees of Freedom: Numerator 1	2	3	4	5	6	7	8	9	10	11	12	14	16	20	24	30	40	50	75	100	200	500	∞
38	4.10	3.25	2.85	2.62	2.46	2.35	2.26	2.19	2.14	2.09	2.05	2.02	1.96	1.92	1.85	1.80	1.76	1.71	1.67	1.63	1.60	1.57	1.54	1.53
	7.35	**5.21**	**4.34**	**3.86**	**3.54**	**3.32**	**3.15**	**3.02**	**2.91**	**2.82**	**2.75**	**2.69**	**2.59**	**2.51**	**2.40**	**2.32**	**2.22**	**2.14**	**2.08**	**2.00**	**1.97**	**1.90**	**1.86**	**1.84**
40	4.08	3.23	2.84	2.61	2.45	2.34	2.25	2.18	2.12	2.07	2.04	2.00	1.95	1.90	1.84	1.79	1.74	1.69	1.66	1.61	1.59	1.55	1.53	1.51
	7.31	**5.18**	**4.31**	**3.83**	**3.51**	**3.29**	**3.12**	**2.99**	**2.88**	**2.80**	**2.73**	**2.66**	**2.56**	**2.49**	**2.37**	**2.29**	**2.20**	**2.11**	**2.05**	**1.97**	**1.94**	**1.88**	**1.84**	**1.81**
42	4.07	3.22	2.83	2.59	2.44	2.32	2.24	2.17	2.11	2.06	2.02	1.99	1.94	1.89	1.82	1.78	1.73	1.68	1.64	1.60	1.57	1.54	1.51	1.49
	7.27	**5.15**	**4.29**	**3.80**	**3.49**	**3.26**	**3.10**	**2.96**	**2.86**	**2.77**	**2.70**	**2.64**	**2.54**	**2.46**	**2.35**	**2.26**	**2.17**	**2.08**	**2.02**	**1.94**	**1.91**	**1.85**	**1.80**	**1.78**
44	4.06	3.21	2.82	2.58	2.43	2.31	2.23	2.16	2.10	2.05	2.01	1.98	1.92	1.88	1.81	1.76	1.72	1.66	1.63	1.58	1.56	1.52	1.50	1.48
	7.24	**5.12**	**4.26**	**3.78**	**3.46**	**3.24**	**3.07**	**2.94**	**2.84**	**2.75**	**2.68**	**2.62**	**2.52**	**2.44**	**2.32**	**2.24**	**2.15**	**2.06**	**2.00**	**1.92**	**1.88**	**1.82**	**1.78**	**1.75**
46	4.05	3.20	2.81	2.57	2.42	2.30	2.22	2.14	2.09	2.04	2.00	1.97	1.91	1.87	1.80	1.75	1.71	1.65	1.62	1.57	1.54	1.51	1.48	1.46
	7.21	**5.10**	**4.24**	**3.76**	**3.44**	**3.22**	**3.05**	**2.92**	**2.82**	**2.73**	**2.66**	**2.60**	**2.50**	**2.42**	**2.30**	**2.22**	**2.13**	**2.04**	**1.98**	**1.90**	**1.86**	**1.80**	**1.76**	**1.72**
48	4.04	3.19	2.80	2.56	2.41	2.30	2.21	2.14	2.08	2.03	1.99	1.96	1.90	1.86	1.79	1.74	1.70	1.64	1.61	1.56	1.53	1.50	1.47	1.45
	7.19	**5.08**	**4.22**	**3.74**	**3.42**	**3.20**	**3.04**	**2.90**	**2.80**	**2.71**	**2.64**	**2.58**	**2.48**	**2.40**	**2.28**	**2.20**	**2.11**	**2.02**	**1.96**	**1.88**	**1.84**	**1.78**	**1.73**	**1.70**
50	4.03	3.18	2.79	2.56	2.40	2.29	2.20	2.13	2.07	2.02	1.98	1.95	1.90	1.85	1.78	1.74	1.69	1.63	1.60	1.55	1.52	1.48	1.46	1.44
	7.17	**5.06**	**4.20**	**3.72**	**3.41**	**3.18**	**3.02**	**2.88**	**2.78**	**2.70**	**2.62**	**2.56**	**2.46**	**2.39**	**2.26**	**2.18**	**2.10**	**2.00**	**1.94**	**1.86**	**1.82**	**1.76**	**1.71**	**1.68**
55	4.02	3.17	2.78	2.54	2.38	2.27	2.18	2.11	2.05	2.00	1.97	1.93	1.88	1.83	1.76	1.72	1.67	1.61	1.58	1.52	1.50	1.46	1.43	1.41
	7.12	**5.01**	**4.16**	**3.68**	**3.37**	**3.15**	**2.98**	**2.85**	**2.75**	**2.66**	**2.59**	**2.53**	**2.43**	**2.35**	**2.23**	**2.15**	**2.06**	**1.96**	**1.90**	**1.82**	**1.78**	**1.71**	**1.66**	**1.64**
60	4.00	3.15	2.76	2.52	2.37	2.25	2.17	2.10	2.04	1.99	1.95	1.92	1.86	1.81	1.75	1.70	1.65	1.59	1.56	1.50	1.48	1.44	1.41	1.39
	7.08	**4.98**	**4.13**	**3.65**	**3.34**	**3.12**	**2.95**	**2.82**	**2.72**	**2.63**	**2.56**	**2.50**	**2.40**	**2.32**	**2.20**	**2.12**	**2.03**	**1.93**	**1.87**	**1.79**	**1.74**	**1.68**	**1.63**	**1.60**
65	3.99	3.14	2.75	2.51	2.36	2.24	2.15	2.08	2.02	1.98	1.94	1.90	1.85	1.80	1.73	1.68	1.63	1.57	1.54	1.49	1.46	1.42	1.39	1.37
	7.04	**4.95**	**4.10**	**3.62**	**3.31**	**3.09**	**2.93**	**2.79**	**2.70**	**2.61**	**2.54**	**2.47**	**2.37**	**2.30**	**2.18**	**2.09**	**2.00**	**1.90**	**1.84**	**1.76**	**1.71**	**1.64**	**1.60**	**1.56**
70	3.98	3.13	2.74	2.50	2.35	2.23	2.14	2.07	2.01	1.97	1.93	1.89	1.84	1.79	1.72	1.67	1.62	1.56	1.53	1.47	1.45	1.40	1.37	1.35
	7.01	**4.92**	**4.08**	**3.60**	**3.29**	**3.07**	**2.91**	**2.77**	**2.67**	**2.59**	**2.51**	**2.45**	**2.35**	**2.28**	**2.15**	**2.07**	**1.98**	**1.88**	**1.82**	**1.74**	**1.69**	**1.62**	**1.56**	**1.53**
80	3.96	3.11	2.72	2.48	2.33	2.21	2.12	2.05	1.99	1.95	1.91	1.88	1.82	1.77	1.70	1.65	1.60	1.54	1.51	1.45	1.42	1.38	1.35	1.32
	6.96	**4.88**	**4.04**	**3.56**	**3.25**	**3.04**	**2.87**	**2.74**	**2.64**	**2.55**	**2.48**	**2.41**	**2.32**	**2.24**	**2.11**	**2.03**	**1.94**	**1.84**	**1.78**	**1.70**	**1.65**	**1.57**	**1.52**	**1.49**
100	3.94	3.09	2.70	2.46	2.30	2.19	2.10	2.03	1.97	1.92	1.88	1.85	1.79	1.75	1.68	1.63	1.57	1.51	1.48	1.42	1.39	1.34	1.30	1.28
	6.90	**4.82**	**3.98**	**3.51**	**3.20**	**2.99**	**2.82**	**2.69**	**2.59**	**2.51**	**2.43**	**2.36**	**2.26**	**2.19**	**2.06**	**1.98**	**1.89**	**1.79**	**1.73**	**1.64**	**1.59**	**1.51**	**1.46**	**1.43**
125	3.92	3.07	2.68	2.44	2.29	2.17	2.08	2.01	1.95	1.90	1.86	1.83	1.77	1.72	1.65	1.60	1.55	1.49	1.45	1.39	1.36	1.31	1.27	1.25
	6.84	**4.78**	**3.94**	**3.47**	**3.17**	**2.95**	**2.79**	**2.65**	**2.56**	**2.47**	**2.40**	**2.33**	**2.23**	**2.15**	**2.03**	**1.94**	**1.85**	**1.75**	**1.68**	**1.59**	**1.54**	**1.46**	**1.40**	**1.37**
150	3.91	3.06	2.67	2.43	2.27	2.16	2.07	2.00	1.94	1.89	1.85	1.82	1.76	1.71	1.64	1.59	1.54	1.47	1.44	1.37	1.34	1.29	1.25	1.22
	6.81	**4.75**	**3.91**	**3.44**	**3.14**	**2.92**	**2.76**	**2.62**	**2.53**	**2.44**	**2.37**	**2.30**	**2.20**	**2.12**	**2.00**	**1.91**	**1.83**	**1.72**	**1.66**	**1.56**	**1.51**	**1.43**	**1.37**	**1.33**
200	3.89	3.04	2.65	2.41	2.26	2.14	2.05	1.98	1.92	1.87	1.83	1.80	1.74	1.69	1.62	1.57	1.52	1.45	1.42	1.35	1.32	1.26	1.22	1.19
	6.76	**4.71**	**3.88**	**3.41**	**3.11**	**2.90**	**2.73**	**2.60**	**2.50**	**2.41**	**2.34**	**2.28**	**2.17**	**2.09**	**1.97**	**1.88**	**1.79**	**1.69**	**1.62**	**1.53**	**1.48**	**1.39**	**1.33**	**1.28**
400	3.86	3.02	2.62	2.39	2.23	2.12	2.03	1.96	1.90	1.85	1.81	1.78	1.72	1.67	1.60	1.54	1.49	1.42	1.38	1.32	1.28	1.22	1.16	1.13
	6.70	**4.66**	**3.83**	**3.36**	**3.06**	**2.85**	**2.69**	**2.55**	**2.46**	**2.37**	**2.29**	**2.23**	**2.12**	**2.04**	**1.92**	**1.84**	**1.74**	**1.64**	**1.57**	**1.47**	**1.42**	**1.32**	**1.24**	**1.19**
1000	3.85	3.00	2.61	2.38	2.22	2.10	2.02	1.95	1.89	1.84	1.80	1.76	1.70	1.65	1.58	1.53	1.47	1.41	1.36	1.30	1.26	1.19	1.13	1.08
	6.66	**4.62**	**3.80**	**3.34**	**3.04**	**2.82**	**2.66**	**2.53**	**2.43**	**2.34**	**2.26**	**2.20**	**2.09**	**2.01**	**1.89**	**1.81**	**1.71**	**1.61**	**1.54**	**1.44**	**1.38**	**1.28**	**1.19**	**1.11**
∞	3.84	2.99	2.60	2.37	2.21	2.09	2.01	1.94	1.88	1.83	1.79	1.75	1.69	1.64	1.57	1.52	1.46	1.40	1.35	1.28	1.24	1.17	1.11	1.00
	6.64	**4.60**	**3.78**	**3.32**	**3.02**	**2.80**	**2.64**	**2.51**	**2.41**	**2.32**	**2.24**	**2.18**	**2.07**	**1.99**	**1.87**	**1.79**	**1.69**	**1.59**	**1.52**	**1.41**	**1.36**	**1.25**	**1.15**	**1.00**

F. Chi-square(χ^2) 분포표

		k (Number of Means) or r (Number of Means Encompassed by $\bar{X}_i$ and $\bar{X}_j$)									
s_W^2 *df*	*α*	2	3	4	5	6	7	8	9	10	11
5	.05	3.64	4.60	5.22	5.67	6.03	6.33	6.58	6.80	6.99	7.17
	.01	5.70	6.98	7.80	8.42	8.91	9.32	9.67	9.97	10.24	10.48
6	.05	3.46	4.34	4.90	5.30	5.63	5.90	6.12	6.32	6.49	6.65
	.01	5.24	6.33	7.03	7.56	7.97	8.32	8.61	8.87	9.10	9.30
7	.05	3.34	4.16	4.68	5.06	5.36	5.61	5.82	6.00	6.16	6.30
	.01	4.95	5.92	6.54	7.01	7.37	7.68	7.94	8.17	8.37	8.55
8	.05	3.26	4.04	4.53	4.89	5.17	5.40	5.60	5.77	5.92	6.05
	.01	4.75	5.64	6.20	6.62	6.96	7.24	7.47	7.68	7.86	8.03
9	.05	3.20	3.95	4.41	4.76	5.02	5.24	5.43	5.59	5.74	5.87
	.01	4.60	5.43	5.96	6.35	6.66	6.91	7.13	7.33	7.49	7.65
10	.05	3.15	3.88	4.33	4.65	4.91	5.12	5.30	5.46	5.60	5.72
	.01	4.48	5.27	5.77	6.14	6.43	6.67	6.87	7.05	7.21	7.36
11	.05	3.11	3.82	4.26	4.57	4.82	5.03	5.20	5.35	5.49	5.61
	.01	4.39	5.15	5.62	5.97	6.25	6.48	6.67	6.84	6.99	7.13
12	.05	3.08	3.77	4.20	4.51	4.75	4.95	5.12	5.27	5.39	5.51
	.01	4.32	5.05	5.50	5.84	6.10	6.32	6.51	6.67	6.81	6.94
13	.05	3.06	3.73	4.15	4.45	4.69	4.88	5.05	5.19	5.32	5.43
	.01	4.26	4.96	5.40	5.73	5.98	6.19	6.37	6.53	6.67	6.79
14	.05	3.03	3.70	4.11	4.41	4.64	4.83	4.99	5.13	5.25	5.36
	.01	4.21	4.89	5.32	5.63	5.88	6.08	6.26	6.41	6.54	6.66
15	.05	3.01	3.67	4.08	4.37	4.59	4.78	4.94	5.08	5.20	5.31
	.01	4.17	4.84	5.25	5.56	5.80	5.99	6.16	6.31	6.44	6.55
16	.05	3.00	3.65	4.05	4.33	4.56	4.74	4.90	5.03	5.15	5.26
	.01	4.13	4.79	5.19	5.49	5.72	5.92	6.08	6.22	6.35	6.46
17	.05	2.98	3.63	4.02	4.30	4.52	4.70	4.86	4.99	5.11	5.21
	.01	4.10	4.74	5.14	5.43	5.66	5.85	6.01	6.15	6.27	6.38
18	.05	2.97	3.61	4.00	4.28	4.49	4.67	4.82	4.96	5.07	5.17
	.01	4.07	4.70	5.09	5.38	5.60	5.79	5.94	6.08	6.20	6.31
19	.05	2.96	3.59	3.98	4.25	4.47	4.65	4.79	4.92	5.04	5.14
	.01	4.05	4.67	5.05	5.33	5.55	5.73	4.89	6.02	6.14	6.25
20	.05	2.95	3.58	3.96	4.23	4.45	4.62	4.77	4.90	5.01	5.11
	.01	4.02	4.64	5.02	5.29	5.51	5.69	5.84	5.97	6.09	6.19
24	.05	2.92	3.53	3.90	4.17	4.37	4.54	4.68	4.81	4.92	5.01
	.01	3.96	4.55	4.91	5.17	5.37	5.54	5.69	5.81	5.92	6.02
30	.05	2.89	3.49	3.85	4.10	4.30	4.46	4.60	4.72	4.82	4.92
	.01	3.89	4.45	4.80	5.05	5.24	5.40	5.54	5.65	5.76	5.85
40	.05	2.86	3.44	3.79	4.04	4.23	4.39	4.52	4.63	4.73	4.82
	.01	3.82	4.37	4.70	4.93	5.11	5.26	5.39	5.50	5.60	5.69
60	.05	2.83	3.40	3.74	3.98	4.16	4.31	4.44	4.55	4.65	4.73
	.01	3.76	4.28	4.59	4.82	4.99	5.13	5.25	5.36	5.45	5.53
120	.05	2.80	3.36	3.68	3.92	4.10	4.24	4.36	4.47	4.56	4.64
	.01	3.70	4.20	4.50	4.71	4.87	5.01	5.12	5.21	5.30	5.37
∞	.05	2.77	3.31	3.63	3.86	4.03	4.17	4.29	4.39	4.47	4.55
	.01	3.64	4.12	4.40	4.60	4.76	4.88	4.99	5.08	5.16	5.23

2. 용어해설

- **Alpha-level(유의수준)**: 1종 오류를 범할 가능성
- **Adjusted mean(수정평균)**: 공분산분석에서 공분산의 효과를 제거한 집단평균
- **Adjusted R^2(수정된 R^2)**: 회귀모형에서 독립변수가 추가될 때마다 그 예측력과 상관없이 R^2 값이 커지는 문제를 해결하기 위하여 수정한 R^2 값
- **Analysis of covariance(공분산분석)**: 집단 간 평균이 공분산에 의해 설명되는 부분을 제거한 후에도 서로 다른지 검증하는 통계절차
- **Alternative hypothesis(대립가설)**: 집단 간 모집단 평균의 차이가 존재한다는 판단, 결과적으로 처치효과가 존재한다는 판단
- **Analysis of variance(분산분석)**: F 값을 사용하여 집단 간 평균이 서로 다른지 검증하는 통계절차
- **ANCOVA**: Analysis of Covariance
- **ANOVA**: Analysis of Variance
- **β-level(베타 수준)**: 2종 오류를 범할 가능성 (Cohen의 제안에 따르면 이 값은 최대 0.2를 넘지 않는 것이 좋다)
- **Between-group design(집단 간 설계)**: 독립설계의 다른 명칭
- **Between-subjects design(피험자 간 설계)**: 독립설계의 다른 명칭
- **Binary variable(이진변수)**: 상호배타적인 두 유형으로 구성된 변수(예, 남자와 여자)
- **Bimodal distribution(양봉분포)**: 최고점이 두 개인 빈도분포
- **Biserial correlation coefficient(양류상관계수)**: 둘 중 한 변수가 이분변수(dichotomous variable)인 두 변수의 관계를 나타내는 값
- **Bivariate correlation(이원상관)**: 두 변수 사이의 상관관계
- **Bonferroni correction(Bonferroni 수정)**: 다중비교를 수행할 때 전체 1종 오류 수준을 조정하는 방법. 각각의 검정에서 사용되는 기각역을 전체 α 수준(보통 0.05)을 비교횟수로 나눈 결과로 정하는 것으로, 단순하고 효과적이지만 여러 개의 검정을 수행할 때 너무 엄격한 검정이 될 수 있다.
- **Bootstrap(붓스트랩)**: 작은 표본으로부터 복원추출을 반복함으로써 표본분포의 통계치를 계산해내는 방법
- **Boxplot(Box-Whisker plot, 박스 플롯)**: 관찰치의 중요한 특성들을 그래픽으로 나타내는 기법으로 최소값, 제1사분위수, 제2사분위수, 제3사분위수, 최대값 등 다섯 숫자를 그림으로 나타내준다.
- **Categorical variable(유목변수)**: 유목 데이터로 이루어진 변수
- **Central limit theorem(중심극한정리)**: 표본의 크기가 대략 30 이상이 되면 표본평균의 분포는 모집단 분포와 상관 없이 정규분포를 이룬다는 정리
- **Central tendency(중심경향)**: 평균, 중앙값, 최빈값 등에 의해 측정되는, 빈도분포의 중심을 나타내는 용어
- **Chi-square distribution(카이제곱 분포)**: 여러 정규분포 변수의 제곱합의 확률분포로 유목변수에 대한 가설검정이나 모형의 유의도 검정에 사용된다.

- Chi-square test(**카이제곱 검정**): 두 유목변수의 독립성을 확인하기 위한 검정
- Common variance(**공통분산**): 둘 이상의 변수에 의해 공유되는 분산
- Communality(**공통성**): 요인분석에서 주로 사용되는 용어로, 한 변수에서 다른 변수에 의해 공유되는 분산의 비율을 말한다.
- Continuous variable(**연속변수**): 어떤 수준의 정확성으로든 측정할 수 있는 변수, 정해진 구간 내에서 무한대의 다른 값을 가질 수 있는 변수. 예, 소요시간
- Correlation coefficient(**상관계수**): 두 변수의 관계 또는 결합의 강도를 나타내는 측정치
- Confidence interval(**신뢰구간**): 주어진 확률 내에서 진점수(모수치)가 존재할 범위
- Confounding variables(**혼재변수, 제3변수**): 독립변수(예측변수)와 종속변수(응답변수)에 공통적으로 영향을 미치는 변수
- Correlational research(**상관연구**): 자연적인 데이터를 관찰하여 그 관계를 분석하는 방식의 연구
- Content validity(**내용타당도**): 검사지의 내용이 측정하고자 하는 구인의 내용과 일치한다는 증거
- Covariance(**공분산**): 두 변수간의 평균적인 관계를 나타내는 측정치. 각 변수의 편차의 곱의 기대값으로 나타낸다.
- Covariate(**공변인**): 측정치의 일부를 설명하는 것으로 설정된 변수
- Criterion-referenced validity(**준거관련 타당도**): 어떤 구인에 대한 측정치가 같은 구인을 측정하는 다른 검사도구의 측정치와 일치한다는 증거
- Cronbach's Alpha: 다음 식으로 나타나는 신뢰도 측정치

$$\alpha = \frac{k}{k-1}\left(1 - \frac{\sum s_i^2}{s_T^2}\right)$$

k: 문항 수

s_i: 각 문항점수의 표준편차

s_T: 전체점수의 표준편차

- Cross-sectional research(**횡단적 연구**): 하나의 시점에서 다양한 형태의 대상을 관찰하여 그 특징을 파악하는 형태의 연구
- Cross validation(**교차타당화**): 다른 종류의 표본을 사용하여 모형(주로 회귀분석 모형)의 정확성을 평가하는 작업으로 모형의 일반화 가능성을 확보하는 중요한 절차이다.
- Degrees of freedom(**자유도**): 통계적으로 모수치를 추정할 때 자유롭게 변화할 수 있는 개체의 수
- Dependent t-test(**종속표본의 t 검정**): T 통계치를 사용한 검정으로서, 동일한 표본에서 관찰된 두 평균이 서로 다른지 확인하는 검정
- Dependent variable(**종속변수**): 응답변수 또는 결과변수라고도 하는, 다른 변수에 의해서 그 값이 영향을 받는 변수
- Dichotomous variable(**이분변수**): 두 개의 유목만을 값으로 갖는 변수. 예, 성별
- Discrete variable(**이산변수**): 이산형 값만을 척도로 갖는 변수. 예, 학급 정원
- Dummy variable(**더미변수**): 0과 1의 값을 가짐으로써 어떤 유목변수의 효과가 있고 없음에 따라 결과(응답변수)가 달라지는지를 나타내는 변수

- Ecological validity(생태학적 타당도): 어떤 연구나 실험의 결과가 실세계의 조건에 적용된다는 증거
- Effect size(효과 크기): 관찰된 효과의 크기에 대한 표준화된 측정치
- Factor analysis(요인분석): 관찰된 여러 변수 간 상관관계가 어떤 잠재요인으로부터 가지쳐 나온 것인지 확인하는 중다 분산분석 기법
- Experimental hypothesis(실험가설): 대립가설(alternative hypothesis)과 같은 용어로, 영가설(귀무가설, null hypothesis)이 거짓이라면 논리적으로 참일 수밖에 없는 판단
- Experimental error rate(실험오차): 한 개 또는 그 이상의 통계적 비교가 포함된 실험의 1종 오류 가능성
- Factor(요인): 실험설계에서 독립변수 또는 예측변수를 뜻하는 용어, 단 요인분석에서는 잠재요인과 동의어
- Family-wise error rate(실험군 오차율): 하나의 실험에 포함된 모든 집단평균의 비교에 적용되는 1종 오류 가능성
- Fixed effect(고정효과): 하나의 실험에서 연구자가 의도했던 모든 수준의 효과가 포함된 처치조건
- Fixed variable(고정변수): 시간이 경과해도 변하지 않는 변수(예, 성별)
- Frequency distribution(도수분포표): X 축에 관찰치, y 축에 도수를 표시한 그래프, 히스토그램과 같은 뜻으로 쓰임.
- Goodness of fit(적합도): 어떤 모형이 데이터에 얼마나 적합한지를 나타내는 지수
- Grand mean(전체평균): 관찰된 데이터 전체의 평균
- Harmonic mean(조화평균): n 개의 양수에 대하여 그 역수들을 산술평균한 것의 역수를 말한다.

$$H = \frac{1}{\frac{1}{n}\sum \frac{1}{x_i}}$$

- Histogram(히스토그램): X 축에 관찰치, y 축에 도수를 표시한 그래프, 도수분포표와 같은 뜻으로 쓰임.
- Homoscedasticity(등분산성): 회귀분석에서 예측변수의 각 수준에서의 잔차의 분산이 서로 동일하다는 가정, 다르게 표현하자면 예측변수의 어떤 값에서도 잔차의 분산도는 일정하다는 가정
- Hypothesis(가설): 확인을 위한 잠정적인 판단
- Independence(독립성): 하나의 데이터가 다른 데이터에 영향을 미치지 않는다는 가정
- Independent errors(오차의 독립성): 회귀분석의 어떤 두 관찰치에서도 잔차의 상관은 나타나지 않는다는 가정
- Independent t-test(독립표본 t 검정): 관찰된 종속변수들이 서로 독립적인 경우의 t 검정
- Independent variable(독립변수): 예측변수의 다른 명칭. 다른 변수에 대해 원인적으로 작용하거나 설명력이 있는 변수
- Interaction(상호작용): 둘 이상의 독립변수가 서로 독립적이 아니라 서로 연관되어서 종속변수에 나타내는 효과
- Kolmogorov-Smirnov test(Kolmogorov-Smirnov 검정): 어떤 점수분포가 정규분포와 다른지를 알려주는 비모수 검정방법

- **Kolmogorov-Smirnov Z**: Kolmogorov-Smirnov 검정은 한 표집의 모집단이 정규분포인지를 검사하는 것임에 비하여 Kolmogorov-Smirnov Z는 두 표본이 분포가 동일한지를 검사하는 방법이다.
- **Kruskal-Wallis test(Kruskal-Wallis 검정)**: 두 표본의 평균이 동일한지를 검사하는 비모수검정 방법으로, 일원 분산분석의 비모수 버전이라 할 수 있다.
- **Kurtosis(첨도)**: 하나의 분포에 좌우 어느 쪽이든 양 극단에 얼마나 많은 자료를 가지고 있는지 측정하는 척도

$$첨도 = \frac{1}{n-1}\sum(X-\overline{X})^4/S^4$$

S: 표본표준편차

(n − 1): 자유도

- **Latent variable(잠재변수)**: 직접적으로 측정할 수 없는 변수이나 측정가능한 여러 변수들이 관련된 것으로 가정하는 변수를 말함.
- **Linear model(선형모형)**: 직선적 관계에 근거한 모형
- **Logistic regression(로지스틱 회귀분석)**: 응답변수가 유목척도인 중다상관의 한 형태. 유목척도가 두 개인 경우 2진 로지스틱 회귀분석이라 하고 유목척도가 두 개보다 많은 경우 이를 중다 로지스틱 회귀분석이라 한다.
- **Main effect(주효과)**: 주로 분산분석에서 사용되는 용어로 결과변수(종속변수)에 대한 예측변수(독립변수) 고유의 효과를 말한다.
- **Mann-Whitney test(Mann-Whitney 검정)**: 비모수검정으로 두 독립표본의 차이에 대한 검정. 두 표본이 추출된 모집단의 위치가 서로 같은지를 판정한다. 이것은 Wilcoxon의 순위합 검정과 같은 기능을 하며, 두 검정 모두 독립표본의 t 검정과 동등한 비모수검정이다.
- **MANOVA(중다분산분석)**: Multivariate Analysis of Variance
- **Mean(평균)**: 해당 집단의 점수의 기대값
- **Measurement error(측정오차)**: 대상에 대한 측정치와 실제값 사이의 차이
- **Median(중앙값)**: 관찰치를 크기의 순서로 나열했을 때 정 가운데 위치한 값. 관찰치가 짝수일 때는 정 가운데 두 수의 평균이 중앙값이 된다.
- **Meta-analysis(메타분석)**: 연구결과를 분석하는 방법으로, 같은 연구문제를 탐구한 결과를 종합하여 효과의 크기를 산출하는 것
- **Multiple R(중다상관계수)**: 중회귀모형(multiple regression)에서 예측변수와 결과변수 사이의 상관관계를 말한다.
- **Multiple regression(중회귀분석)**: 단순 회귀모형을 한 결과변수에 대한 둘 이상의 예측변수의 선형관계로 예측한 모형
- **Nominal variable(명명 변수)**: 숫자가 단지 이름을 대표하는 변수
- **Non-parametric tests(비모수 검정)**: 모수(parameter)를 사용하지 않는 일군의 통계적 절차를 말한다.
- **Normal distribution(정규분포)**: 좌우대칭이며(편포도 0, 첨도 0) 종 모양을 한 확률변수의 분포를 말한다.
- **Null-hypothesis(영가설, 귀무가설)**: 모집단 평균에 차이가 없다는, 처치효과가 존재하지 않는다는

잠정적 판단

- Omega squared(**오메가 제곱**): 분산분석과 관련한 효과의 크기의 측정치
- One-tailed test(**일방적 검정**): 검정하고 싶은 대립가설이 정해져 있을 때 행하는 가설 검정 방법
- Ordinal variable(**순위변수**): 자료의 척도가 서열척도인 변수
- Orthogonality(**직교성**): 비교에 의해 얻어지는 정보가 서로 중복되지 않고 독립적이라는 특성을 말한다. 두 비교의 직교성을 수량적으로 정의하면 $\sum(c_i)(c_i') = 0$(c_i: i 번째 항의 계수) 이 된다.
- Outlier(**특이값**): 다른 관찰치와 매우 다른 관찰치. 흔히 추정치의 편의를 가져온다.
- Outcome variable(**결과변수**): 예측변수로부터 그 값을 예측하고자 하는 변수
- Pearson's correlation coefficient(**피어슨 상관계수**): 정식 명칭은 Pearson's product-moment correlation coefficient로, 두 변수 간 관계의 방향과 강도를 −1과 1 사이의 표준화된 측정치로 나타낸 것이다.
- Planned comparisons(**사전비교**): Planned contrasts의 다른 명칭
- Planned contrasts(**사전비교**): 데이터 수집 이전에 계획된 일련의 집단평균 비교 방법으로, 전반적인 집단차이의 분산을 집단의 비교에 사용함으로써 사후검정보다 더 큰 검정력을 갖는다.
- Point-biserial correlation coefficient(**양류상관계수**): 이분변수(dichotomous variable)와 연속변수인 두 변수 사이의 상관관계를 나타내는 척도
- Population(**모집단**): 어떤 통계모형을 통하여 일반화하고자 하는 대상의 집합
- Post hoc tests(**사후검정**): 데이터 수집 이전에 계획한 것이 아닌 각 집단평균의 비교를 말한다. 비교의 횟수에 따른 1종 오류 증가의 문제를 해소하기 위해 엄격한 기준을 도입하며, 따라서 사전비교보다 검정력이 떨어진다. 일반적으로 사전비교의 가설을 세울 만한 견고한 이론적 기반이 없는 상태에서의 초기 연구에 사용된다.
- Power(**검정력**): 한 검정이 효과를 탐색할 수 있는 능력, 또는 대립가설이 참인 경우 가설검정을 통하여 영가설을 기각할 수 있는 확률
- Predictor variable(**예측변수**): 결과변수(outcome variable)라는 다른 변수의 값을 예측하기 위해 사용되는 변수
- Probability distribution(**확률분포**): 어떤 변수의 한 특정값이 발생할 잠재적 확률을 나타내는 곡선
- Random effect(**임의효과**): 표본의 처치 조건이 모집단의 처치조건 중 일부가 임의로 선택된 경우 이 조건의 효과를 임의효과라고 한다.
- Random variable(**확률변수**): 시간의 경과에 따라 변하는 변수
- Randomization(**무작위화**): 실험연구에서 대상의 무작위추출이나 집단의 무선할당을 일컫는 말
- Ratio variable(**비율변수**): 구간변수의 특성 외에 비율이 의미를 가지며, 절대영점이 존재하는 척도체계에서 관찰되는 변수. 예를 들어 몸무게, 몸무게 0은 무게가 전혀 없음을 의미하고 몸무게 60킬로그램은 30 킬로그램의 두 배라는 해석이 가능하기 때문에 비율변수가 될 수 있다.
- Regression coefficient(**회귀계수**): 회귀식에서 예측변수에 주어지는 가중치
- Reliability(**신뢰도**): 하나의 특성이 다른 여러 조건에서 측정될 때 측정도구가 일관된 결과를 내는 정도
- Repeated measures ANOVA(**반복측정 분산분석**): 독립변수(예측변수)가 반복 측정된 자료인 경우

수행하는 분산분석

- Repeated measures design(반복측정 설계): 서로 다른 처치 조건이 같은 대상에게 주어지는 형태의 실험설계
- Residual(잔차): 모형이 예측한 값과 관찰된 값의 차이
- Residual sum of squares(잔차제곱합): 모형에 의해 설명되지 않은 변량에 대한 측정치
- Robust test(로버스트 검정): 정규분포의 가정이 충족되지 않은 경우에도 신뢰할 수 있는 통계치를 산출하는 분석절차를 일반적으로 칭하는 용어
- Sample(표본): 모집단의 특성을 표현하기 위해 사용되는 모집단보다 작은 수로 구성된 자료의 모임
- Sampling(표집): 표본 추출
- Sampling distribution(표본분포): 통계치의 확률분포. 만일 모집단으로부터 하나의 표본을 추출하여 평균 등의 통계치를 계산한다면 그 값은 추출한 표본에 따라 조금씩 다른 확률분포를 나타낼 것이다. 이러한, 모집단으로부터 기대할 수 있는 모든 표본의 통계치가 나타내는 모습을 표본분포라 한다.
- Scatterplot(산포도): 하나의 변수 값에 해당하는 다른 변수 값을 각 축에 결정된 위치로 표시한 그래프
- Sign test(부호검정): 두 표본집단의 평균이 서로 다른지 확인하는 검정. 두 조건의 차이(+, -)를 계산해서 차이의 방향을 나타내준다는 점에서 Wilcoxon 부호순위 검정(Wilcoxon's signed-rank test)과 같으나, 부호 검정에서 차이의 크기는 무시된다는 점이 다르다. 따라서 이 검정은 검정력이 떨어진다.
- Simple regression(단순회귀분석): 하나의 변수(결과변수)가 단일한 예측변수에 의해 예측되는 선형 모형
- Skewness(편포도): 하나의 분포가 좌우로 얼마나 비대칭인지를 측정하는 척도

$$\text{편포도} = \frac{1}{n-1}\sum(X-\overline{X})^3/S^3$$

- Spearman's correlation coefficient(스페어만 상관계수): 서열척도로 변환된 두 변수의 상관관계를 표준화한 측정치
- Split-half reliability(반분신뢰도): 측정도구를 반으로 나누어 두 반쪽짜리 측정점수 사이에서 구한 상관관계를 Spearman과 Brown의 수정공식에 의해 수정한 신뢰도 측정치
- Standard deviation(표준편차): 한 집단의 데이터의 변동성을 나타내는 추정치로, 분산의 제곱근의 값을 갖는다.
- Standard error(표준오차): 통계치의 표본분포의 표준편차. 같은 모집단으로부터 추출된 표본들 사이의 통계치의 변동성을 나타낸다.
- Standardization(표준화): 한 변수를 측정의 표준단위로 전환하는 절차. 예컨대 표준점수는 표준편차를 표준단위로 사용하여 전환한 점수이다.
- Sphericity(구형성): 반복측정 자료의 단일변량분석을 위해 요구되는 가정으로, 반복측정의 모든 가능한 짝의 차이의 분산이 동일하여야 한다는 것
- Standardized residuals(표준화 잔차): 잔차의 표준화 값을 말하며 이것은 원시잔차(raw residual)를

표준편차로 나누어 표준화한 것이며, 특이값을 판단할 때 중요한 역할을 한다.

- **Sum of squared errors(오차제곱합)**: Sum of squares(제곱합)의 다른 이름
- **Sum of squares(SS, 제곱합)**: 편차의 제곱을 모두 더한 합으로, 한 집단의 데이터의 총변동성을 나타낸다.
- **t-statistic(t 값)**: Student's t라고도 하는 t 확률분포에 의한 검정 통계치이다.
- **Type 1 error(1종 오류)**: 영가설이 참인데 이를 기각하는 오류
- **Type 2 error(2종 오류)**: 영가설이 거짓인데 이를 기각하지 않는 오류
- **Variable(변수)**: 개체에 따라, 또는 시간의 경과에 따라 변하는 특성
- **Variance(분산)**: 편차의 제곱의 기대치
- **Weights(가중치)**: 변수 앞에 곱해주는 수로 등식에서 한 변수의 영향력을 나타낸다.
- **Wilcoxon's signed-rank test(Wilcoxon 부호순위 검정)**: 서로 관련된 두 집단의 평균이 동일한지 확인하는 비모수 검정으로 t 검정의 비모수 버전이라 할 수 있다.
- **Within-subjects design(피험자 내 설계)**: 반복측정 설계(repeated measures design)와 같은 용어
- **z-score(표준점수)**: 관측값을 표준편차의 단위로 나타낸 값. 관측값을 z 점수로 전환함에 따라 평균 0, 표준편차 1인 새로운 분포가 얻어진다.

참고문헌

김현철(1998). 혼합설계의 교호작용에 대한 여러 검정법들과 절사평균을 이용하여 변형한 검정법들의 강인성 비교, 한국통계학회논문집, 5(3), 633-644.

김현철(1999). 분할구설계에서 상호작용 검정법의 항내성 비교, 교육학연구, 37(3), 103-117.

김현철(2000). 중・장기 유아교육 수요예측(Ⅰ): 원아수 예측, 유아교육연구, 20(4), 35-57.

김현철(2000). 중・장기 초등교원 수급예측(Ⅰ): 교원수 예측, 교육행정연구, 18(2), 91-113.

김현철(2000). 중・장기 초등교원 수급예측(Ⅱ): 교육대학 졸업자수와 신규채용규모 예측, 교육행정연구, 18(3), 133-149.

김현철(2001). 중・장기 유아교육 수요예측(Ⅱ): 교원수 예측, 유아교육연구, 21(1), 5-25.

김현철(2002). 과학기술인력 공급규모 예측에서 외생변수에 의하여 지수평활모형의 예측결과를 수정하는 방법의 제안 및 방법의 유용성 검토, 고등교육연구, 11(2), 29-47.

김현철(2002). 시계열분석에 의한 초등교원 수요예측: 설명변수의 탐색과 분석방법간 예측결과의 비교, 한국교육, 29(2). 113-130.

김현철(2004). 중등교원의 과목별 공급예측과 수요분석, 한국교육, 31(2), 183-211.

심숙영, 김현철(2000). ARIMA모형을 통한 유아교육 관련 통계자료의 시계열분석과 예측, 교육학연구, 38(1), 123-133.

정택희, 심숙영, 김현철(1998). 주요 교육통계 미래 예측(Ⅰ): 유치원 및 초중등 학생수 추정(1999-2008), 한국교육개발원.

정택희, 이만희(1999). 주요 교육통계 미래 예측(Ⅱ): 고등교육 학생수(2000-2009), 한국교육개발원.

조동섭, 김현철, 박남기, 박영숙, 장덕진(2002). 초등교원 중・장기 수급계획 및 안정적인 충원방안 연구, 교육인적자원부.

최병선(1992). 단변량시계열분석1. 세경사.

Abraham, B., and Ledolter, J.(1984). Some comments on the initialization of exponential smoothing, Journal of forecasting, 3, 79-84.

Agresti, A.(1984). Analysis of ordinal categorical data. New York: John Wiley.

Agresti, A.(1990, 2002). Categorical data analysis. New York: John Wiley.

Aitkin, M., Anderson, D., Francis, B., and Hinde, J.(1989). Statistical Modelling in GLIM, Oxford: Oxford Science Publications.

Akaike, H.(1978). A Bayesian analysis of the minimum Ann. Inst. Statist. Math. A30, 9-14.

Akaike, H.(1979). A Bayesian extension of the minimum AIC procedure of autoregressive model fitting, Biometrika, 66, 237-242.

Algina, J., and Oshima, T. C.(1995). An improved general approximation test for the main effect in a split-plot design. British Journal of Mathematical and Statistical Psychology, 48, 149-160.

Algina, J.(1994). Some alternative approximate tests for a split plot design. Multivariate Behavioral Research, 29, 365-384.

Andersen, P. K., Borgan, Ø., Gill, R. D., and Keiding, N.(1993). Statistical models based on counting processes, New York: Springer-Verlag.

Anderson, T. W.(1958). An introduction to multivariate statistical analysis, New York: John Wiley & Sons, Inc.

Arjas, E., and Gasbarra, D.(1994). Nonparametric Bayesian inference for right-censored survival data, using the Gibbs sampler, Statistica Sinica 2: 505-524.

Ayres, R. U.(1969). Technological forecasting and long-range planning, McGraw-Hill, New York.

Barcikowski, R. S., and Robey, R. R.(1984). Decidions in single group repeated measures analysis: Statistical tests and three computer packages, American statistician, 38, 148-150.

Beguin, J. M., Gourieroux, C., and Monfort, A.(1980). Identification of a mixed autoregressive-moving average process: The corner method, in Time Series(Ed. O. D. Anderson), 423-436, Amsterdam: North-Holland.

Blair, R. C., and Higgins, J. J.(1980). A comparison of the power of Wilcoxon's rank sum test to that of Student's t statistic under various non-normal distribution, Journal of educational statistics, 5(4), 309-335.

Box, G. E. P., and Jenkins, G. M.(1970). Time series analysis: Forecasting and control, Holden-Day, San Francisco.

Box, G. E. P.(1954). Some theorems on quadratic forms applied in the study of analysis of variance problems, II. Effects of inequality of variance and of correlation between errors in the two-way classification, Annals of mathematical statistics, 25, 484-498.

Brown, R. G., and Meyer, R. F.(1961). The fundamental theorem of exponential smoothing, Operations Research, 9, 673-685.

Brown, R. G.(1959). Statistical forecasting for inventory control, McGraw-Hill, New York.

Brown, R. G.(1962). Smoothing, forecasting and prediction of discrete time series, Prentice-Hall, Englewood Cliffs, NJ.

Carroll, R. J., and Ruppert, D.(1988). Transformation and Weighting in regression, London: Chapman & Hall.

Chernoff, H., and Savage, I. R.(1958). Asymptotic normality and efficiency of certain nonparametric test statistics, Annals of mathematical statistics, 29, 972-994.

Clark, V.(2004). SAS/STAT 9.1 user's guide, SAS Institute.

Cochran, W. G., and Cox, G. M.(1950). Experimental Designs, New York: John Wiley & Sons, Inc.

Cochran, W. G.(1937). The efficiencies of the binomial series tests of significance of a mean and of a correlation coefficient, Journal of royal statistical society, 100, 69-73.

Collier, R. O., Baker, F. B., Mandeville, G. K., and Hays, T. F.(1967). Estimates of test size for several procedures based on conventioanl variance ratios in the repeated measure design, Psychometrika, 32, 339-353.

Conover, W. J.(1971, 1980, 1999). Practical nonparametric statistics, 1st, 2nd and 3rd ed. New York: John Wiley.

Cook, R. D.(1977), Detection of Influential Observations in Linear Regression, Technometrics, 19, 15-18.

Cox, D. R.(1972). Regression models and life-tables(with discussion). Journal of royal statistical society B, 34, 187-220.

Cox, D. R., and Oakes, D.(1984). Analysis of survival data. London: Chapman & Hall.

Critchlow, D. E.(1980). Metric methods for analyzing partially ranked data. Lecture notes in statistics, Vol 34. New York: Springer-Verlag.

Crowder, M. J., Kimber, A. C., Smith, R. L., and Sweeting, T. J.(1991). Statistical analysis of reliability data, London: Capman & Hall.

Dagum, E. B.(1975). Seasonal factor forecasts from ARIMA models, paper presented at the 40th session of the International Statistical Institute, Warsaw, Poland.

Daniel, W. W.(1990). Applied nonparametric statistics, 2nd ed. Boston: PWS-Kent.

Davidson, A. C., and Hinkle, D.(1996). Bootstrap methods and their application, New York: Cambridge University Press.

Davidson, M. L.(1972). Univariate versus multivariate tests in repeated-measures experiments, Psychological bulletin, 77, 446-452.

Diggle, P. J., Liang, K. Y., and Zeger, S. L.(1994). Analysis of Longitudinal Data, Oxford: Clarendon Press.

Dobson, A.(1990). An Introduction To Generalized Linear Models, London: Chapman and Hall.

Doksum, K.(1967). Robust procedures for some linear models with one observation per cell, Ann math stat, 38, 878-883.

Dunnett, C. W.(1955). A Multiple comparisons procedure for comparing several treatments with a control, Journal of the American statistical association, 50, 1096-1121.

Durbin, J., and Watson, G. S.(1950). Testing for serial correlation in least squares regression Ⅰ, Biometrika, 37, 409-428.

Durbin, J., and Watson, G. S.(1951). Testing for serial correlation in least squares regression Ⅱ, Biometrika, 38, 159-178.

Durbin, J., and Watson, G. S.(1951). Testing for serial correlation in least squares regression III, Biometrika, 58, 1-19.

Durbin, J.(1959). Efficient estimation of parameters in moving-average models, Biometrika, 46, 306-316.

Durbin, J.(1960). The fitting of time series models, Review of the International Institute of Statistics, 28, 234-244.

Dykstra, R. L., and Laud, P.(1981). A Bayesian nonparametric approach to reliability, Ann. Stat. 9, 356-367.

Efron, B.(1979). Bootstrap methods: another look at the jacknife, Ann Stat. 7, 1-26.

Efron, B.(1982). The jacknife, the bootstra and other resampling plans, volume 38 of CBMS-NSF regional conference series in applied mathematics. Philadelphia: SIAM.

Efron, B., and Tibshrani, R. J.(1993). An introduction to the bootstrap. New York: Chapman & Hall.

Einot, I. and Gabriel, K. R.(1975). A study of the powers of several methods of multiple comparisons, Journal of the American statistical association, 70, 351.

Eubank, R. L.(1988). Spline smoothing and nonparametric regression. New York: Dekker.

Everitt, B. S.(1992). The analysis of contingency tables, 2nd ed. London: Chapman & Hall.

Fan, J., and Gijbels, I.(1996). Local polynomial modeling and its applications. London: Chapman & Hall.

Ferguson, T. S.(1973). A Bayesian analysis of some nonparametric problems, Ann. Stat. 1: 209-230.

Findley, D. F., Monsell, B. C., Bell, W. R., Otto, M. C., and Chen, B. C.(1998). New capabilities and methods of the X-12-ARIMA seasonal adjustment program, Journal of behavioral and economic statistics, 16, 127-177.

Firth, D.(1991). Generalized Linear Models, in Statistical Theory and Modelling(Ed. Hinkley, D. V., Reid, N., and Snell, E. J., London): Chapman and Hall.

Fisher, R. A.(1925, 1934, 1970). Statistical methods for research workers(originally published 1925, 14the edition 1970). Edinburgh: Oliver & Boyd.

Fleiss, J. L.(1981). Statistical methods for rates and proportions, 2nd ed. New York: John Wiley.

Fleming, T. R., and Harrington, D. P.(1991). Counting processes and survival analysis, New York: John Wiley.

Fligner, M. A., and Verducci, J. S.(1993). Probability models and statistical analyses for ranking data. Lecture notes in statistics, Volume 80. New York: Springer-Verlag.

Fox, J.(2000). Nonparametric simple regression. SAGE.

Fraser, D. A. S.(1957). Nonparametric methods in statistics, New York: John Wiley.

Friedman, M.(1937). The use of ranks to avoid the assumption of normality implicit in the analysis of variance, Journal of American Statistical Association, 2, 675-701.

Gabriel, K. R.(1978). A simple method of multiple comparisons of means, Journal of the American statistical association, 73, 364.

Gamerman, D.(1991). Dynamic Bayesian models for survival data, Applied Statistics, 40, 63-79.

Gelfand, A. E., and Smith, A. F. M.(1990). Sampling-based approaches to calculating marginal densities, Journal of American Statistical Association, 8, 398-409.

Gibbons, J. D.(1971). Nonparametirc statistical inference. New York: McGraw-Hill.

Gibbons, J. D.(1993). Nonparametric measures of association. SAGE.

Gibbons, J. D.(1993). Nonparametric statistics. SAGE.

Gibbons, J. D.(1997). Nonparametric methods for quantitative analysis, 3rd ed. Syracuse, N. Y: American Sciences Press.

Gibbons, J. D., and Chakraborti, S.(2011). Nonparametric statistical inference, 5th. ed. New York: Dekker.

Gilks, W. R. Richardson, S., and Spiegelhalter, D. G.(1996). Markov chain Monte Carlo in practice, London: Chapman & Hall.

Gray, H. L., Kelley, G. D., and McIntire, D. D.(1978). A new approach to ARMA modelling, Communications in statistics, 87, 1-77.

Green, P. L.(1995). Reversible jump Markov chain Monte Carlo computation and Bayesian model determination, Biometrika 57, 97-109.

Greenhouse, S. W. and Geisser, S.(1959). On methods in the analysis of profile data, Psychometrika, 32, 95-112.

Hájek, J.(1969). Nonparametric statistics. San Francisco: Holden-Day.

Hájek, J., and Šidák, Z.(1969). Theory of rank tests. New York: Academic Press.

Hall, P.(1992). The bootstrap and Edgeworth expansion. New York: Springer-Verlag.

Härdle, W.(1990). Applied nonparametric regression. London: Cambridge University Press.

Hart, J. D.(1997). Nonparametric smoothing and lack-of-fit tests. New York: Springer-Verlag.

Harville, D. A.(1988). Mixed-model methodology: Theoretical justifications and future directions, Proceedings of the statistical computing section, American statistical association, New Orleans, 41-49.

Hastings, W. K.(1970). Monte Carlo sampling methods using Markov chains and their applications, Biometrika 7, 97-109.

Hettmansperger, T. P.(1984). Statistical inference based on ranks. New York: John Wiley.

Hettmansperger, T. P., and McKean, J. W.(1998). Robust nonparametric statistical methods, London: Arnold.

Higgins, J. J.(2004). An introduction to modern nonparametric statistics. Brooks/Cole-Thompson Learning, Pacific Grove, CA.

Hjort, N. L.(1990b). Nonparametric Bayes estimators based on beta processes in models for life history data, Ann. Stat. 18, 1259-1294.

Hochberg, Y.(1974). Some conservative generalizations of the T-method in simultaneous inference, Journal of multivariate analysis, 4, 224-234.

Hodges, J. L. Jr., and Lehmann, E. L.(1956). The efficiency of some nonparametric competitors of the t-test, Ann. Math. Stat., 27, 324-335.

Hodges, J. L. Jr., and Lehmann, E. L.(1963). Estimates of location based on rank tests, Ann. Math. Stat., 34, 598-611.

Hollander, M., and Wolfe, W.(1973). Nonparametric statistical methods, 1st edition. New York: John Wiley.

Hollander, M., and Wolfe, W.(1999). Nonparametric statistical methods, 2nd edition, Wiley-Interscience Publication.

Holt, C. C.(1957). Forecasting trends and seasonals by exponentially weighted moving average, Office of Naval Research Memorandum, no. 52, Carnegie Institute of Technology.

Holt, C. C., Modigliani, F., Muth, J. F., and Simon, H. A.(1960). Planning roduction inventions and work force, Prentice-Hall, Englewood Cliffs, NJ.

Hotelling, H., and Pabst, M. R.(1936). Rank correlation and tests of significance involving no assumption of normality, Ann. Math. Stat., 7, 29-43.

Huck, S. W., and McLean, R. A.(1975). Using a repeated measures ANOVA to analyze data from a pretest-posttest design: A potentially confusing task, Psychological bulletin, 82, 511-518.

Huynh, H., and Feldt, L. S.(1970). Conditions under which mean square ratios in repeated measurements designs have exact F-distributions, Journal of the American statistical association, 65, 1582-1589.

Huynh, H., and Feldt, L. S.(1976). Estimation of the Box correction for degrees of freedom from sample data in the randomized block and split plot designs, Journal of educational statistics, 1, 69-82.

Huynh, H.(1978). Some approximate tests for repeated measurement designs. Psychometrika, 43(2), 161-175.

Imhof, J. P.(1962). Testing the hypothesis of fixed main-effects in Scheffe's mixed model, Annals of mathematical statistics, 33, 1085-1095.

Jenkins, G. M., and Watts, D. G.(1968). Spectral analysis and its applications, Holden-Day, San Francisco.

Jennings, E.(1988). Models for pretest-posttest data: Repeated measures ANOVA revisited, Journal of educational statistics, 13(3), 273-280.

Kalbfleisch, J. D., and Prentice, R. L.(1980). The statistical analysis of failure time data. New York: John Wiley.

Kendall, M. G.(1938). A new measure of rank correlation, Biometrika, 30, 81-93.

Kendall, M. G., and Gibbons, J. D.(1990). Rank correlation methods, 5th ed. London: Arnold.

Keselman, H. J., Rogan, J. C., Mendoza, J. L., and Breen, L. J.(1980). Testing the validity conditions of repeated easures F tests, Psychological bulletin, 87, 479-481.

Keselman, J. C., and Keselman, H. J.(1990). Analysing unbalanced repeated measures designs. British journal of mathematical and statistical psychology, 43, 265-282.

Kim, H.(1997a). Robustness for omnibus tests using trimmed means under violated assumptions, 한국통계학회논문집, 4(2), 581-588.

Kim, H.(1997b). Type 1 error rates and poewr for omnibus tests of repeated measures means in the split-plot design: F test, e tilde adjusted F test, and CIGA test, 한국통계학회논문집, 4(1), 139-149.

Kim, H.(1997c). Robustness for pairwise multiple comparison procedures using means and trimmed means under violated assumptions: Bonferroni, Schaffer, and Welsch procedure, 한국통계학회논문집, 4(3), 775-785.

Kim, H.(1997d). Pairwise multiple comparison procedures: Type 1 error rates and power, 교육평가연구, 10(2), 201-224.

Klein, J. P., and Moeschberger, M. L.(1997). Survival analysis: techniques for censored and truncated data. New York: Springer-Verlag.

Kraft, C. H., and van Eeden, C.(1968). A nonparametric introduction to statistics. New York: Macmillan.

Kramer, C. Y.(1956). Extension of multiple range tests to group means with unequal numbers of replications, Biometrics, 12, 307-310.

Krauth, J.(1988). Distribution-free statistics-an application-oriented approach. Amsterdam: Elsevier.

Krishnaiah, P. R., and Armitage, J. V.(1966). Tables for multivariate t distribution, Sankhya, series B, 31-56.

Leach, C.(1979). Introduction to statistics: A nonparametric approach for the social sciences. Chichester: John Wiley.

Lecoutre, B.(1991). A correction for the ε approximate test in repeated measures designs with two or more independent groups. Journal of Educational Statistics, 16, 371-372.

Lehmann, E. L.(1975). Nonparametrics: statistical methods based on ranks. San Francisco:

Holden-Day.

Liang, K. Y., and Zeger, S. L.(1986). Longitudinal Data Analysis using Generalized Linear Models, Biometrika, 73, 13-22.

Lipsitz, S. H., Fitzmaurice, G. M., Orav, E. J., and Laird, N. M.(1994). Performance of Generalized Estimating Equations in Practical Situations, Biometrics, 50, 270-278.

Makridakis, S., and Wheelwright, S. C.(1978). Forecasting methods and applications, Wiley, New York.

Mann, H. B., and Wald, A.(1943). On the statistical treatment of linear stochastic difference equations, Econometrica, 11, 173-220.

Mann, H. B., and Whitney, D. R.(1947). On an test of whether one of two random variables is stochastically larger than the other, Ann. Math. Stat., 18, 50-60.

Marascuilo, L. A., and McSweeney, M.(1977). Nonparametric and distribution-free methods for the social sciences, Monterey, Calif: Brooks/Cole.

Martiz, J. S.(1981). Distribution-free statistical methods, London: Chapman & Hall.

Mauchly, J. W.(1940). Significance test for sphericity of n-variate normal populations, Annals of mathematical statistics, 11, 204-209.

Mave, H. R., and Worthington, P. L.(1988). Distribution-free tests. London: Unwin Hyman.

Maxwell, S. E., and Arvey, R. D.(1982). Small sample profile analysis with many variables. Psychological Bulletin, 92, 778-785.

Maxwell. S. E.(1980). Pairwise multiple comparisons in repeated measures designs, Journal of educational statistics, 5(3), 269-287.

McCullagh, P.(1983). Quasi-likelihood functions, Annals of statistics, 11, 59-67.

Metropolis, N., Rosenbluth, A. W., Teller, A. H., and Teller, E.(1953). Equation of state calculations by fast computing machines, J. Chem. Physics, 21, 1087-1092.

Miller, R. G. Jr.(1981a). Simultaneous statistical inference, New York: Springer-Verlag.

Miller, R. G. Jr.(1981b). Survival Analysis, New York: John Wiley.

Montgomery, D. C., and Johnson, L. A.(1976). Forecasting and time series analysis, McGraw-Hill, New York.

Muler, K. E., LaVange, L. M., Ramey, S. L., and Ramey, C. T.(1992). Power calculations for general linear multivariate models including repeated measures applications, Journal of the American statistical association, 87, 1209-1226.

Müller, H. G.(1988). Nonparametric regression analysis of longitudinal data. Lecture notes in statistics, Volume 46. New York: Springer-Verlag.

Nelson, W. B.(1982). Applied life data analysis. New York: John Wiley.

Nikitin, Y.(1995). Asymptotic efficiency of nonparametric test. New York: Cambridge University Press.

Noether, G. E.(1967a). Elements of nonparametric statistics. New York: John-Wiley.

O'Brien, R. G., and Kaiser, M. K.(1985). MANOVA method for analyzing repeated measures designs: An extensive primer, psychological bulletin, 97, 316-333.

Parzen, E.(1977). Multiple time series modeling: Determining the order of approximating auto-regressive schemes, in Multivariate Analysis Ⅳ(Ed. P. Krishnaiah), 283-295, North-Holland, Amsterdam.

Pearson, K.(1900). On the criterion that a given system of deviation from the probable in the case of a correlated system of variables is such that it can be reasonably supposed to have arisen from random sampling, Phil. Mag., Ser. 5, 50, 157-175.

Pearson, K.(1911). On the probability that two independent distributions of frequency are really samples from the same population, Biometrika, 8, 250-254.

Pillai, K. C. S.(1960). Statistical tables for tests of multivariate hypotheses, Manila: The statistical center, University of the Philippines.

Pitman, E. J. G.(1937). Significance tests which may be applied to samples from any population, Journal of the Royal statistical society, Series B, 4, 119-130.

Pitman, E. J. G.(1948). Notes on non-parametric statistical inference. Columbia University(duplicated).

Pothoff, R. F., and Roy, S. N.(1964). A generalized multivariate analysis of variance model useful especially for growth curve problems, Biometrika, 51, 313-326.

Pratt, J. W., and Gibbons, J. D.(1981). Concepts of nonparametric theory. New York: Springer-Verlag.

Quenouille, M. H.(1949). Approximate tests of correlation in time-series, Journal of royal statistical society B, 11, 68-84.

Randles, R. H., and Wolfe, D. A.(1979). Introduction to the theory of nonparametric statistics. New York: John Wiley.

Rao, C. R.(1973). Linear statistical inference and its applications, New York: John Wiley & Sons, Inc.

Richter, S. J., and Higgins, J. J.(2006). A SAS companion for nonparametric statistics, Thomson Brooks/Cole.

Rogan, J. C., Keselman, H. J., and Mendoza, J. L.(1979). Analysis of repeated measurements. British Journal of Mathematical and Statistical Psychology, 32, 269-286.

Ryan, T. A.(1959). Multiple comparisons in psychological research, Psychological bulletin, 56, 26-47.

Ryan, T. A.(1960). Significance tests for multiple comparison of proportions, variances, and other statistics, Psychological bulletin, 57, 318-328.

Savage, I. R.(1953). Bibliography of nonparametric statistics and related topics, Journal of American statistical association, 48, 844-906.

Scheff, H.(1953). A method for judging all contrasts in the analysis of variance, Biometrika, 40, 87-104.

Scheff, H.(1959). The analysis of variance, New York: John Wiley & Sons, Inc.

Scheffé, H.(1943). Statistical inference in the non-parametric case, Ann. Math. Stat., 14, 305-352.

Schwartz, G.(1978). Estimating the dimension of a model, Annal of statistics, 6, 461-464.

Searle, S. R.(1988). Mixed models and unbalanced data: Wherefrom, whereat, and whereto? Communications in statistics-Theory and methods, 17(4), 935-968.

Searle, S. R., Casella, G., and McCulloch, C.E.(1992). Variance components, New York: John Wiley & Sons, Inc.

Sen, P. K.(1981). Sequential nonparametrics: Invariance principles and statistical inference New York: John Wiley.

Shibata, R.(1976). Selection of the order of an autoregressive model by Akaike's information criterion, Biometrika, 63, 177-126.

Sidak, Z.(1967). Rectangular confidence regions for the means of multivariate normal distributions, Journal of the American statistical association, 62, 626-633.

Siegel, S., and Castellan, N. J.(1988). Nonparametric statistics for the behavioral sciences, 2nd ed. New York: McGraw Hill.

Slutzky, E.(1927). The summation of random causes as the source of cyclic processes, Econometrica, 5, 105-146.

Smirnov, N. V.(1939). On the estimation of the discrepancy between empirical curves of distribution for two independent sample,(Russian) Bull Moscow Univ. 2, 3-16.

Smith, A. F. M., and Roberts, G. O.(1993). Bayesian computation via the Gibbs sampler and related Markov chain Monte Carlo methods, J. roy. Statist. Soc. B, 55, 3-23.

Sprent, P.(1993). Applied nonparametric statistical methods, 2nd ed. London: Chapman & Hall.

Sprent, P., and Smeeton, N. C.(2007). Applied nonparametric Statistical methods. 4th ed. Chapman & Hall/CRC.

Stokes, G. G.(1879). Note on searching for periodicities, Proceedings of the Royal Society of London, 29, 122-123.

Susarla, V., and van Ryzin, J.(1976). Nonparametric Bayesian estimation of survival curves from incomplete observations, Journal of American statistical association, 71, 897-902.

Tate, M. W., and Clelland, R. C.(1957). Nonparametric and shortcut statistics, Ddanville, Ill: The Interstate.

Theil, H., and Wage, S.(1964). Some observations on adaptive forecasting, Management Science, 10, 198-206.

Tsay, R. S., and Tiao, G. C.(1984). Consistent estimates of autoregressive parameters and extended sample autocorrelation function for stationary and non-stationary ARIMA models, Journal of the American statistical association, 79, 84-96.

Tukey, J. W.(1952). Allowances for various types of error rates, unpublished IMS address, Chicago, IL.

Tukey, J. W.(1953). The problem of multiple comparisons, unpublished manuscript.

Tukey, J. W.(1958). Bias and confidence in not-quite large samples, Abstr. in Ann. math. stat., 29, 614.

Tukey, J. W.(1962). Data analysis and behavioral science. Unpublished manuscript.

Wahba, G.(1990). Spline functions for observational data. CBMS-NSF regional conference series, volume 59, Philadelphia: SIAM.

Walker, A. M.(1962). Large sample estimation of parameters for autoregressive processes with moving average residuals, Biometrika, 49, 117-131.

Walker, G.(1931). On periodicity in series of related terms, Proceedings of the Royal of London, Series A. vol CXXXI, 518-532.

Walsh, J. E.(1962). Handbook of nonparametric statistics. Princeton, N. J.: Van Nostrand.

Walsh, J. E.(1965). Handbook of nonparametric statistics, Ⅱ. Princeton, N. J.: Van Nostrand.

Walsh, J. E.(1968). Handbook of nonparametric statistics, Ⅲ. Princeton, N. J.: Van Nostrand.

Wand, M. P., and Jones, M. C.(1995). Kernel smoothing. London: Chapman & Hall.

Welsch, R. E.(1977). Stepwise multiple comparison procedures, Journal of the American statistical association, 72, 359.

West, M.(1992). Modelling time-varying hazards and covariate effect, In Survival analysis: state of the art, Edited by J. P. Klein and P. K. Goel. Boston: Kluwer, 47-62.

Westfall, P., Tobias, R, Rom, D., Wilfinger, R., and Hochberg, Y.(1999). Multiple comparisons and multiple tests using the SAS system, SAS Institute Inc., Cary, NC.

Wilcox, R. R.(1993). Analyzing repeated measures or randomized block designs using trimmed means. British Journal of Mathematical and Statistical Psychology, 46, 63-76.

Wilcoxon, F.(1945). Individual comparisons by ranking methods, Biometrics, 1, 80-83.

Winters, P. R.(1960). Forecasting sales by exponentially weighted moving averages, Management Science, 6, 324-342.

Wolfinger, R. D., and Chang, M.(1995). Comparing the SAS GLM and MIXED procedures for repeated measures, Proceedings of the twentieth annual SAS users group conference, SAS

Institute Inc., Cary, NC.

Wolfinger, R. D.(1993), Covariance structure selection in general mixed models, Communications in statistics, simulation and computation, 22(4), 1079-1106.

Yule, G. U.(1927). On a method of investigating periodicities in disturbed series with special reference to Wolfer's sunspot numbers, Philosophical Transactions of the Royal Society of London, Series A, 226, 267-298.

Zacks, S.(1992). Introduction to reliability analysis: Probability models and statistical methods. New York: Springer-Verlag.

찾아보기

– 저자약력 –

김 현 철(金顯哲, hkim@skku.edu)

- 성균관대학교 통계학과 졸업
- University of Florida 교육학 박사
- 성균관대학교 사범대학 교육학과 교수

조 정 우(趙正宇, jungwoo221@skku.edu)

- 연세대학교 생화학과 졸업
- University of Florida 교육학 박사
- 성균관대학교 사범대학 교육학과 초빙교수

통계학의 이해: 응용

2016년 2월 25일 1판 1쇄 인쇄
2016년 2월 29일 1판 1쇄 발행

저　자 : 김 현 철, 조 정 우
발행자 : 김　동　규
발행처 : **교 육 과 학 사**

경기도 파주시 광인사길 71(문발동)
전화 (031) 955-6956~8 / 팩스 (031) 955-6037
Home-page : www.kyoyookbook.co.kr
E-mail : kyoyook@chol.com
등록 : 1970년 5월 18일 제2-73호

낙장·파본은 교환해 드립니다.　정가 20,000 원
Printed in Korea.　ISBN 978-89-254-1037-1